煤矿安全技术与管理

郭国政　陆明心　张和　编著
刘一新　马国红

U0351701

北　京
冶金工业出版社
2015

内 容 简 介

　　全书共分 5 章。主要内容包括第 1 章煤矿通风;第 2 章瓦斯生成机理与煤层气开采;第 3 章瓦斯爆炸、煤瓦突出机理及预防;第 4 章矿井水灾;第 5 章煤矿事故及安全管理,主要介绍事故发生的内因、人因失误与事故、事故控制、未来安全技术展望。

　　本书可以作为矿井安全技术人员及职工的培训用书,也可以作为大专院校采矿专业的煤矿安全教材,同时可供从事矿井安全技术与管理的相关人员阅读参考。

图书在版编目(CIP)数据

　　煤矿安全技术与管理/郭国政等编著 . —北京:冶金工业出版社,2006.8 (2015.2 重印)

　　ISBN 978-7-5024-4062-6

　　Ⅰ. 煤…　Ⅱ. 郭…　Ⅲ. 煤矿—矿山安全—安全管理
Ⅳ. TD7

　　中国版本图书馆 CIP 数据核字(2006)第 069846 号

出 版 人　谭学余
地　　　址　北京市东城区嵩祝院北巷 39 号　邮编　100009　电话　(010)64027926
网　　　址　www.cnmip.com.cn　电子信箱　yjcbs@cnmip.com.cn
责任编辑　杨盈园　美术编辑　李 新
责任校对　杨 力　李文彦　责任印制　牛晓波
ISBN 978-7-5024-4062-6
冶金工业出版社出版发行;各地新华书店经销;北京百善印刷厂印刷
2006 年 8 月第 1 版,2015 年 2 月第 4 次印刷
850mm×1168mm　1/32;10.25 印张;272 千字;313 页
39.00 元

冶金工业出版社　投稿电话　(010)64027932　投稿信箱　tougao@cnmip.com.cn
冶金工业出版社营销中心　电话　(010)64044283　传真　(010)64027893
冶金书店　地址　北京市东四西大街 46 号(100010)　电话　(010)65289081(兼传真)
冶金工业出版社天猫旗舰店　yjgy.tmall.com
　　　　　(本书如有印装质量问题,本社营销中心负责退换)

前　言

　　安全技术可以追溯到远古时代,原始人为了提高劳动效率和抵御猛兽的袭击,利用石器和木器制造了作为狩猎(即生产)和自卫(即安全)的工具。可以说这是最原始的"安全技术"措施。随着手工业生产的出现和发展,生产技术的提高和生产规模的逐步扩大,生产过程中的安全问题随之突出。因此,安全防护器械也随着工具的进步而发生了质的飞跃。例如,我国古代的青铜冶铸及其安全防护技术都已达到了相当高的水平。从湖北铜录山出土的古矿冶遗址来看,当时在开采铜矿的作业中就采用了自然通风、排水、提升、照明以及框架式支护等一系列安全技术措施。1637年,在宋应星编著的《天工开物》一书中,详尽地记载了处理矿内瓦斯和顶板的安全技术:"初见煤端时,毒气灼人,有将巨竹凿去中节,尖锐其末,插入炭中,其毒烟从竹中透上";采煤时,"其上支板,以防压崩耳。凡煤炭取空而后,以土填实其井"。从某种意义上说,这就是现在的"矿业安全工程"的雏形。

　　"安全"是人们最常用的词汇,"安"字指不受威胁,没有危险等,可谓无危则安;"全"字指完满、完整、齐备或指没有伤害、无残缺、无损坏、无损失等,可谓无损则全。显然,"安全"通常是指免受人员伤害、疾病或死亡,或引起设备、财产破坏或损失的状态。由安全的定义可以看出,它既涉及到人又涉及到物。而且也涉及到在各种情况下的局部或整体损失。当人们给出约束条件时,该定义也可限定为"人的伤害或死亡",或"设备、财产损失",这类限制是全体情况的子集。

　　"安全"通常是指免受人员伤害、疾病或死亡,或引起设备、财产破坏或损失的状态。转取其子集,则是人的身心免受外界因素影响的存在状态(包括健康状况)及其保障条件。安全科学就是认识揭示人的身心免受外界因素危害的安全状态及保障条件的本质与其变化规律的学问,即安全科学是研究人的身心存在状态(含健康)的运动及变化规律,找出与其相对应的客观因素及其转化条件,研究消除或控制危害因素和转化条件的理论和技术(手段或措施),研究安全的本质及运动规律。建立起安全、舒适、高效的人机规范和形成人们保障自身安全的思想方法和知识体系的一门科学。简言之,安全科学是专门研究安全的本质及其转化规律和保障条件的科学。

由于 20 世纪对石油埋藏的疯狂开采,使石油危机在石油繁荣仅经历了半个世纪后就敲响了警钟。世界剩余储量仅有 1370 亿 t,考虑到 50% 的采出率,按 1996 年产量估算可采 20 年左右,即 2016 年石油枯竭。再考虑到石油探明储量肯定会增加,石油需求虽然会增加,但也可能延缓石油枯竭时间,不过不会太长。按 1993 年世界天然气储量 14 万亿 m^3、采出率为 0.4 计算可采 26 年,但近年来天然气地质储量增长很快,消费量也增长很快,按预计 2010 年天然气年消费量将达 4 万亿 m^3(由于利用部分天然气代替石油,天然气消费量可能比预计更高),即使 1996 年 404 万亿 m^3 的地质储量全部探明落实,天然气仍然将在比石油晚 20~30 年出现枯竭。

在中国消费的一次能源中,煤炭约占 73%,而且在相当长的时期内这种能源结构不会发生大的变化。

截至 2002 年年底,中国探明可直接利用的煤炭储量 1886 亿 t(已考虑矿山设计损失及综合回收率),人均探明煤炭储量 145 t,按年产 21 亿 t 匡算,可以保证开采 60 多年。

另外,包括 3317 亿 t 基础储量和 6872 亿 t 资源量共计 1 万亿多吨资源,可以留待后人勘探开发。另煤炭资源总量 5 万多亿吨,探明保有储量 1 万多亿吨。

从以上数据可以看出,煤炭资源是人类宝贵的能源,煤炭资源决定着人类文明的发展进程，在人类没有找到新的能源之前，煤炭仍是现代社会赖以生存的关键，保证煤炭资源的合理开发和利用。显而易见，煤炭开采是影响我国经济发展的重要因素。

从 1987 年起我国原煤产量已跃居世界第一位。煤炭能源，在一段时期内，是我国及世界的主要能源之一，但是与现代化生产制造技术相比，形成了鲜明的对照，那就是现代煤炭开采技术的不平衡，以及安全问题，人类社会越向前发展，人类的文明程度越高，人们对安全的要求和重视程度也就越高。煤炭工业的持续高速发展保证并促进了我国国民经济的持续高速发展。而安全则是煤炭工业稳定、持续、高速发展的根本保证，是关系煤矿职工生命安全和身心健康、关系国家和集体财产不受损失的头等大事。由于煤炭开采属地下作业，生产环境恶劣，生产过程复杂，受到水、火、瓦斯、煤尘和冒顶等多种自然灾害的威胁，致使煤矿生产安全问题较其他行业更重要、更复杂、更难解决。因此，安全生产历来就是煤矿生产的头等大事。由于多年积淀下来的安全文化、安全技术方式、安全管理水平等，给煤炭开采的现代化提出了新的要求。

我国历来重视煤矿安全生产工作，为其制定了一整套煤矿安全生产法规，建立了较为完善的煤矿安全管理机构，投入了大量资金进行煤矿安全设备和仪表的研制、配套安全技术的开发推广应用工作，使煤矿安全生产条件得到了很大的改善，煤矿安全生产形势逐年好转，煤矿事故发生率基本呈下降趋势，保证了煤炭产量的持续、稳定增长。我国煤矿百万吨死亡率"六五"为 7.55，"七五"为 6.89，"八五"为 5.13，"九五"为 5.10。

2002 年全国煤矿百万吨死亡率为 4.64，与 2001 年相比降低了 0.66，煤矿重大事故起数和死亡人数分别下降 7.03% 和 17.77%。

2004 年，全国煤矿死亡人数 6000 多人，与建国初期煤矿年死亡 7 万人、20 世纪 80 年代的 4 万人、90 年代的万人相比,煤矿死亡人数达到了历史最低水平。

尽管如此,由于我国煤矿安全工作的基础比较薄弱,虽然经过努力,已大幅度降低了煤矿生产的百万吨死亡率,但与美国、俄罗斯等先进产煤国家相比较,我国还有很大的差距。

20 世纪前 30 年,美国煤矿每年平均事故死亡 2000 多人;到 20 世纪 70 年代,死亡人数下降到千人以下。进入 20 世纪 90 年代后,伤亡人数才迅速减少,1990 年死亡 66 人;2000 年死亡 40 人。1990~2000 年,美国共生产商品煤 104 亿 t,仅死亡 492 人,平均百万吨死亡率为 0.0473;在安全状况最好的 1998 年,共产商品煤 10.18 亿 t,仅死亡 29 人,百万吨死亡率为 0.028;1993~2000 年的 8 年间,整个煤炭行业没有发生过一起死亡 3 人以上的事故。从国际上公认的安全生产指标百万吨死亡率来看,美国的这一指标已下降到 0.035 左右。

1996 年百万吨死亡率美国为 0.039,南非为 0.23,俄罗斯为 0.7,而我国为 4.67,同年我国百万吨死亡率约是美国的 120 倍、南非的 20 倍、俄罗斯的 6 倍。1998 年美国产煤 10.19 亿 t,死亡仅 29 人,而同年我国煤炭产量为 12.32 亿 t,死亡人数却高达 7508 人(其中原煤生产死亡 6134 人)。与世界煤矿安全水平相比,可以看出我国在煤矿安全方面还存在着很大的差距。

分析造成事故的原因,可以看到影响煤矿安全生产的因素是多方面的,有自然条件、技术装备水平、生产者和管理者素质、安全管理水平等多种因素。其中安全管理是自然条件、安全技术装备水平等因素之外的最重要的因素。在同样的条件下,安全管理水平的高低决定了安全生产水平的高低。安全管理是自然条件、经济条件不同的各类矿井都能够做好的一项工作。而安全管理能否抓好、安全管理水平的高低主要取决于是否有先进的安全管理理念作指导。

总之,影响煤矿安全的主要因素是企业的安全文化、安全技术水平、安全设施。具体来讲,就是矿井的通风设施及通风网络,煤层气开采水平、预防治理瓦斯爆炸、煤与瓦斯突出的技术水平及可靠性,水、火灾害的预防与治理水平,安全技术管理及职工的安全素质。本书就从这几方面介绍煤矿安全技术与管理的理论、方法及具体实践,但对于火灾的防治没有论述,还望读者参阅有关文献。

通风是安全的保障,第 1 章主要介绍有关通风方面的内容。瓦斯事故是煤矿安全开采最大的隐患,要根本解决瓦斯灾害,就要研究瓦斯的形成及存在特性,近几年来,煤层气开采技术的发展,是解决瓦斯灾害的主要方式,从一定意义上来讲是双能源开采,既解除了瓦斯的危害,又把瓦斯以能源的形式开采出来,是煤矿安全发展的一个方向。所以第 2 章主要介绍了瓦斯的形成及煤层开采。第 3 章主要介绍瓦斯爆炸及煤瓦突出灾害的防治。第 4 章介绍水灾害的防治。开采技术、安全技术是煤矿安全的基础,管理是煤矿安全的保证,管理的主要内容有两方面:一是职员作为人的特性研究与了解,二是制度的建立健全与完善并保证其有效执行。第 5 章主要介绍事故发生的内因、人因失误与事故、事故控制、未来安全技术展望。

本书是依据作者在生产实践及科研的基础上总结完成的,其中也参考了大量煤矿通风与安全学者的成果,在此特别感谢书中所引文献及有关内容的作者。

由于作者水平有限,对于书中存在的问题,还请谅解。

作　者
2006 年 4 月

目　　录

1 煤矿通风

矿井通风是矿井安全生产的基本保障。矿井通风是借助于机械或自然风压,向井下各用风点连续输送适量的新鲜空气、供给人员呼吸、稀释并排出各种有害气体和浮尘。以降低环境温度,创造良好的气候条件。并在发生灾变时能够根据撤人救灾的需要调节和控制风流流动路线的作业。

自 20 世纪 80 年代以来,随着煤矿机械化水平的提高,采煤方法、巷道布置及支护的改革,电子和计算机技术的发展、我国矿井通风技术有了长足的进步,通风管理日益规范化、系列化、制度化。通风新技术和新装备愈来愈多地投入应用,以低耗、高效、安全为准则的通风系统优化改造在许多煤矿得以实施。使其能够更好地为高产、高效、安全的集约化生产提供安全保障。

1.1 煤矿井下空气

1.1.1 煤矿井下通风的任务

煤矿生产是地下作业,自然条件复杂。在井下暴露的煤层或岩层中以及在作业过程中,均会不断地放出和产生各种有害气体,如沼气(CH_4)、二氧化碳(CO_2)、硫化氢(H_2S)、二氧化氮(NO_2)、一氧化碳(CO)等,另外,矿井较深时,围岩温度较高会使空气温度上升而恶化劳动环境。因此,在生产过程中,必须向井下源源不断地供给一定量的新鲜空气,也就是必须进行通风。通风的任务是:

(1) 对井下有人工作的场所供给足够的新鲜空气;

(2) 冲淡和排除有害气体和矿尘;

(3) 创造良好的气候条件。

矿井通风除了完成上述任务外,当矿井一旦发生瓦斯、煤尘爆炸和火灾等事故时,往往依靠采取正确的控制风流的方法来防止事故的扩大,减少事故造成的损失。因此,良好的矿井通风是安全生产的重要前提。

1.1.2 煤矿井下空气

进入井下的地面空气,称为矿井空气。地面空气是多种气体的混合物,其主要成分为氧(O_2)、氮(N_2)、二氧化碳(CO_2)。按各种气体在空气中所占的体积分数计:O_2 为 20.96%;N_2 为 79%,CO_2 为 0.04%。此外,还含有少量的水蒸气和各种微细颗粒,如尘埃、微生物等。但水蒸气和尘埃等不计入空气的组成,也不影响主要成分之间的比例关系。

地面空气进入井下后,在成分上将发生一系列的变化,如氧浓度减少,各种有害气体和矿尘混入,另外,空气的温度、湿度和压力也会发生变化,由此可见,地面空气和矿井空气是有区别的。但是,如果矿井空气在成分上和地面空气差别不多时,如井底车场、运输大巷的风流,则称为新鲜风流,流经回采工作面后,在成分上将发生较大变化,此时则称为污浊风流。

矿内新鲜空气的主要成分是 O_2、N_2、CO_2。

1.1.2.1 氧(O_2)

氧是一种无色、无味、无臭的气体,和空气相比相对密度为1.05。它的化学性质活泼,能助燃烧,是人呼吸不可缺少的气体。

氧化过程是人类生命活动的基本过程之一。人体必须不断地吸入氧气,才能使食物进行氧化而维持生命。可见氧对人的生命有着极为密切的关系。

矿井空气在由进风井巷流向出风井巷的过程中,O_2 浓度将会不断减少。这是因为井下的木材、支架、矿物、岩石的氧化消耗氧气;若煤炭自燃或发生矿井火灾、沼气、煤尘爆炸等,将消耗更多的氧。从煤、岩体内不断放出的有害气体,也会相对地降低 O_2 的浓度。若空气中 O_2 浓度降低,人的机体就会处于缺氧状态,产生各种不适症状。当 O_2 浓度降低为 17% 时,静止不动无影响,人工作时能引起喘息、呼吸困难;降为 15% 时,呼吸及脉搏跳动急促,失去对事物的判断能力;降为 10%~12% 时,人会失去理智,时间稍长即有生命危险;降为 6%~9% 时,人失去知觉,呼吸停止,如不进行急救,会导致死亡。

因此,《煤矿安全规程》(以下简称《规程》)第 100 条规定:

"在采掘工作面的进风流中,按体积计算,氧气不得低于 20%······。"

在通风良好的巷道中,O_2 浓度降低很少;只有在通风不良的巷道和停风的巷道,O_2 浓度可能较低,此时,绝不能贸然进入这些巷道,以免因缺氧而造成窒息危险。1984 年 4 月,山东某煤矿一名工人奉命爬到停工数天的溜煤眼查看情况以便恢复掘进,但立即掉了下来,队长误认为该工人因未站稳而掉了下来,故自己亲自上去,然而又掉了下来。后经救护队检查该溜煤眼气体成分中的 O_2 浓度仅为 5.3%。显然,工人和队长都是因为缺氧窒息而造成死亡事故。若需要进入这些巷道,一定要预先检查 O_2 和其他气体的浓度,而且最好在有防护装备的条件下进入检查,以保证检查人员的安全。

检查矿井空气中的 O_2 浓度,可采用瓦斯核定灯进行粗略的测定,当 O_2 浓度降低到 29% 时,灯焰高度减为原来的三分之一,达 17% 时,灯即熄灭。若无核定灯时,也可取样化验以测定 O_2 浓度。

1.1.2.2　氮(N_2)

氮是一种无色、无味、无臭的气体,相对密度为 0.97,不助燃,有窒息性。在正常情况下,N_2 对人体无害,但当含 N_2 量过多时,能使 O_2 浓度相对减少而使人缺氧窒息。

在通风良好的巷道中,N_2 含量一般变化不大。

1.1.2.3　二氧化碳(CO_2)

二氧化碳是无色略带酸臭味的气体,相对密度为 1.52,常积聚于巷道的底部,不助燃,有窒息性。在井下通风良好的新鲜风流中,CO_2含量极少,对人体无害,通风不良含量超过正常数值时,对人的呼吸系统有刺激作用,引起呼吸频繁、呼吸量增加。所以在急救有害气体中毒的受害人员时,常常先让其吸入含5%CO_2的氧气,以加强肺部的呼吸。当CO_2含量过多时,又能使人中毒或窒息。

矿井空气中CO_2的主要来源是:

(1) 坑木、煤、岩石的氧化;

(2) 从煤和围岩中放出或喷出;

(3) 爆破、井下火灾、沼气、煤尘爆炸及人的呼吸等。

空气中CO_2浓度不同,对人体的影响也不同。当空气中CO_2浓度达到3%时,呼吸感到急促;达到5%时,呼吸困难、耳鸣,达到10%时,头昏甚至发生昏迷现象;达到10%～20%时,呼吸处于停顿状态,失去知觉,在20%以上,会使人迅速中毒死亡。

因此,《规程》规定,矿井空气中二氧化碳的安全浓度如下:

(1) 在采掘工作面的进风流中,CO_2不大于0.5%;

(2) 在采区回风道、采掘工作面的回风流中,CO_2不大于1.5%;

(3) 在矿井总回风流中,CO_2不大于0.75%。

1.1.3 矿井空气中主要有害气体及防治措施

由地面进入井下的新鲜空气,流经采掘工作面及有关地点后,除了使空气中O_2相应减少,CO_2增多外,还会增加一些其他有害气体。矿井空气中主要有害气体有:CO、NO_2、H_2S、SO_2、NH_3、CH_4等。

1.1.3.1 一氧化碳(CO)

一氧化碳是无色、无味、无臭的气体,对空气的相对密度为0.97,微溶于水,当浓度达13%～75%时,有爆炸性。

一氧化碳极毒。这是因为CO与人体内的血色素的结合力比O_2与血色素的结合力大250～300倍,因此,当人吸入CO后,CO阻碍了O_2和血色素的结合,使人体缺氧,引起窒息和死亡。

人对CO中毒程度与下列因素有关:

（1）空气中 CO 的浓度；

（2）与 CO 接触的时间；

（3）呼吸频率与呼吸深度。

CO 中毒症状是：当 CO 浓度为 0.016% 时，数小时内有头晕心跳反应；为 0.048% 时，1 小时内即头痛、耳鸣、心跳；为 0.128% 时，在 0.5～1 小时出现四肢无力，呕吐，丧失行动能力等症状；为 0.4% 时，短时间内丧失知觉、痉挛、呼吸停顿、假死。

一氧化碳中毒的一个显著特征是中毒者嘴唇呈桃红色，两颊有红色斑点。

井下 CO 的主要来源是：

（1）爆破工作；

（2）井下火灾；

（3）沼气、煤尘爆炸；

（4）煤炭自燃。

1.1.3.2　二氧化氮（NO_2）

二氧化氮是褐红色、有刺激性的气体，对空气的相对密度为 1.57，易溶于水。

二氧化氮有强烈毒性，能和水结合成硝酸，对眼、鼻腔、呼吸道和肺组织有强烈的刺激作用，甚至造成肺浮肿。

二氧化氮中毒症状是：当 NO_2 浓度为 0.006% 时，咳嗽、胸部发病；浓度为 0.01% 时，剧烈咳嗽、呕吐、神经麻木；浓度为 0.025% 时，短时间内死亡。

二氧化氮中毒的重要特征是经过 6 小时以上时间才出现中毒征兆。在危险浓度下，开始只感觉呼吸道受刺激，经过 20～30 小时后，就会出现呼吸困难，手指尖及头发变黄的症状，继之发生肺浮肿，甚至死亡。

井下 NO_2 主要来源是爆破工作。一般炸药爆炸后生成 NO，NO 极不稳定，遇空气中的氧，即生成 NO_2。

1.1.3.3　硫化氢（H_2S）

硫化氢是无色、微甜、有臭鸡蛋味的气体，对空气的相对密度为 1.19,易溶于水,浓度达 4.3%～45.5%时有爆炸性。

硫化氢有强烈毒性,能使人的血液中毒,对眼黏膜及呼吸系统有强烈刺激作用。

硫化氢中毒的症状是:当 H_2S 浓度为 0.01%～0.015%时,流唾液和清水鼻涕,呼吸困难、瞳孔放大;浓度为 0.02%时,眼、鼻、喉黏膜受强烈刺激,头痛、呕吐、四肢无力;浓度为 0.05%时,半小时内就失去知觉、痉挛,甚至死亡。

井下 H_2S 的主要来源是:

(1) 坑木的腐烂;

(2) 硫化矿物遇水分解,如黄铁矿;

(3) 煤、岩中放出(少数矿井放出)。

1.1.3.4　二氧化硫(SO_2)

二氧化硫是一种无色、有硫磺刺激的、臭的气体,对空气的相对密度为 2.2,易溶于水。

二氧化硫与眼、呼吸道的湿表面接触后能形成硫酸,因而对眼及呼吸器官有强烈的腐蚀作用,严重时引起肺水肿。

二氧化硫的中毒症状是:当 SO_2 浓度为 0.0005%时,能闻到硫磺刺激臭味;浓度为 0.002%时,引起眼红肿流泪、咳嗽、头痛、喉痛等;浓度为 0.005%时,引起急性支气管炎,肺水肿,并在短时间内中毒死亡。

井下 SO_2 的主要来源是:

(1) 含硫矿物的氧化与自燃;

(2) 在含硫矿物中进行爆破工作。

1.1.3.5　氨(NH_3)

氨是一种无色、有浓烈臭味的气体,易溶于水,对空气的相对密度为 0.6。

氨对人的皮肤、上呼吸道及眼睛有强烈的刺激作用,会引起咳嗽、流泪、头晕,严重时,能失去知觉以至死亡。

井下 NH_3 的主要来源是井下火区附近及由岩层中放出。如河北峰峰矿务局的万年矿、三矿、五矿等在岩巷掘进时,由岩层中

放出 NH_3。

1.1.3.6 沼气(CH_4)

沼气是一种无色无味的气体,对空气的相对密度为 0.554,比空气轻,易积聚于巷道顶部,易扩散,渗透性强,所以容易从邻近层穿过岩层由采空区放出。CH_4 无毒,但不能供人呼吸,大量积聚时能使人窒息死亡;CH_4 和空气能迅速混合,在混合体中 CH_4 达到一定浓度时,遇火能燃烧或爆炸。

井下 CH_4 的来源:生产过程中从煤层和岩层中缓慢放出或突然放出 CH_4。

以上所述的井下有害气体会直接影响到人体的健康及矿井的安全生产,因而《规程》规定了其允许浓度。各有害气体允许浓度可参看《规程》第 101 条的规定。

1.1.4 矿井空气中主要有害气体防治措施

防止有害气体危害主要采取如下措施:

(1) 搞好通风工作,供给井下足够的新鲜空气,冲淡到允许浓度以下;

(2) 做好检查工作,掌握各种有害气体产生的原因及规律,以便及时采取预防及处理措施;

(3) 对局部有害气体含量较高、涌出量较高的地区,可采用抽放或局部通风的办法,使其降到安全浓度以下;

(4) 有针对性的采取有关技术措施,消除有害气体的产生。对爆破产生的二氧化碳等有害气体和工作面涌出的二氧化碳,可采用喷雾洒水的方法,使其溶于水中,以降低其在空气中的含量。如鹤壁四矿煤层中涌出 H_2S,在开采前预先向煤体中注入石灰水,或向工作面喷洒石灰水,就可有效地消除 H_2S 气体。对采掘工作面进行爆破工作所产生的大量 NO,可利用水炮泥和喷雾洒水来降低其在空气中的浓度;

(5) 加强检测与检查,如有异常情况,及时采取措施,防止有害气体大量积聚与大量涌出;

(6) 按标准构筑用于封闭进下火区、盲巷或抽放瓦斯的各种密闭,并定期检查与维修,保持完好,防止有害气体涌出。对封闭内气体定期采样分析掌握其变化。严禁随意破坏更不准擅自进入;

(7) 若因呼吸有害气体发生中毒现象时,应立即将中毒者移到新鲜风流中,进行人工呼吸。若为 H_2S 中毒者,除了将患者移到新鲜风流中外,还可用氯水浸湿的毛巾放在患者嘴鼻旁,也可让患者喝稀氯水溶液解毒,并用 1% 硼酸水或弱明矾水冲洗眼睛。

1.2 煤矿井下气候

矿井气候是指矿井空气的温度、湿度、风流速度三者综合状态对人体散热影响而言的。井下气候条件的好坏,直接影响着工人身体健康和工作效率。

人吃进食物之后,由于食物的氧化和分解,产生大量的热,人在工作劳动时,也将产生大量的热。在维持人体正常体温(36.5～37℃)后,多余的热量应散发到体外,以保持热平衡。人体散失热量的程度与空气的温度、湿度、风速有关。

1.2.1 热交换过程

人类主要是通过改变自身的生活条件来适应变化无常的气候条件,如建造房屋,穿着合适的衣服,使用空调等。同时,人类也靠生理调节机制来适应气候条件,以保持体内温度相对稳定。人类热调节系统主要是由下丘脑控制,热感觉神经遍布在皮肤、肌肉和胃等全身各部位。下丘脑中含有对动脉血压变化敏感的神经元,并从各种感觉神经收集信息并调节身体产热和散热。调节的机制主要是收缩或扩张机体深处和体表的血管、出汗和发抖,保持内核温度(心、肺、腹部器官和脑等重要器官)。通常状态下,人体内核和皮肤温度相差大约为 4℃,但在严酷的气候下,这种差别可能高达 20℃。人体通过新陈代谢过程将化学能转化为热能和机械能。在大多数环境中人体所产生的热量比我们的内核所需的热量要多,因此,新陈代谢的能量大约有 70% 转变成热量散发掉了,只有大约25%变成机械能。事实上在舒适的气候条件下这些热量也必须消散掉，否则它将不断聚集在体内，最终会使人因过热而死亡。而在寒冷环境下为了维持稳定的体温，人体尽力限制热量散发到环境中去。

1.2.1.1 热交换方式

身体与环境间热交换方式有以下四种。

（1）传导：通过直接接触固体、液体来传递热量，其中包括空气的热转移。当大气温度低于人体时，人所接触的衣服、物体都会传导出一部分热量。但是，由于人体表面和皮下组织以及衣服都是热的非良导体，因此，通过传导所散的热量极少。

（2）对流：通过气体或液体来交换热量的一种传热方式。人体周围的空气是对流的介质，人体将热量传给空气，空气流动便将热量带走。风速和人体与介质之间的温度差决定对流所散发热量的快慢。

（3）辐射：通过物体间电磁辐射而转移热量。人体表面能够辐射出波长较长的红外线，被周围较冷的物体所吸收。这种由人体向物体辐射热量的过程叫做"负辐射"，负辐射使人体散热。散热量和散热速度与人体辐射面积和人体与物体之间的温差有关。若物体温度高于人体温度时，物体的热量反过来向人体辐射，这时人体受热，叫做"正辐射"。人体对正辐射比较敏感，而对负辐射则感觉迟钝，因此，人在寒冷季节会不知不觉地丧失热量而感冒。

（4）蒸发：从汗水转变为水蒸气的过程中可以从人体吸收热量，它可分为无感蒸发和发汗两种。无感蒸发是指体液中水分直接透出皮肤和黏膜（主要是呼吸道黏膜）表面，并在未聚成明显水滴前就蒸发掉的一种散热形式。无感蒸发是在蒸发表面弥漫性地持续进行的。

汗液是汗腺的分泌物。发汗是在人体表面上出现明显汗滴的一种散热形式，又叫"可感蒸发"。当气温等于或超过皮肤温度时，辐射、对流、传导等散热方式已趋失效，机体要维持热平衡，蒸发便成为唯一的散热途径。每克汗液在皮肤表面蒸发时，可带走约

2.42 kJ 的热量。

1.2.1.2 热交换方程式

身体的热交换过程可用下式表示

$$\Delta S = (M \quad W) \perp R \pm C - E$$

式中 ΔS——体内热能含量(存储)的变化量;

M——新陈代谢的热量;

W——劳动消耗的热量;

R——辐射交换的热量;

C——对流交换的热量;

E——蒸发的热量损失。

新陈代谢用加号,因为该过程产生热能。蒸发前用减号,因为该过程总是损失热能。

假如身体处于热平衡状态,ΔS 将为 0。在不平衡时,身体温度会升高($\Delta S > 0$)或降低($\Delta S < 0$)。当不平衡程度极大时,可导致死亡。

1.2.1.3 影响热交换的环境因素

影响热交换过程的主要环境因素有:空气温度、湿度、空气流动和周围物体的表面温度(墙、天花板、火炉等,这些面的温度称壁面温度)。这些因素的相互作用是相当复杂的,在高气温和高壁面温度条件下,对流和辐射引起的热损失会减小到最低,因此会导致身体热能增加。此时,所剩的唯一散热手段是蒸发。但如果湿度也很高,蒸发散热也将减到最低,导致体温升高。

如图 1-1 所示列出了对气温和墙面温度的五种组合中的蒸发、辐射和传导散热的构成比例。它说明:在气温和壁面温度较高时,传导和辐射不能散发多少体热。散热主要靠蒸发过程,而蒸发散热是受湿度限制的。

1.2.1.4 衣着对热交换的影响

衣着对热交换过程具有重要影响。当天冷时衣服具有绝热效果可以减少热量的损失。天热时衣服阻碍散热,影响了热交换过程,不利于保持身体的正常温度。

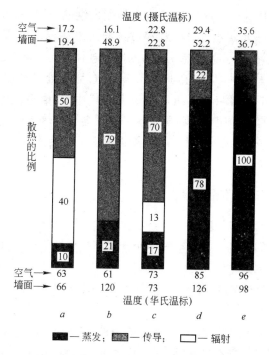

温度（摄氏温标）

空气→ 17.2　　16.1　　22.8　　29.4　　35.6
墙面→ 19.4　　48.9　　22.8　　52.2　　36.7

散热的比例

空气→ 63　　61　　73　　85　　96
墙面→ 66　　120　　73　　126　　98

温度（华氏温标）

a　　b　　c　　d　　e

■—蒸发；　▨—传导；　□—辐射

图 1-1　气温和墙面组合中蒸发、辐射和传导散热的比例

　　大部分材料的热阻值是其厚度的线性函数。材料本身(不管是羊毛、棉,还是尼龙)对绝热性能的影响很小,在编织线和纤维之间的空气起着绝热的作用。假如材料是实心的或浸湿的,就会因为失去其中的空气而大大降低其绝热性能。

　　测量衣服绝热性能的单位是克劳(clo)。在通风正常、气温为21℃以及湿度为50％的房子里,使一个坐着休息的被试者保持舒适状态的衣服绝热能力,称为一单位克劳。因为有代表性的裸体被试者在大约30℃时是感到舒适的,若低于此温度时就需要穿上衣服。一个单位克劳大约有补偿温度下降 1℃所要求的绝热量。衣服厚度绝热的代表值大约为 1.57 clo/cm。

　　影响热交换的另一个因素是衣料的水蒸气渗透性。正是这种渗透性使得蒸发性的热传递能通过织物。织物的克劳值越大,它的渗透度越低。渗透度指标(i_m)是无量纲的,总渗透度从 0.0~1.0。1.0 表示水蒸气可顺利穿过衣物,0.0 表示湿气不能穿过衣物,数值越小表示阻止湿气渗透的能力越强。在不流动的空气中,大部分衣服材料的 i_m 值小于 0.5。经过防护处理的以及织得很紧的织物能显著减小 i_m 的值。在热环境中,热量的蒸发对维持热平衡至关重要。阻碍热量蒸发这一过程会导致热量蓄积。在冷环境中,如汗液的蒸发受阻,衣服会渐渐被汗水渗透,将会减少它的绝热能力。

1.2.2　煤矿井下空气温度

1.2.2.1　湿度

空气的湿度是表示空气中所含水蒸气量的多少。其表示方法有三种:

(1) 绝对湿度:每 1 m³ 空气中所含水蒸气量的克数,称为绝对温度,用 f 表示。

(2) 饱和湿度:在温度不变的条件下,每 1 m³ 空气所能容纳的最大限度的水蒸气量的克数,称为饱和湿度,用 $F_饱$ 表示。饱和湿度的大小与温度有关,温度越高,饱和湿度值越大,在一定温度下,饱和湿度为常数。

(3) 相对湿度:每 1 m³ 空气中实际含有的水蒸气量与同温度下饱和水蒸气量之比的百分数,也就是同温度下绝对湿度与饱和湿度之比的百分数,称为相对湿度,用 φ 表示。

$$\varphi = \frac{f}{F_饱} \times 100\%$$

相对湿度可以反映空气中实际所含水蒸气量接近饱和湿度的程度,因而能够用来表明空气的潮湿程度。通常所说的空气的湿度就是指相对湿度。φ 值小,空气干燥;φ 值大,空气潮湿;$\varphi = 100\%$,说明空气中所含水蒸气量达到了饱和程度,此时湿衣服中的水分将不会被蒸发,只有当空气温度升高,其饱和能力提高了,水分才能蒸发使衣服晒干。

1.2.2.2　空气的温度

空气的温度是影响矿井气候的主要因素,温度过高或过低,都会使人感到不舒适,对人体最适宜的空气温度为 $15\sim20$℃。当开采深度不大、进风路线短时,回采工作面的气温将随着地面气温的变化而变化,但是在一些深部矿井,由于地温、开采深度及机电设备发热的影响,井下温度很高,使井下工作环境不利于人的舒适生存及有效工作。

1.2.2.3　空气温度的测量

空气温度测量的五种基本指标是:

(1) 空气温度或干球温度(DB)指避开辐射热源,用玻璃温度计测量到的温度;

(2) 空气的相对湿度是空气中的水蒸气量相对于该温度下空气中所能容纳最大的水蒸气量的比值。相对湿度用湿度计测量;

(3) 湿球温度是用湿灯芯覆盖的、末端可以摆动(保持空气流动)的温度计所测量到的温度。自然湿球温度与此相似,只是不用摆动温度计。温度计必须避开辐射热源,且不能阻碍自然风流动;

(4) 平均辐射温度通常称作球体温度,是用放在黑色的钢球中央的温度计测量的,黑色球体吸收辐射热能,内部空气温度指明其吸收热能的多少;

(5) 空气速度是用风速计测量的。

为了反映温度、湿度和空气流动对人体舒适程度的综合影响,常采用以下指标:

(1) 常规有效温度(ET)表示人在不同的气温、湿度和气流速度的作用下产生的主观冷暖感受指标,它仅仅用温度来度量这一主观感受。不同的空气温度、湿度和气流速度的组合可产生相同的冷暖感受。如 21℃ ET 表征的是以 21℃ 温度和 100% 湿度相组合的温度感觉。同样的温度感觉也能由其他温度和湿度(如27℃和10%)组合产生。此指标使用比较方便,缺点是在一般温度条件下过高估计了冷和中性条件下的影响,忽视了暖和条件的影响,而在高温情况下又低估了风速、高湿度的不利作用。

（2）新的有效温度（ET*）常规有效温度 ET 只考虑了气温、湿度和气流速度，而没有考虑热辐射，因此对于高辐射的环境不大适用。1981 年，美国采暖、制冷和空气调节工程师协会（ASHRAE）提出了新的有效温度，它是用一个基于环境变量对身体生理调节影响的公式得到的。对于相同的条件，新的 ET 值总是在数值上大于常规的 ET 值，如图 1-2 所示。

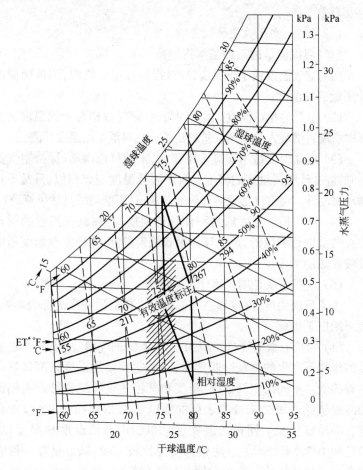

图 1-2　有效温度

(3) 牛津指标(WD)或湿干指标是湿球温度和干球温度的简单加权和,即 WD = 0.85WB + 0.15DB。牛津指标特别适合于指示相同忍耐限度下的等效气候条件。

(4) 湿球—黑球温度(WBGT)是自然湿球温度(NWB)、球体温度(GT)和干球球体温度(DB)的加权平均和。对于室内、夜间或阴天的公式为

$$WBGT = 0.7NWB + 0.3GT$$

对于室外公式为

$$RBGT = 0.7NWB + 0.2GT + 0.1DB$$

它的特征是不用直接测量气流速度(其值已在自然湿球球体温度上反映了)。WBGT 指标较常用,因为它确实考虑了上面所谈到的变量的组合。但 WBGT 不可能足量地补偿空气流速的影响。在 WBGT 相同,但辐射热、湿度和空气流速不同时,人类的生理反应不同。当湿度很高,空气流速很低时,使用 WBGT 测量效果最差,它低估了情况的严重性。

(5) Botsball(BB)指标是使用一种专用温度计,将空气温度、湿度、风速和辐射作用相结合的指标。公式为:BB = WBGT - 3,对于中等水平的湿度和辐射来讲,能精确测量温度。但在极端情况下公式将偏差几度。BB 是实用简单的指标。以上混合指标都是按温度(摄氏度)表示的。

1.2.3 热舒适与感觉

热舒适有着显著的个体差异,一方面是个体新陈代谢水平不同;另一方面是个体所进行的工作,穿着的服装,甚至所处的季节都能影响舒适感。风俗、习惯和传统也可能影响舒适温度。

1.2.3.1 温度对热舒适的影响

A 气流对热舒适的影响

气流是指由空气流动引起的风,它可以使人体局部受凉,人们对头顶及头(颈肩和背部)的风最敏感。短头发的人比长头发的人对风的感受更迟钝。

B 低湿度对热舒适的影响

低湿度能引起鼻腔、喉咙和皮肤干燥,嘴唇干裂,使人对气味更为敏感。当相对湿度小于或等于30%时,人会感到由低湿度带来的对眼睛的刺激,往后这种刺激更加显著。

C 高温

在高温下,身体吸收或产生的热量比散发的热量更多。这会使体内温度上升,导致疾病甚至死亡。在农业、建筑业、矿业和钢铁工业中,因为热病而发生事故的比例最高。热病也会发生在温和的气候中。甚至在寒冷的气候下,如穿不透水的安全服干重体力活的时候就会发生。消防队员和处理有害废物的工人就是例子。

1.2.3.2 高温对生理的影响

高温最直接的影响是使体内温度升高,每升高1℃,新陈代谢将增加10%,新陈代谢产生更多需要散发的热量,如不能及时散发,新陈代谢和产热进一步加剧,这就形成了恶性循环,严重者将导致死亡。

高温心血管反应。心血管系统对高温有两种基本反应:一种是皮肤的血管扩张,使供给体内热量的血液流向皮肤,皮肤温度升高。在舒适的环境中,皮肤的血液流量只占心脏输出量的5%,特别热时会增加到20%或更多;另一种基本反应是心率增加,心脏输出量能够增加50%~75%。增加血液输出流向皮肤进行散热,散热的需要使皮肤和工作肌肉争夺血液,可能使输出流向工作肌肉的氧气不足,而导致乳酸积累,肌肉酸痛而出现疲劳。在热环境中使体力恢复也要更长的时间,因为血液既要散热,又要带走乳酸。

高温出汗。当传导和辐射散热不能维持热平衡时,具体对高温的第二道防线是增加排汗。蒸发汗水可以散热,但汗滴不会起散热作用,只是失去废水。处于强高温中的工人每天能损失6~7 L汗水。汗腺会出现疲劳,长期处于热环境中即使失去的水分由等量的饮水来补充,出汗速率也会逐渐减小。定时用毛巾擦干皮肤,可增加出汗速率。

如果不喝水补充,过量的排汗会引起缺水或脱水。脱水会影响体温调节,体内温度升高,导致肌肉痉挛,减小体力劳动的持续性。脱水的人不一定会感到口渴,因此,建议工作在高温环境中的人每 15～20 min 喝水(10～15℃)150～200 mL。

汗水中含有盐分,出汗会损失一定的盐分。应经常在工人的饮食中添加相对多的盐分,但要注意,服用盐药片会刺激胃,食盐太多会提高高血压的患病率。

热病。长期高温或极高的温度会引起几种机体功能紊乱,最严重的是中暑,它会导致死亡。

(1)热疹,俗称痱子:皮肤上出现小红点及水疱状的肿块,是由汗腺阻塞,汗水积留发炎引起的,遇热时有刺痛的感觉。

(2)热痉挛:工作中或工作几小时后出现肌肉痉挛(大多在手臂、大腿和腹部),与盐分摄取不足和大量出汗有关。

(3)热衰竭:特征是肌肉无力,恶心,呕吐,头昏。主要是由脱水引起的,更可能发生在热致水土不服和身体状态不好的人身上。

(4)中暑:由于体温过高,温度调节机制失效引起的急性疾病。特征是恶心,头痛,脑功能紊乱,突然失去知觉等。最典型的起因是汗腺疲劳和不出汗。

1.2.3.3 个体差异与高温

导致人们对高温的忍耐度存在个体差异的因素有:

(1)身体健康状况。身体健康,对工作热环境的忍耐度大。健康人输送氧气给工作肌肉的能力强,能把更多的血液送往皮肤去散热,而不用减少对肌肉氧气的供给。

(2)老龄化。老龄化导致汗腺反应更加迟钝,体内总水分更少,这使体温调节的效率减小。

(3)性别。在高温下,妇女一般表现出发热速率增加,出汗速率降低,皮肤温度升高,湿热严重,体内温度更高。她们受脱水的影响更严重,女性对热的适应能力比男性差。

(4)脂肪。大量的脂肪意味着要携带多余的热量,且随着体重的增加,身体体表面积不能相应的成倍增加,导致更不利于散热。脂肪也在皮肤和深层身体组织之间产生了一个绝热层,妨碍热量扩散出人体。

(5) 酒精。饮酒易于引起中暑,它干扰中枢和周围神经的正常工作。在工作前或工作中摄取酒精会减小热忍耐度,增加中暑的危险。

1.2.3.4 对高温的适应性

经常工作于热环境中的人表现出对高温明显的适应性。伴随适应性出现的生理变化包括出汗效率的提高(出汗更早,出汗量更大及含盐量更低)、产热速率降低,更低的体内温度。处于热环境4~7天后大部分人就适应了,在12~14天就完全适应了。短时的经常暴露于热环境对维持热适应性是必需的,每天坚持暴露100 min 将足够维持适应性。暴露中不补充水分可能会延缓适应,若身体健康,则会更早适应,维生素 C 可能会提高热适应性。建议新工人第一天在高温环境下工作 20%的时间,以后每天工作时间增加 20%,第五天就能整班工作了。

适应性会随热暴露持续,如果几天不暴露,热忍耐度就会减小。已适应高温环境的人,若有一段时间不在高温环境下工作,再工作时建议工作量第一天为 40%,第二天为 60%,第三天为80%,第四天为 100%。

人们对热适应的能力有很大的差异,因此,即使有一个严格控制的热适应计划,工作于高温环境中的工人必须在达到生理极限水平的适应过程中进行生理监测。

1.2.4 高温的各项指标

1.2.4.1 热压指标 HSI

它是现有的综合性最好的指标之一,但由于太复杂而未普遍使用。新陈代谢产生的体热通过传导、辐射和向环境的蒸发来散发,这种能力用 HSI 度量。它指出了散热的相对容易或困难程度,它考虑了温度、湿度和气流等环境因素,以及新陈代谢速率和服装的影响。

1.2.4.2 热指标

热指标是对热和湿度影响人体自身冷却能力的量度。热指标量度如图 1-3 所示,每条线表示对人有相同总体影响的空气温度和相对湿度的组合。在高风险组中的四类影响可见表 1-1。

表 1-1 高温的影响

序号	类别	热指标/℃	总 体 影 响
1	极热	55	持续的热暴露极可能引起热中暑
2	很热	41~55	长期的热暴露和体力劳动可能引起中暑、热痉挛或热衰竭
3	热	32~41	长期热暴露和体力劳动可能引起中暑,热痉挛和热衰竭
4	很温和	27~32	长期暴露和体力劳动可能引起疲劳

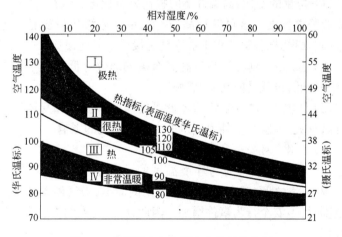

图 1-3 美国国家气象服务机构的热指标

1.2.5 高温对绩效的影响

1.2.5.1 对体力工作的影响

高温环境下肌肉和散热皮肤争夺血液,因此,在热环境中进行重体力劳动会很快出现疲劳。

1.2.5.2 对运动神经绩效的影响

高温对绩效的影响与工作类型有关。认识和观察任务分简单和复杂两类。

(1) 简单任务包括视觉和听觉的反应,如解决算术问题、译码和短期记忆等。热环境不会降低简单任务的绩效,除非在环境条件接近生理热容忍极限时才会影响简单任务的绩效。实际上,在热环境中短时进行这些简单任务能提高绩效。

(2) 复杂的任务包括追踪、时刻警惕的任务和复杂的双重任务等。在 30～33℃ WBGT 时,开始出现绩效降低。一般认为暴露时间的长短与绩效的降低没有显著的关系。

1.2.5.3 高温引起绩效降低的原因

高温引起绩效降低的原因有:警觉的变化、意志和体温的影响。

(1) 警觉的变化:高温开始时提高警觉程度,经过一段时间后将降低警觉程度。这可解释高温对简单任务绩效最初有促进作用。高温最初把警觉总水平提高到更接近于最佳警觉状态。

(2) 意志的影响:某些与高温有关的绩效降低是由于个人努力水平降低,也就是向高温"屈服"。

(3) 体温的影响:绩效的降低可能与脑部温度和身体内部温度升高有关,大脑会受外界热量的大幅度变化的影响。

1.2.5.4 对安全行为的影响

工人的不安全行为与环境温度的关系呈"U"字形,在 17～33℃ WBGT 之间,工人不安全行为比例最小,当气候条件不在这个范围时,不安全行为事件增加。因此,应该为人们提供舒适的工作环境。

1.2.5.5 减小高温影响的建议

减小高温影响最好采用系统化和综合性的方法。

(1) 使用空调、电风扇或除湿器改变大气状况。当空气温度低于皮肤温度时,提高空气流速可增加传导性的散热;提高工作区的空气速度,减小相对湿度和湿气可增加蒸发性的散热;辐射性热源要用适当的障碍物来遮掩以保护工人。

（2）改变任务方式以减小高温的影响。减小完成任务所需的能耗水平能大大减小高温影响；经常在凉快的环境中休息以及限制在热环境中工作的时间；在工作区附近提供足够的凉水，并鼓励所有工人多喝水。

（3）要劳逸结合，经常进行卫生知识培训和急救实践训练。系统化的适应和健身计划对提高高温忍耐度很重要；同时通过健康检查找出不耐热的人，并为其选择合适的工作。

通过各种保护设备减小工作环境中的高温影响。包括水冷或空气冷却的背心或帽子、冰袋背心或隔热服等。减小高温影响，背心比帽子有效，冰袋背心效果最好。穿一件冰袋背心通常在工作中就能渐渐适应热环境。这些设备不仅确实减小了热衰竭，而且不妨碍热适应过程。

1.2.6 低温

低温对健康危害的严重性比高温小。在寒冷环境中工作的主要职业病是冻疮。

1.2.6.1 低温的生理影响

低温的生理影响主要有两种：血管收缩和寒颤。当体内温度降至 28℃ 以下时，会危及生命。

（1）血管收缩。身体遇冷首先会收缩皮肤和四肢的血管。流向这部分的血流会大大减少，使得温暖的血液能避开冰冷的皮肤，减少散失到环境中的热量；并且，皮肤的绝热能力提高至 6 倍，这样，手指和脚趾的温度将迅速降至周围空气的温度，可能会引起局部冷伤害。血管收缩也能使更多的血液流向内部器官，这也是在冷环境中排尿多的原因。血管收缩也会影响血液流动的通畅性，限制了血液的含氧量，最终肌肉疲劳，使血管膨胀，循环缺氧的组织没有血液流通，会使皮肤发青。

（2）寒颤。假如身体核心温度不能由血管收缩维持，身体将通过寒颤来提高新陈代谢热产量。它能使新陈代谢的水平提高至休息状态下热平衡的 2～4 倍，这足以抵消散失到环境中的热，使净热散失为零。身体健康条件越好,寒颤产热效率越高,保持寒颤而不衰竭的时间越长。

1.2.6.2 严酷的低温

最常见的冷伤害是冻疮。冻疮是身体组织受冻,在组织细胞中形成冰晶,手脚最容易引起冻疮。即使体内温度保持在正常水平,但与低温金属或液体接触也能引起皮肤冻伤。更深层的组织冻伤时会出现生命危险,冰晶会破坏组织细胞,血液细胞会在血管中凝集,导致坏疽。

低温可引起体温过低,通常表现为体温低于35℃。最初阶段表现为不辨方向、冷淡、幻觉或兴奋,当体温进一步降低时,人会昏迷,甚至死亡。在极端的低温下,身体的新陈代谢速率变慢,身体需要更少的氧气。

1.2.6.3 对低温的适应

人反复地暴露于冷环境中,即使没有明显寒颤时,新陈代谢速率也会提高。习惯于把手伸到冷水中的切鱼片工人,他们流向手的血流增加以便手保持暖和。

1.2.6.4 低温指标

风冷指数 WCI 是度量空气温度和风速对人不适感的联合影响的指标,表明冷环境中的相对严酷性,特别是在风速低于 80 km/h 时。实际上常用的是等效风冷指标。等效风冷指标是指与给定的空气温度和风速等效的风冷温度。即在和风状态下,某个空气温度与给定的空气温度和风速的联合作用产生相同的主观不适感。如气温 -1℃,风速 64 km/h 与气温 -22℃、和风状态有相同的不适感。表 1-2 为不同气温和风速下的等效风冷指标。

表 1-2　不同气温和风速下的等效风冷指标

风速 /km·h^{-1}	气　温/℃					
	-1	-7	-12	-18	-23	-29
和风	-1	-7	-12	-18	-23	-29
8	-3	-9	-14	-21	-26	-31

风速 /km·h⁻¹	气 温/℃					
	−1	−7	−12	−18	−23	−29
16	−9	−16	−23	−28	−36	−43
32	−15	−23	−31	−39	−47	−55
48	−19	−28	−36	−45	−54	−61
64	−22	−30	−38	−47	−56	−65

1.2.6.5 低温的主观感受

舒适或不适的感觉部分与皮肤温度有关。表 1-3 为与皮肤温度有关的主观感觉。

表 1-3 与皮肤温度有关的主观感觉

感 觉	平均皮肤温度/℃	手皮肤温度/℃
舒 服	33.3	
感到不舒服的冷	31	20
令人寒颤的冷	30	
极 冷	29	15
痛苦的冷		5

1.2.7 低温对绩效的影响

低温对绩效的影响因素有:任务或功能的类型,空气温度、湿度、空气流动和辐射的相互作用,暴露时间长短,身体是暖和还是寒冷,冷却速度,不同身体部位的暴露,适应性和个体差异。

(1) 体力劳动。低温严重影响体力劳动。体内温度或肌肉温度降低会减小身体做功能力,导致肌肉力量和忍耐度降低。身体核心温度每降低 1℃,最大作业量（持续小于 3 min)下降 4% ~ 6%。对于持续 3~5 min 的作业任务,下降水平为 8%。原因有两个:其一,体内温度下降减小了肌肉中新陈代谢的速率;其二,寒冷减小了神经中枢在外围运动神经中的传导速率。

（2）触觉灵敏度。触觉灵敏度是皮肤温度的 L 型函数,每个人有一个相对稳定的临界温度,低于该温度,绩效显著降低。

（3）手工任务绩效。慢冷却比快冷却对绩效降低影响更大,更深层组织温度对绩效降低影响更大。不损害绩效下限的平均手部皮肤温度为 13～18℃,周围温度从 24℃ 降至 13℃ 时绩效有一定下降,周围温度从 13℃ 降至 1.7℃ 时,绩效急剧下降。

（4）跟踪任务的绩效。周围温度为 4～13℃ 时跟踪任务受到寒冷的显著影响,此时工作者激情显著消失,漠不关心的情绪增加,这使得绩效降低。

（5）反应时间。寒冷对基本反应时间影响不大,但确实存在不利影响。

（6）脑力活动。低温干扰某些类型脑力活动的绩效,影响状况将与任务类型、寒冷的严酷程度、被试者技术水平,以及被试者先前在冷环境中工作的经验有关。

低温的保护措施如下:

（1）使用手套。在低温下工作或活动时可戴手套,要求保持手指灵巧时,可以使用半截手套,这样可保护手的其他部分。必要时可对手指暴露的部分提供一些附带性的保护。

（2）使用辅助加热器。辅助加热的方法对保持任务绩效很有用,但某些工作(建筑或伐木等工作)不适宜使用辅助加热器。

（3）取暖设施。暴露于寒冷中往往会有一个或几个相关的指标(如皮肤温度、手皮肤温度、身体核心温度、空气温度、工作绩效等)超过合理的忍耐水平。当超过这些忍耐水平时,人应到有取暖设施的地方暖和一段时间再进行工作。

1.2.8　矿井气候条件的安全标准

制定矿井气候条件的安全标准,涉及到国家政策、劳动卫生、劳动生理心理学以及现有的国家技术经济条件。目前,世界各国关于矿井气候条件的安全标准差别很大。现将我国及其他一些国家的规定标准简介如下。

1.2.8.1　我国现行的矿井气候条件安全标准

我国现行评价矿井气候条件的指标是干球温度。1982 年国务院颁布的《矿山安全条例》第 53 条规定,矿井空气最高允许干球温度为 28℃。在此基础上,我国各类矿山在安全规程中,也对矿井气候条件的安全标准作出了相应的规定,但都低于此值。见表 1-4。

表 1-4　我国矿山气候条件的安全标准

类　　　别	最高允许干球温度/℃			
	煤　矿	金属矿	化学矿	铀　矿
采掘工作面	26	27	26	26
机电硐室	30			
特殊条件下				
热水型和高硫矿井	27.5			

1.2.8.2　国外一些国家的矿井气候条件安全标准

世界主要产煤国家对矿井气候条件的评价指标并不统一。主要采用的指标有:干球温度、湿球温度、同感温度等,见表 1-5。从世界主要产煤国家矿井气候条件安全标准来看,我国法定的矿井气候允许值最低。但由于客观条件的限制,这一规定往往较难实现。因此,如何根据我国的具体国情,选定科学而符合我国实际情况的标准,还有待于进一步的研究。

表 1-5　世界主要产煤国家矿山气候条件的安全标准

国　　别	最高允许温度/℃	备　　注
俄罗斯	干球温度 $t \leqslant 26$	煤矿,相对湿度 $\varphi < 90\%$ 时
	$t \leqslant 25$	煤矿,$\varphi > 90\%$ 时
	$t \leqslant 25$	化学矿,金属矿
德国	同感温度 $t_e \leqslant 25$	允许值
	$25 < t_e \leqslant 29$	限作业 6 小时
	$29 < t_e \leqslant 30$	限作业 5 小时,每小时休息 10 分钟
	$30 < t_e \leqslant 32$	限作业 5 小时,每小时休息 20 分钟
	$t_e > 32$	禁止作业
美国	同感温度 $t_e \leqslant 32$	煤矿,允许值
	$t_e > 32$	禁止作业

国 别	最高允许温度/℃	备 注
英国	湿球温度 $t_w \leqslant 27.8$ 同感温度 $t_e \leqslant 29.4$	允许值
波兰	干球温度 $t \leqslant 26$ $t > 26$ $28 < t \leqslant 33$	煤矿 劳动定额可减免 4% 限作业 6 小时
印度	干球温度 $t < 32$ $t = 32 \sim 35$	允许值 限作业 5 小时

1.3 煤矿井下风量计算

矿井在建设期间和生产过程中,都必须向井下各用风地点即采掘工作面和硐室供给适当的风量。合理地确定风量,是保证安全生产、获得良好的经济效益及有利于工人身体健康的至关重要问题。

1.3.1 回采工作面的通风量

回采工作面实际需风量应按照瓦斯、二氧化碳涌出量、炸药用量以及工作面的气温、风速和人数等方面分别进行计算。

1.3.1.1 按瓦斯涌出量计算

按瓦斯涌出量计算如下

$$Q_采 = \frac{Q_绝}{C - C_0} K$$

式中　$Q_采$——回采工作面所需风量,m^3/min;

　　　$Q_绝$——回采工作面绝对沼气涌出量,m^3/min;

　　　　C——回采工作面回风流中允许的沼气浓度,1%;

　　　C_0——回采工作面进风流中沼气浓度,%;

　　　　K——回采工作面通风系数,主要包括沼气涌出不均衡和备用风量等因素,一般取 1.2~2.1。

若矿井沼气涌出量不大,而二氧化碳涌出量大时,风量应按二氧化碳涌出量计算,计算方法参照上式。

1.3.1.2 按工作面的风速计算

回采工作面的温度和风速应有适当的配合,以创造良好的气候条件。计算式

$$Q_{采} = 60VS$$

式中　V——回采工作面的平均断面积,可按最大和最小控顶断面积的平均值计算,m^2;

　　　S——回采工作面风流速度,m/s。

空气温度和风速之间相应配合数值可参见表1-6。

表1-6　回采工作面温度与风速对应表

回采工作面空气温度/℃	回采工作面风速 $V/\text{m·s}^{-1}$
<15	0.3~0.5
15~18	0.5~0.8
18~20	0.8~1.0
20~23	1.0~1.5
23~26	1.2~1.8

1.3.1.3 按炸药量计算

$$Q_{采} = 25A$$

式中　25——每1 kg炸药爆破后,需要供给的风量,$m^3/(\text{min·kg})$;

　　　A——回采工作面一次爆破的最大炸药消耗量,kg。

1.3.1.4 按人数计算

$$Q_{采} = 4N$$

式中　4——《规程》规定的每人每分钟的供风量:$m^3/(\text{人·min})$;

　　　N——回采工作面同时工作的最多人数。

按照上述诸方面计算风量之后,应取其中最大值,作为该回采工作面的风量。

1.3.2 掘进工作面的需风量

每个独立通风的掘进工作面实际需风量,应按沼气涌出量、炸

药用量、风速和人数等方面分别进行计算。其计算公式与回采工作面的滞风量计算公式相同。但按沼气涌出量计算掘进工作面的需风量时,由于掘进工作面初次切割煤体,沼气涌出量较回采面的沼气涌出量大,故考虑沼气涌出不均衡系数 1.5～2.0。

1.3.3 硐室需风量

每个硐室实际需风量,应根据不同类型的硐室分别确定。

机电设备发热量大的水泵房、空气压缩机房等机电硐室,实际需要的风量应考虑排除机电设备的发热量,同时还应考虑机电硐室进回风流的气温差。由于机电硐室一般不必独立回风,故不必单独计算,可根据实际需要加以调节。

火药库的实际需要风量,应按每小时换气 4 次计算,或按经验值确定风量,一般大型火药车每分钟 $100～150 \ m^3$;中小型火药库每分钟 $60～100 \ m^3$。

1.3.4 矿井总风量的确定

矿井总风量分为总进风量和总回风量,总进风量是指地面空气通过进风井筒进入井下进风巷道至生产作业地点的新鲜空气(新风)的总量;总回风量是指由井下各作业地点通过回风巷道和回风井筒排至地面的污浊空气(乏风)的总量。矿井总回风量一般要超过总进风量(一般为 5%),这是因为地面空气进入井下后,由于温度升高体积膨胀以及井下不断涌出的多种有害气体的加入而造成的。

1.3.4.1 矿井总进风量比

主要通风机运转迫使地面空气进入井下的风量(总进风量)与矿井生产实际需要风量的比值称为矿井总进风量比,显然矿井总进风量比必须是一个大于 100% 的数值。

矿井总进风量比是否大于 100%,是衡量矿井通风能力是否适应矿井生产要求的一个主要参数,也是衡量矿井是否能超通风能力生产的主要标志。

1.3.4.2 矿井有效风量

矿井有效风量是指风流通过井下各工作地点(包括独立通风有采煤工作面、掘进工作面、硐室和其他用风地点)实际需要风量的总和(串联通风的采掘工作面,以最后一个被串联工作面的实际风量作为计算有效风量)。

$$Q_{有效} = \sum Q_{采i} + \sum Q_{掘i} + \sum Q_{硐i} + \sum Q_{其他i}$$

式中　　　　　$Q_{有效}$——矿井有效风量;

$Q_{采i}, Q_{掘i}, Q_{硐i}, Q_{其他i}$——采煤工作面、掘进工作面、硐室和其他用风地点(或回点)风流的实测风量换算成标准状态的风量。

在计算有效风量时,为了能互相对比,实测风量 $Q_{测}$ 都要换算成标准状态下的风量 $Q_{标}$ 值。可按下式计算

$$Q_{测} = Q_{测} \cdot \rho_{测} / 1.2$$

式中　$\rho_{测}$——测定地点的空气密度,kg/m^3;

1.2——矿井空气在标准状态时的密度,kg/m^3。

1.3.4.3 矿井有效风量率

矿井有效风量率是指矿井有效风量与各台主要风机风量之和的比(C)。可按下式计算

$$C = Q_{有效} / \sum Q_{通i} \times 100\%$$

式中　$Q_{通i}$——第 i 台主要风机的实测风量换算成标准状态时的风量。

《矿井通风质量标准》规定,矿井有效风量率不得低于85%。

1.3.4.4 矿井漏风量

由于井口封闭不严或施工不合理等原因,造成由主要通风机附属装置及风井附近地表漏失的风量的总和,称为矿井外部漏风量。可用各台主要通风机风量的总和减去矿井总回(或进)风量来求得

$$Q_{外漏} = \sum Q_{通i} - \sum Q_{井i}$$

式中　$Q_{井i}$——分别为第 i 号回(或进)风井的实测风量换算成标

准状态时的风量。

《煤矿安全规程》第一百二十一条规定:"装有主要通风机的井口必须封闭严密,其外部漏风量率在无提升设备时不得超过 5%,有提升设备时不得超过 15%。"

1.3.4.5 矿井总排风量

矿井主要通风机的总排风量,就等于矿井有效风量、矿井的内部漏风量和外部漏风量的总和。

1.4 矿井风量压力与通风阻力

1.4.1 矿井通风压力

空气的压力也称为空气的静压,用符号 p 表示。压强在矿井通风中习惯称为压力。它是空气分子热运动对器壁碰撞的宏观表现。其大小取决于在重力场中的位置(相对高度)、空气温度、湿度(相对湿度)和气体成分等参数。根据物理学的分子运动理论,空气的压力可用下式表示

$$p = \frac{2}{3} n \left(\frac{1}{2} mv^2 \right)$$

式中 n——单位体积内的空气分子数;

$\frac{1}{2} mv^2$——分子平移运动的平均动能。

上式阐述了气体压力的本质,是气体分子运动的基本公式之一,由式可知,空气的压力是单位体积内空气分子不规则热运动产生的总动能的三分之二转化为能对外做功的机械能。因此,空气压力的大小可以用仪表测定。压力的单位为 Pa(帕斯卡,1 Pa = 1 N/m^2)

在地球引力场中的大气由于受分子热运动和地球重力场引力的综合作用,空气的压力在不同标高处其大小是不同的,也就是说空气压力还是位置的函数。在同一水平面、不大的范围内,可以认为空气压力是相同的;但空气压力与气象条件等因素也有关(主要是温度),如安徽淮南地区一昼夜内空气压力的变化为 0.27～

0.40 kPa;一年中的空气压力变化可高达 4～5.3 kPa。

1.4.1.1　静压

由分子运动理论可知,无论空气是处于静止还是流动状态,空气的分子无时无刻不在作无秩序的热运动。这种由分子热运动产生的分子动能一部分转化的能对外做功的机械能叫静压能。当空气分子撞击到器壁上时就有了力的效应,这种单位面积上力的效应称为静压力,简称静压,用 p 表示(N/m^2,即 Pa)。

在矿井通风中,压力的概念与物理学中的压强相同,即单位面积上受到的垂直作用力。

A　静压的特点

静压的特点为:

(1) 无论静止的空气还是流动的空气都具有势压力;

(2) 风流中任一点的静压各向同值,且垂直于作用面;

(3) 风流静压的大小(可以用仪表测量)反映了单位体积风流所具有的能够对外做功的静压能的多少。如说风流的压力为101 332 Pa,则指每 1 m^2 风流具有 101 332 J 的静压能。

B　压力的两种测算基准

根据压力的计算基准不同,压力可分为绝对压力和相对压力。

(1) 绝对压力:以真空为测算零点(比较基准)而测得的压力称之为绝对压力,用 p 表示。

(2) 相对压力:以当地当时同标高的大气压力为测算基准(零点)测得的压力称之为相对压力,即通常所说的表压力,用 h 表示。

(3) 风流的绝对压力(p),相对压力(h)和与其对应的大气压(p_0)三者之间的关系如下式

$$h = p - p_0$$

某点的绝对静压只能为正,它可能大于、等于或小于该点同标高的大气压 p_0,因此相对压力则可正可负。相对压力为正称为正压,相对压力为负称为负压。

1.4.1.2　重力位能

物体在地球重力场中因地球引力的作用,由于位置的不同而

具有的一种能量叫重力位能。

位能有如下特点：

(1) 位能是相对某一基准面而具有的能量,它随所选基准面的变化而变化。在讨论位能时,必须首先选定基准面,一般应将基准面选在所研究系统风流流经的最低水平。

(2) 位能是一种潜在的能量,常说某处的位能是对某一基准面而言,它在本处对外无力的效应,即不呈现压力,故不能像静压那样用仪表进行直接测量。只能通过测定高差及空气柱的平均密度来计算。

(3) 位能和静压可以相互转化,当空气由标高高的断面流至标高低的断面时位能转化为静压;反之,当空气由标高低的断面流至标高高的断面时部分静压转化为位能。在进行能量转化时遵循能量守恒定律。

1.4.1.3 动压

当空气流动时,除了位能和静压能外,还有空气定向运动的动能;其动能所转化显现的压力叫动压或称速压,用符号 h_v 表示,单位 Pa。需要注意的是,空气分子热运动产生的动能与空气宏观定向运动产生的动能的区别。

A 动压计算

设某点 i 的空气密度为 $\rho_i(\mathrm{kg/m^3})$,其定向运动的流速亦即风速为 $v_i(\mathrm{m/s})$,则单位体积空气所具有的动能为 $E_{vi}(\mathrm{J/m^3})$:

$$E_{vi} = \frac{1}{2}\rho_i v_i^2$$

E_{vi} 对外所呈现的动压 h_{vi} 为:

$$h_{vi} = \frac{1}{2}\rho_i v_i^2$$

由此可见,动压是单位体积空气在作宏观定向运动时所具有的能够对外做功的动能的多少。

B 动压特点

动压特点为:

（1）只有做定向流动的空气才具有动压,因此动压具有方向性;

（2）动压总是大于零。垂直流动方向的作用面所承受的动压最大(即流动方向上的动压真值),当作用面与流动方向有夹角时,其感受到的动压值将小于动压真值,当作用面平行流动方向时,其感受的动压为零。因此在测量动压时,应使感压孔垂直于运动方向。

（3）在同一流动断面上,由于风速分布的不均匀性,各点的风速不相等,所以其动压值不等。

（4）某断面动压即为该断面平均风速计算值。

1.4.1.4 风流点压力

风流的点压力是指测点的单位体积(1 m^3)空气所具有的压力。在井巷和通风管道中流动的风流的点压力,就其形成的特征来说,可分为静压、动压和全压(风流中某一点的静压和动压之和称为全压),根据压力的两种计算基准,静压又分为绝对静压(p)和相对静压(h);同理,全压也可分为绝对全压(p_t)和相对全压(h_t)。

如图 1-4 所示的通风管道中,a 图为压入式通风,在压入式通风时,风筒中任一点 i 的相对全压 h_t 恒为正值,所以称之为正压通风。b 图为抽出式通风,在抽出式通风时,除风筒的风流入口断面的相对全压为零外,风筒内任一点 i 的相对全压 h_t 恒为负值,故又称为负压通风。

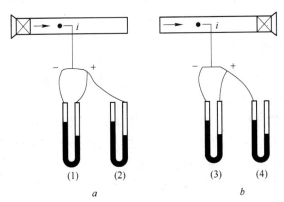

图 1-4 压入式 a 与抽出式 b 通风管道

在风筒中,断面上的风速分布是不均匀的,一般中心风速大,随距中心距离增大而减小。因此,在断面上相对全压 h_t 是变化的。

无论是压入式还是抽出式,其绝对全压均表示为

$$p_{ti} = p_i + h_{vi}$$

式中　p_{ti}——风流中 i 点的绝对全压,Pa;

　　　p_i——风流中 i 点的绝对静压,Pa;

　　　h_{vi}——风流中 i 点的动压,Pa。

风流中任一点的相对全压为

$$h_{ti} = p_{ti} - p_{0i}$$

式中　p_{0i}——当时当地与风道中 i 点同标高的大气压,Pa。

在压入式风道中($p_{ti} > p_{0i}$)　　$p_{ti} - p_{0i} > 0$

在抽出式风道中($p_{ti} < p_{0i}$)　　$p_{ti} - p_{0i} < 0$

由此可见,风流中任一点的相对全压有正负之分,它与通风方式有关。而对于风流中任一点的相对静压,其正负不仅与通风方式有关,还与风流流经的管道断面变化有关。在抽出式通风中其相对静压总是小于零(负值);在压入式通风中,一般情况下,其相对静压是大于零(正值),但在一些特殊的地点其相对静压可能出现小于零(负值)的情况,如在通风机出口的扩散器中的相对静压一般应为负值。

1.4.2　通风阻力

风流在井巷中流动时所消耗的能量称为矿井通风阻力。风流之所以能够流动,是因为通风压力克服通风阻力的结果,风流在井巷中流动的过程就是两者相互作用的过程,没有通风阻力也就无需通风压力。风流的黏滞性和惯性以及井巷壁面等对风流的阻滞、扰动作用而形成通风阻力,它是造成风流能量损失的原因。井巷通风阻力可分为两类:摩擦阻力(也称沿程阻力)和局部阻力。

1.4.2.1　雷诺数

1883 年英国物理学家雷诺(O.ReynoLds)通过实验发现,同一

流体在同一管道中流动时,不同的流速,会形成不同的流动状态。当流速较低时,流体质点互不混杂,沿着与管轴平行的方向做层状运动,称为层流(或滞流)。当流速较大时,流体质点的运动速度在大小和方向上都随时发生变化,成为互相混杂的紊乱流动,称为紊流(或湍流)。

雷诺曾用各种流体在不同直径的管路中进行了大量实验,发现流体的流动状态与平均流速 v、管道直径 d 和流体的运动黏性系数 ν 有关。可用一个无因次准数来判别流体的流动状态,这个无因次准数就叫雷诺数,用 Re 表示,即

$$Re = \frac{vd}{\nu}$$

实验表明,流体在直圆管内流动时,当 $Re < 2320$(下临界雷诺数)时,流动状态为层流;当 $Re > 4000$(上临界雷诺数)时,流动状态为紊流;在 $Re = 2320 \sim 4000$ 的区域内,流动状态不是固定的,由管壁的粗糙程度、流体进入管道的情况等外部条件而定,只要稍有干扰,流态就会发生变化,因此称为不稳定的过渡区。在实际工程计算中,为简便起见,通常以 $Re = 2300$ 作为管道流动流态的判定准数,即

$$Re < 2300 \qquad 层流; \qquad Re > 2300 \qquad 紊流$$

对于非圆形断面的井巷,Re 数中的管道直径应以井巷断面的当量直径 d_e 来表示

$$d_e = 4\frac{U}{S}$$

因此,非圆形断面井巷的雷诺数可用下式表示

$$Re = \frac{4vS}{\nu U}$$

式中　v——井巷断面上的平均风速,m/a;

　　　ν——空气的运动黏性系数,通常取 $15 \times 10^{-5} \mathrm{m^2/s}$;

　　　S——井巷断面积,$\mathrm{m^2}$;

　　　U——井巷断面周长,m。

对于不同形状的井巷断面,其周长 U 与断面积 S 的关系,可

用下式表示

$$U \approx c\sqrt{S}$$

式中　c——断面形状系数：梯形 $c=4.16$；三心拱 $c=3.85$；半圆
　　　　拱 $c=3.90$。

1.4.2.2　井巷断面上的风速分布

在矿井通风中,空气流速简称为风速。井巷中风流质点的运动状态是极其复杂的,运动参数随时间而变化。如图 1-5 所示曲线表示井巷中某点在水平方向的瞬时速度 v_x 随时间 t 的变化规律。其值虽然不断变化,但在一足够长的时间段 t 内,流速总是围绕着某一平均值 $\bar{v}_x$ 上下波动,这种现象称为脉动现象。v'_x 为波动值。因此,可以利用平均值 $\bar{v}_x$ 代替具有脉动现象的真实风速值,平均值 $\bar{v}_x$ 称为时均风速,即通常所说的井巷断面上某点的风速。采用时均风速后,井巷中空气的流动一般可视为定常流(稳定流)。

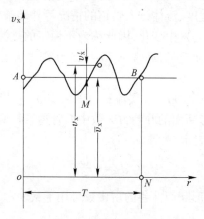

图 1-5　紊流流速脉动

由于空气的黏性和井巷壁面摩擦影响,井巷断面上风速分布是不均匀的。在贴近壁面处仍存在层流运动薄层,即层流边层。其厚度 δ 随 Re 增加而变薄,它的存在对流动阻力、传热和传质过程有较大影响。在层流边层以外,从巷壁向巷道轴心方向,风速逐渐增大,呈抛物线分布,如图 1-6 所示。

由于受井巷断面形状和支护形式的影响,以及局部阻力物的存在,最大风速不一定在井巷的轴线上,风速分布也不一定具有对称性。如图1-7所示为实测的某巷道断面上的等风速线分布图。

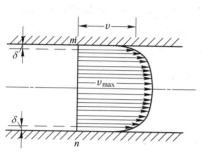

图1-6 紊流中的速度分布　　图1-7 巷道断面等风速线分布

1.4.2.3 摩擦风阻与阻力

A 摩擦阻力

风流在井巷中做沿程流动时,由于流体层间的摩擦和流体与井巷壁面之间的摩擦所形成的阻力称为摩擦阻力(也叫沿程阻力)。在矿井通风中,克服沿程阻力的能量损失,常用单位体积(1 m³)风流的能量损失 H_f(Pa)来表示。由流体力学可知,无论层流还是紊流,以风流压能损失来反映的摩擦阻力可用下式计算

$$h_f = \lambda \frac{L}{d} \cdot \rho \frac{v^2}{2}$$

式中　L——风道长度,m;

　　　d——圆形风道直径,或非圆形风道的当量直径,m;

　　　v——断面平均风速,m/s;

　　　ρ——空气密度,kg/m³;

　　　λ——无因次系数(沿程阻力系数),其值通过实验求得。

实际流体在流动过程中,沿程能量损失一方面(内因)取决于黏滞力和惯性力的比值,用雷诺数 Re 来衡量;另一方面(外因)是固体壁面对流体流动的阻碍作用。故沿程能量损失又与管道长

度、断面形状及大小、壁面粗糙度有关。其中壁面粗糙度的影响通过 λ 值来反映。

1932～1933 年间,尼古拉兹把经过筛分、粒径为 e 的砂粒均匀粘贴于管壁。砂粒的直径 ε 就是管壁凸起的高度,称为绝对粗糙度;绝对粗糙度 ε 与管道半径 r 的比值 ε/r 称为相对粗糙度。以水作为流动介质,对相对粗糙度分别为 1/15、1/30.6、1/60、1/126、1/256、1/507 六种不同的管道进行试验研究。对实验数据进行分析整理,在对数坐标纸上画出 λ 与 Re 的关系曲线,如图1-8 所示。

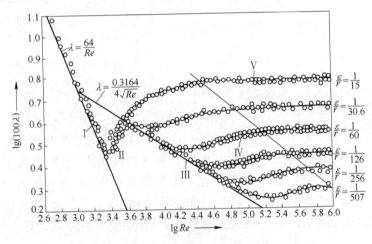

图 1-8　尼古拉兹试验结果

根据 λ 与 Re 及 ε/r 的关系,图中曲线可分为 5 个区:

Ⅰ区——层流区。当 $Re<2320$(即 $\lg Re<3.36$)时,不论管道粗糙度如何,其实验结果都集中分布于直线Ⅰ上。这表明 λ 与相对粗糙度 ε/r 无关,只与 Re 有关,且 $\lambda=64/Re$。这也可解释为:对各种相对粗糙度的管道,当管内为层流时,其层流边层的厚度 $\delta=d$,远远大于各个绝对粗糙度,所以 λ 与 ε/r 无关。

Ⅱ区——过渡流区。$2320\leqslant Re\leqslant4000$(即 $3.36\leqslant\lg Re\leqslant3.6$),在此区间内,不同相对粗糙度的管内流体的流态由层流转变

为紊流。所有的实验点几乎都集中在线段Ⅱ上。λ随 Re 增大而增大,与相对粗糙度无明显关系。

Ⅲ区——水力光滑管区。在此区段内,管内流动虽然都已处于紊流状态(Re>4000),但在一定的雷诺数下,当层流边层的厚度 δ 大于管道的绝对粗糙度 ε(称为水力光滑管)时,其实验点均集中在直线Ⅲ上,表明 λ 与 ε 仍然无关,而只与 Re 有关。随着 Re 的增大,相对粗糙度大的管道,实验点在 Re 较低时就偏离直线Ⅲ,而相对粗糙度小的管道要在 Re 较大时才偏离直线Ⅲ。

Ⅳ区——由水力光滑管变为水力粗糙管的过渡区,即图1-8中Ⅳ所示区段。在这个区段内,各种不同相对粗糙度的实验点各自分散呈一波状曲线,λ 值既与 Re 有关,也与 ε/r 有关。

Ⅴ区——水力粗糙管区。在该区段, Re 值较大,管内液流的层流边层已变得极薄,有 ε≫δ,砂粒凸起高度几乎全暴露在紊流核心中,故 Re 对 λ 值的影响极小,略去不计,相对粗糙度成为 λ 的唯一影响因素。故在该区段,λ 与 Re 无关,而只与相对粗糙度有关。因此,在此区段,对于一定相对粗糙度的管道,λ 为定值,因摩擦阻力与流速平方成正比,故此区又称为阻力平方区。在此区内 λ 的计算式为

$$\lambda = \frac{1}{\left(1.74 + 2 \lg \frac{r}{\varepsilon}\right)^2}$$

此式应用较为普遍,称为尼古拉兹公式。

尼古拉兹实验比较完整地反映了阻力系数 λ 的变化规律及其主要影响因素。对我们研究井巷沿程通风阻力问题有重要的指导意义。

B 层流摩擦阻力

当流体在圆形管道中做层流流动时,从理论上可以导出摩擦阻力计算式

$$h_f = \frac{32 \mu L}{d^2} v$$

因 $Re = \dfrac{vd}{\nu}$，$\mu = \rho\nu A$，可得 $h_f = \dfrac{64}{Re} \cdot \dfrac{L}{d} \cdot \rho \dfrac{v^2}{2}$。可得圆管层流时的沿程阻力系数 $\lambda = \dfrac{64}{Re}$。尼古拉兹实验所得到的层流时 λ 与 Re 的关系与理论分析得到的关系完全相同，理论与实验的正确性得到相互的验证。层流摩擦阻力和平均流速的一次方成正比。

以当量直径 $d_e = 4S/U$ 代替 d，则可得到层流状态下井巷摩擦阻力计算式

$$h_f = 2\nu \cdot \rho \frac{LU^2}{S^2} \cdot v = 2\nu \cdot \rho \frac{LU^2}{S^2} \cdot Q$$

C　紊流摩擦阻力

对于紊流运动，$\lambda = f(Re, \varepsilon/r)$，关系比较复杂。用当量直径 $d_e = 4S/U$ 代替 d，则得到紊流状态下井巷的摩擦阻力计算式

$$h_f = \frac{\lambda \cdot \rho}{8} \cdot \frac{LU}{S} v^2 = \frac{\lambda \cdot \rho}{8} \cdot \frac{LU}{S^3} Q^2$$

应当指出，用当量直径代入式计算非圆管的沿程能量损失，并不适用于所有断面形状，但对常见的矿井井巷断面而言，造成的误差很小，可不予考虑。

1.4.2.4　摩擦阻力系数与摩擦风阻

A　摩擦阻力系数 α

矿井中大多数通风井巷风流的 Re 值已进入阻力平方区（风流处于完全紊流状态），λ 值只与相对粗糙度有关，对于几何尺寸和支护已定型的井巷，相对粗糙度一定，则 λ 可视为定值，在标准状态下空气密度 $\rho = 1.2 \text{ kg/m}^3$。

设定

$$\alpha = \frac{\lambda \cdot \rho}{8}$$

α 就是摩擦阻力系数。那么井巷通风的摩擦阻力可以有如下的表示

$$h_f = \alpha \cdot \frac{LU}{S^3} Q^2$$

B　摩擦风阻

对于特定巷道，α、L、U、S 均为常数，把它们归结为一个参数 R_f。

$$R_f = \alpha \frac{LU}{S^3}$$

式中 R_f——巷道的摩擦风阻,kg/m^7 或 $N \cdot s^2/m^8$

$$h_f = R_f Q^2$$

此式就是完全紊流(进入阻力平方区)下的摩擦阻力定律。

1.4.2.5 局部风阻与阻力

在风流运动过程中,由于井巷断面、方向变化以及分岔或汇合等原因,使均匀流动在局部地区受到影响而破坏,从而引起风流速度场分布变化和产生涡流等,造成风流的能量损失,这种阻力称为局部阻力。由于局部阻力所产生风流速度场分布的变化比较复杂,对局部阻力的计算一般采用经验公式。

A 局部阻力及其计算

和摩擦阻力类似,局部阻力 h_1 一般也用动压的倍数来表示

$$h_1 = \xi \frac{\rho}{2} v^2$$

式中 ξ——局部阻力系数,无因次。

实验表明:在层流条件下,流体经过局部阻力物后仍保持层流,局部阻力仍是由流层之间的黏性切应力引起的,只是由于边壁变化,使流速重新分布,加强了相邻流层间的相对运动,而增加了局部能量损失。此时,局部阻力系数 ξ 与 Re 成反比,即

$$\xi = \frac{B}{Re}$$

式中 B——因局部阻力物形式不同而异的常数。

受局部阻力物影响而仍能保持层流者,只有在 Re 小于 2000 时才有可能,在矿井井巷中是少见的,一般情况下,为紊流状态。

为了探讨局部阻力成因,现分析几种典型局部阻力物附近的流动情况。

如图 1-9 所示,图 1-9a、图 1-9c、图 1-9e、图 1-9g 属于突变类型,图 1-9b、图 1-9d、图 1-9f、图 1-9h 则属于渐变类型。紊流流体通过突变部位时,由于惯性力的作用,不能随从边壁突然转

折,出现主流与边壁脱离的现象,在主流与边壁间形成涡漩区。产生的大尺度涡漩,不断地被主流带走,补充进去的流体,又形成新的涡漩,因而增加了能量损失。

边壁虽无突然变化,但沿流动方向出现减速增压现象的地方,也会产生涡漩区。如图 1-9b 所示,流速沿程减小,静压不断增加,压差的作用与流动方向相反,使边壁附近本来很小的流速逐渐减少到零,在这里主流开始与壁面脱离,出现与主流方向相反的流动,形成涡漩区。如图 1-9h 所示,在分叉直通上的涡漩区,也是这种减速增压过程造成的。

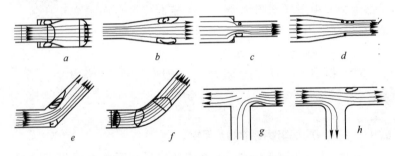

图 1-9　局部阻力物附近的风流状况

在增速减压区,流体质点受到与流动方向一致的正压差作用,流速只增不减,所以渐缩段一般不出现涡漩区。若收缩角很大,在紧接渐缩段之后也会出现涡漩区,如图 1-9d 所示。

如图 1-9e、图 1-9f 所示为风流经过转弯处的情形,流体质点受到离心力作用,在外侧形成减速增压区,也能出现涡漩。过了转弯处,如流速较大且转弯曲率半径较小,则由于惯性作用,可在内侧又出现涡漩区,它的大小和强度都比外侧的涡漩区大,是能量损失的主要部分。

综上所述,局部的能量损失主要和涡漩区的存在相关。涡漩区愈大,能量损失愈多。仅仅流速分布的改变,能量损失是不会太大的。在涡漩区及其附近,主流的速度梯度增大,也增加能量损失,在涡漩被不断带走和扩散的过程中,使下游一定范围内的紊流脉动加剧,增加了能量损失,这段长度称为局部阻力物的影响长度。在它以后,流速分布和紊流脉动才恢复到均匀流动的正常状态。

计算局部阻力,关键在于确定局部阻力物的阻力系数 ξ。因 $v = Q/S$,当 ξ 确定后,便可用下式计算局部阻力

$$h_1 = \xi \frac{\rho}{2S^2} Q^2$$

B 局部风阻

令 $\xi \dfrac{\rho}{2S^2} = R_1$,则有

$$H_1 = R_1 Q^2$$

式中 R_1——局部风阻,$N \cdot s^2/m^8$ 或 kg/m^7。

此式表明,在紊流条件下局部阻力也与风量的平方成正比。

C R_1 和 f 值的计算

局部阻力在矿井通风总阻力中一般不占很大比重,但在个别区段有时达到可观的数值。为了降低通风能耗、改善通风状况,常需测算个别区段的局部风阻 R_1 和局部阻力系数 ξ 值。

对于有些形式的局部阻力物,如巷道拐弯等,能把测段的摩擦阻力与局部阻力分开,则可测出局部阻力物本身的 R_1 和 ξ 值。对于如突然扩大等形式的局部阻力物,摩擦阻力所占比重很小,而且断面变化,难以把摩擦阻力与局部阻力分开,故而常把这局部区段的阻力视为局部阻力。

1.4.3 矿井总风阻与矿井等积孔

1.4.3.1 井巷阻力特性

在紊流条件下,摩擦阻力和局部阻力均与风量的平方成正比。可写成一般形式

$$h = RQ^2$$

对于特定井巷,当空气密度 ρ 和摩擦阻力系数 α 不变时,其风阻 R 为定值。用纵坐标表示通风阻力(或压力),横坐标表示通过

风量,当风阻为 R 时,则每一风量 Q 值,便有一阻力 h_i 值与之对应,根据坐标点 (Q_i, h_i) 即可画出一条抛物线,如图 1-10 所示。这条曲线就叫该井巷的阻力特性曲线。风阻 R 越大,曲线越陡。

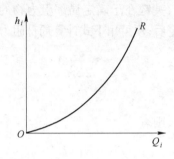

图 1-10 井巷阻力特性曲线

1.4.3.2 矿井总风阻

在矿井通风系统中,地面大气从入风井口进入矿内,沿井巷流动,直到从主要通风机出口再排到地面大气中,要克服各段井巷的通风阻力。从入风井口到主要通风机入口,把顺序连接的各段井巷的通风阻力累加起来,就得到矿井通风总阻力 h_{Rm},这就是井巷通风阻力的叠加原则。

已知矿井通风总阻力 h_{Rm} 和矿井总风量 Q,即可求得矿井总风阻 $R_m(\text{N} \cdot \text{s}^2 / \text{m}^8)$

$$R_m = \frac{h_{Rm}}{Q^2}$$

显然 R_m 是反映矿井通风难易程度的一个指标。R_m 越大,矿井通风越困难,反之,则较容易。其值受风网结构、井巷风阻、风阻分配等多种因素影响。

1.4.3.3 等积孔

井巷风阻只与井巷特征有关,利用井巷风阻值的大小可以衡量井巷通风难易程度,但在通风管理工作中不便于记忆也不太形象化,因此提出利用井巷或矿井等积孔来衡量井巷或矿井的通风难易程度。

井巷等积孔是一个假想的概念,即假想在大气中有一块薄板,并在薄板上开一个面积为 A 的孔,当板两边的压差为矿井或井巷的通风阻力 h,通过小孔的风量正好等于矿井的总风量时,则孔口 A 称为该矿井或井巷的等积孔。

矿井或井巷等积孔 A 用下式计算

$$A = 1.19 \frac{Q}{\sqrt{h_{Rm}}}$$

或

$$A = \frac{1.19}{\sqrt{R_m}}$$

式中 A——矿井或井巷等积孔,m^2;

Q——通过矿井或井巷的风量,m^3/s;

h_{Rm}——矿井或井巷的通风阻力,Pa;

R_m——井巷总风阻(包括摩擦风阻和局部风阻),kg/m^7。

通常把矿井通风的难易程度分为三级,见表1-7。

表 1-7 通风难易程度分级

矿井通风难易程度	矿井总风阻 $R_m/N \cdot s^2 \cdot m^{-8}$	等积孔/$A \cdot m^{-2}$
容 易	<0.355	>2
中 等	0.355~1.420	1~2
困 难	>1.420	<1

值得指出的是,虽然矿井等积孔可以比较形象地反映矿井通风的难易程度,但它不是唯一指标,当矿井外部漏风较大时,h_m 下降,矿井等积孔也随之增大,但是,此时计算所得等积孔值,不能说明该矿通风容易。因此,还必须参考其他指标,综合分析该矿井的通风管理现状。

1.4.4 降低矿井通风阻力的措施

降低矿井通风阻力,对保证矿井安全生产和提高经济效益都具有重要意义。无论是矿井通风设计还是生产矿井通风技术管理工作,都要做到尽可能地降低矿井通风阻力。

应该强调的是,由于矿井通风系统的阻力等于该系统最大阻力路线上的各分支的摩擦阻力和局部阻力之和,因此,降阻之前必须首先确定通风系统的最大阻力路线,通过阻力测定调查最大阻力路线上阻力分布,找出阻力超常的分支,对其实施降低摩擦阻力和局部阻力措施。如果不在最大阻力路线上降阻是无效的,有时甚至是有害的。

摩擦阻力是矿井通风阻力的主要组成部分,因此要以降低井巷摩擦阻力为重点,同时注意降低某些风量大的井巷的局部阻力。

1.4.4.1 降低井巷摩擦阻力措施

降低井巷摩擦阻力的措施如下:

(1)减小摩擦阻力系数 α:在矿井设计时尽量选用 α 值较小的保护方式,施工时要注意保证施工质量,尽可能使井巷壁面平整光滑。砌碹巷道的 α 值一般只有支架巷道的 30% ~40%,因此,对于服务年限长的主要井巷,应尽可能采用砌碹支护方式。锚喷支护的巷道,应尽量采用光爆工艺,使巷壁的凹凸度不大于50 mm。对于支架巷道,也要尽可能使支架整齐,必要时用背板等背好帮顶;

(2)保证有足够大的井巷断面:在其他参数不变时,井巷断面扩大 33%, R_f 值可减少 50%,井巷通过风量一定时,其通风阻力和能耗可减少一半。断面增大将增加基建投资,但要同时考虑长期节电的经济效益。从总经济效益考虑的井巷合理断面称为经济断面。在通风设计时应尽量采用经济断面。在生产矿井改善通风系统时,对于主风流线路上的高风阻区段,常采用这种措施。例如把某段总回风道(断面小、阻力大的卡脖子地段)的断面扩大,必要时甚至开掘并联巷道;

(3)选用周长较小的井巷:在井巷断面相同的条件下,圆形断面的周长最小,拱形断面次之,矩形、梯形断面的周长较大。因此,立井井筒采用圆形断面,斜井、石门、大巷等主要井巷要采用拱形断面,次要巷道以及采区内服务时间不长的巷道才采用梯形断面;

（4）减少巷道长度：因巷道的摩擦阻力和巷道长度成正比，故在进行通风系统设计和改善通风系统时，在满足开采需要的前提下，要尽可能缩短风路的长度；

（5）避免巷道内风量过于集中：巷道的摩擦阻力与风量的平方成正比，当巷道内风量过于集中时，摩擦阻力就会大大增加。因此，要尽可能使矿井的总进风早分开，使矿井的总回风晚汇合。

1.4.4.2　降低局部阻力措施

局部阻力与阻力系数 ξ 值成正比，与断面的平方成反比。因此，为降低局部阻力，应尽量避免井巷断面的突然扩大或突然缩小，断面大小悬殊的井巷，其连接处断面应逐渐变化。尽可能避免井巷直角转弯，在转弯处的内侧和外侧要做成圆弧形。有一定的曲率半径，必要时可在转弯处设置导风板。主要巷道内不得随意停放车辆、堆积木料等，巷内堆积物要及时清除或排列整齐，尽量少堵塞井巷断面。要加强矿井总回风道的维护和管理，对冒顶、片帮和积水处要及时处理。

1.5　通风动力及设备

矿井通风动力是指克服巷道通风阻力产生风流流动所需要的能量或压力。造成矿井巷道风流流动的动力源有两种，即自然因素和机械动力，前者为自然风压，后者为机械风压。对矿井实施的通风形式分别称为自然通风和机械通风。

1.5.1　自然通风

在各种自然因素的作用下，促使风流获取能量，并沿井巷流动的现象，叫做自然通风。借助于自然因素产生的促使空气流动的能量，称为自然风压。

1.5.1.1　自然风压的产生

如图 1-11 所示是一自然通风示意图，图中所示的 2-3 为平硐，1-2 为立井。井口 1 在水平面 1-4 上，各点大气压力是相等的。但在 1-4 以下，由于井内外空气温度、湿度等不同，空气柱 1-2 和

3-4的重率也就不同,因此两个空气柱的质量不等,即对各自底面积上的压力不同,造成2、3两点的压力差,使空气流动。当空气柱3-4比空气柱1-2重时,空气由平硐进入,立井排出;反之,当空气柱3-4比空气柱1-2轻时,空气将由立井进入,平硐排出。

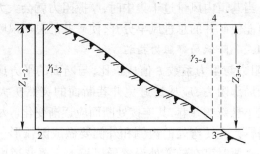

图 1-11　自然风压原理示意图

可见,自然风压的产生,是由于巷道的进风侧和出风侧的空气重率不同造成了空气柱的质量差。而重率不同的主要原因是进风侧和出风侧的空气温度及地形高差的不同。

1.5.1.2　自然风压的特性

自然风压的特性如下:

(1)自然风压的大小和方向主要取决于进风侧和出风侧的空气温度差。实测表明,出风侧的空气温度变化不大,而进风侧空气温度则随一年四季地面气候的变化而变化;

(2)自然风压受季节和气候的影响而呈多变和波动状态。一般呈冬夏反向,春秋有时停风;日温差变化较大的山区,一天内也往往出现风流转向;我国西南和高山地区,虽然气温随季节变化不大,但随晴雨而异的日温变化幅度却很大,自然风压和风流方向的变化十分明显;

(3)自然风压还与进、出风井口的标高差有关,高差越大,自然风压越大;

(4)自然风压对矿井通风系统的稳定可靠性有一定影响。可能有利于正常通风,也可能妨碍正常通风,使阻力加大,风量减少。

在矿井通风设计和管理工作中,自然风压是不可忽视的因素。

1.5.1.3 自然风压的危害与防范

对于不同开采深度的矿井,自然风压变化的规律和影响程度不尽相同。在浅井或浅部开采的矿井中,由于进风井口的空气温度受地面温度影响较大,自然风压随季节和时间的变化较为剧烈,严重影响矿井风量和风向,造成井下风量忽大、忽小,甚至风流停滞、反向,通风系统极不稳定;且自然风压一般较小(不大于 196~294 Pa),难以满足矿井通风要求,不仅不能完成向井下各工作场所连续不断地供给新鲜空气、稀释和排出有毒有害气体的矿井通风的任务,而且容易导致重大灾害事故。所以,《煤矿安全规程》第一百二十一条规定:"矿井必须采用机械通风。"而不得采用自然通风。

在深井中,进风井筒的空气温度受地面气温的影响较小,自然风压比较平稳,其方向可能常年不变,冬夏季节仅有数量差别。

在机械通风矿井中,当开采深度在某标高以上时,自然风压也随季节呈波动变化,妨碍正常通风,甚至造成危害。在多井口机械通风的矿井中,井口附近巷道的通风阻力很小,分配到的风压也很小,当自然风压大于或等于主要通风机分配到该段巷道中的机械风压时,则会发生风流停滞或反向现象。对于抽出式通风矿井,这种现象主要发生在非主要入风巷道中;对于压入式通风矿井,则发生在非主要的回风巷道中。

风流停滞或反向的防范措施:

(1) 提高主要通风机的通风压力。

(2) 在发生风流反向的巷道内,安设辅助通风机,其风压作用方向与正常风流方向一致,以抵消部分自然风压。

1.5.2 机械通风

所谓机械通风,是指利用通风机旋转的力量,使通风机的吸风侧与排风侧造成一定的压力差,以促使风流流动,从而实现对矿井进行通风的目的。

按照通风机的服务范围,可分为主要通风机、辅助通风机和局部通风机,其中主要通风机是矿井的大型固定设备,对矿井安全生产有着至关重要的作用。通风机按其构造原理,可分为离心式和轴流式两大类型。

1.5.2.1 通风机构造及作用原理

A 离心式通风机

离心式通风机的构造如图 1-12 所示。其主要部件组分有动轮,螺旋形机壳,吸风筒和锥形扩散器等。叶轮上有两个圆盘,圆盘之间有 20 多块叶片,叶片呈圆弧状。

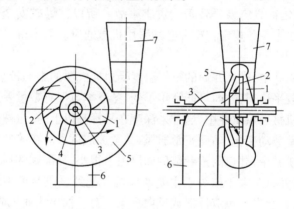

图 1-12 离心式通风机结构图

1—动轮;2—叶片;3—传动轴;4—轴承;5—螺旋形机壳;6—吸风筒;7—锥形扩散器

当离心式通风机运转时,借助离心力的作用,空气由进风道沿着与通风机轴平行的方向,经吸风筒和前导器进入动轮的中心部分,然后折转 90°,沿径向离开动轮而流入螺旋形机壳中,再经扩散器排出。

我国生产的矿用离心式通风机主要有 4-72-11 型,B_4-72 型,G_4-73 型,K_4-73 型等,其中 B_4-72 型又称为防爆离心式通风机。

B 轴流式通风机

轴流式通风机的构造如图 1-13 所示。它主要由动轮,叶片,圆筒形机壳,集风器,整流器,流线体和环形扩散器等组成。当轴流式通风机运转时,空气沿着通风机轴的方向进入集风器、流线体、叶片、整流器,进入扩散器,排入大气。

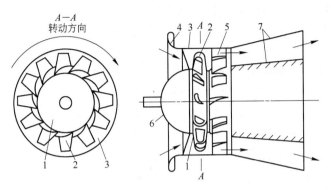

图 1-13　轴流式通风机构造
1—动轮;2—叶片;3—圆筒形机壳;4—集风器;
5—整流器;6—流线体;7—环形扩散器

通风机动轮是使空气能量增加的唯一部件。动轮是由固定在轮轴上的轮毂和等间距安装的叶片组成,叶片的断面与机翼形状形似,叶片的安装角 θ 可根据需要进行调整。国产轴流式通风机的叶片安装角一般可调为 150°、200°、250°、300°、350°、400°和450°七种,必要时也可每隔 2.5°调整一次。

我国生产的矿用轴流式通风机主要有 70B$_2$-11 型,70B$_2$-21型,62A$_{14}$-11№24 型和 2K60-4 型等。

1.5.2.2　通风机附属装置

A　防爆井(门)

防爆井(门)是防止井下发生瓦斯煤尘爆炸而导致主要通风机毁坏的安全设施。当井下发生爆炸事故产生高压气流时,防爆井(门)被冲开而释放爆炸产生的能量,从而起到保护通风机安全的作用。

防爆井(门)的构筑如图 1-14 所示。用 4 条钢丝绳将防爆门(钢板焊接)通过滑轮用配重锤牵住。门的下端放入井口的凹槽内,槽内盛满沙子、石灰或水等密封物,防止漏风。防爆门的面积不得小于井口的断面积;必须垂直于井口的风流方向并悬挂配重锤,以保证爆炸冲击波将其冲开;防爆井(门)的构筑必须坚固严密;水风槽中必须经常保持足够的水位以防漏风。

B 风硐

风硐是主要通风机与通风井之间的联络巷道,如图 1-15 所示。由于风硐内的风量及内外压差均较大,因此对风硐要求:不宜过长,断面不宜过小,风速不得超过 15 m/s;内壁光滑,拐弯平缓,断面以圆形为佳,硐内不得堆积杂物;风阻和通风阻力符合要求;风硐与通风井筒的连接处要平缓,避免突然扩大或缩小;风硐及风硐内的各种设施结构严密,防止漏风。

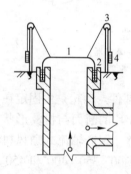

图 1-14 钟形防爆门
1—防爆门;2,4—配重锤;
3—滑轮

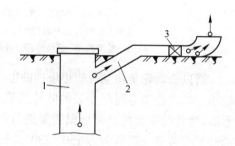

图 1-15 风硐
1—井筒;2—风硐;3—主要通风机

C 反风设施

反风装置是矿井救灾时重要而必备的安全设施。《煤矿安全规程》第一百二十二条规定:生产矿井主要通风机必须装有反风设施,并能在 10 min 内改变巷道中的风流方向;当风流方向改变后,主要通风机的供风量不应小于正常供风量的 40%。

一般来说,可采用以下两种方式进行矿井反风。

一是利用反风道反风。如图 1-16、图 1-17 所示分别为抽出式和压入式轴流式通风机的反风道布置示意图,图 1-16*a*,图 1-17*a* 为正常通风情况下的反风门位置及风流通过的风路;

图 1-16*b*,图 1-17*b* 为反风时的情况。利用反风道反风,通风机的性能不变,反风量较大,能够符合《煤矿安全规程》要求,但基建和维护费用较大,反风门维护困难,容易漏风。东北地区冬季反风门易冻结而无法启动,反风操作比较复杂。

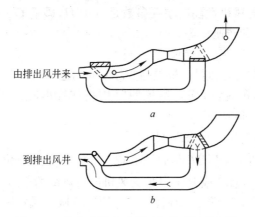

由排出风井来

a

到排出风井

b

图 1-16　抽出式轴流式通风机的反风道布置

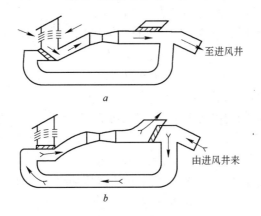

至进风井

a

由进风井来

b

图 1-17　压入式轴流式通风机的反风道布置

　　二是利用通风机反转向风。通过调换两相电源,使通风机反转,实现井下风流反向流动的反风目的。这种反风方式,操作简便,所需费用少;但反风量不及反风道反风的风量大,且仅限于轴流式通风机中使用。

1.5.3 通风机实际特性曲线

1.5.3.1 通风机的工作参数

表示通风机性能的主要参数是风压 H，风量 Q，风机轴功率 N，效率 η 和转速 n 等。

A 风机(实际)流量 Q

风机的实际流量一般是指实际时间内通过风机入口空气的体积，亦称体积流量(无特殊说明时均指在标准状态下)，单位为 m^3/h，m^3/min 或 m^3/s。

B 风机(实际)全压 H_t 与静压 H_s

通风机的全压 H_t 是通风机对空气做功，消耗于每 $1\ m^3$ 空气的能量($N \cdot m/m^3$ 或 Pa)，其值为风机出口风流的全压与入口风流全压之差。在忽略自然风压时，H_t 用以克服通风管网阻力 h_R 和风机出口动能损失 h_v，即

$$H_t = h_R + h_v$$

克服管网通风阻力的风压称为通风机的静压 $H_S(Pa)$，即

$$H_s = h_R = RQ^2$$

因此

$$H_t = H_s + h_v$$

C 通风机的功率

通风机的输出功率(又称空气功率)以全压计算时称全压功率 N_t，用下式计算

$$N_t = H_t Q \times 10^{-3}$$

用风机静压计算输出功率，称为静压功率 N_s，即

$$N_s = H_s Q \times 10^{-3}$$

因此，风机的轴功率，即通风机的输入功率 $N(kW)$ 为

$$N = \frac{N_t}{\eta_t} = \frac{H_t Q}{1000\,\eta_t}$$

或

$$N = \frac{N_s}{\eta_s} = \frac{H_s Q}{1000\,\eta_s}$$

式中,η_t、η_s 分别为风机的全压效率和静压效率。

设电动机的效率为 η_m,当传动效率为 η_{tr}时,电动机的输入功率为 N_m,则

$$N_m = \frac{N}{\eta_m \eta_{tr}} = \frac{H_t Q}{1000 \eta_t \eta_m \eta_{tr}}$$

1.5.3.2 通风机的个体特性曲线

当风机以某一转速在风阻 R 的管网上工作时,可测算出一组工作参数:风压 H、风量 Q、功率 N 和效率 η,这就是该风机在管网风阻为 R 时的工况点。改变管网的风阻,便可得到另一组相应的工作参数,通过多次改变管网风阻,可得到一系列工况参数。将这些参数对应描绘在以 Q 为横坐标,以 H、N 和 η 为纵坐标的直角坐标系上,并用光滑曲线分别把同名参数点连结起来,即得 H-Q、N-Q 和 η-Q 曲线,这组曲线称为通风机在该转速条件下的个体特性曲线。有时为了使用方便,仅采用风机静压特性曲线(H_s-Q)。

为了减少风机的出口动压损失,抽出式通风时主要通风机的出口均外接扩散器。通常把外接扩散器看作通风机的组成部分,总称之为通风机装置。通风机装置的全压 H_{td} 为扩散器出口与风机入口风流的全压之差,与风机的全压 H_t 之关系为

$$H_{td} = H_t - h_d$$

式中　H_t——风机的全压;

h_d——扩散器阻力。

通风机装置静压 h_d 因扩散器的结构形式和规格不同而有变化,严格地说:

$$H_{td} = H_t - (h_d + h_{vd})$$

式中　h_{vd}——扩散器出口动压。

图 1-18 所示为 H_t、H_{td}、H_s、H_{sd} 之间的相互关系,由图可见,安装了设计合理的扩散器之后,虽然增加了扩散器阻力,使 H_{td}-Q 曲线低于 H_t-Q 曲线,但由于 $h_d + h_{vd} < h_v$,故 H_{sd}-Q 曲线高于 H_s-Q 曲线(工况点由 A 变至 A')。若 $h_d + h_{vd} > h_v$,则说明了扩

散器设计不合理。

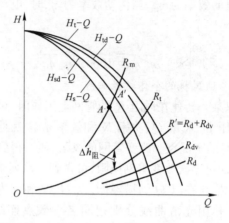

图 1-18 H_t，H_{td}，H_s 和 H_{sd}之间的相互关系图

R_t—相当于风机出口动能损失的风阻曲线；

R_{dv}—相当于外接扩散器出口动能损失的风阻曲线；

R_d—扩散器风阻曲线；R_m—矿井风阻曲线；

H—风压，Pa；Q—风量，m³/s

　　安装扩散器后回收的动压相对于风机全压来说很小，所以通常并不把通风机特性和通风机装置特性严加区别。

　　通风机厂提供的特性曲线往往是根据模型试验资料换算绘制的，一般是未考虑外接扩散器。而且有的厂方提供全压特性曲线，有的提供静压特性曲线，应能根据具体条件确定它们的换算关系。

　　图 1-19 和图 1-20 分别为轴流式和离心式通风机的个体特性曲线。轴流式通风机的风压特性曲线一般都有马鞍形驼峰存在，而且同一台通风机的驼峰区随叶片装置角度的增大而增大。驼峰点 D 以右的特性曲线为单调下降区段，是稳定工作段；点 D 以左是不稳定工作段，风机在该段工作，有时会引起风机风量、风压和电动机功率的急剧波动，甚至机体发生振动，发出不正常噪声，产生所谓喘振（或飞动）现象，严重时会破坏风机。离心式通风机风压曲线驼峰不明显，且随叶片后倾角度增大逐渐减小，其风压曲线

工作段较轴流式通风机平缓;当管网风阻做相同量的变化时,其风量变化比轴流式通风机要大。

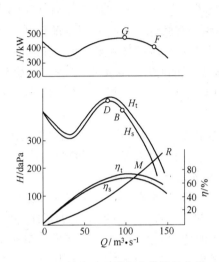

图 1-19 轴流式通风机个体特性曲线

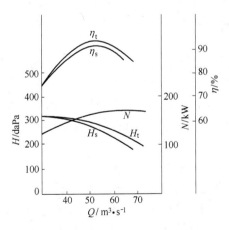

图 1-20 离心式通风机个体特性曲线

离心式通风机的轴功率 N 又随 Q 增加而增大,只有在接近风流短路时功率才略有下降。因而,为了保证安全启动,避免因启动负荷过大而烧坏电机,离心式通风机在启动时应将风硐中的闸门全闭,待其达到正常转速后再将闸门逐渐打开。当供风量超过需风量过大时,常常利用闸门加阻来减少工作风量,以节省电能。

当轴流式通风机的叶片装置角不太大时,在稳定工作段内,功率 N 随 Q 增加而减小。所以轴流式通风机应在风阻最小时启动,以减少启动负荷。

在产品样本中,大、中型矿井轴流式通风机给出的大多是静压特性曲线;而离心式通风机大多是全压特性曲线。

1.5.3.3 图解法确定通风机工况点

所谓工况点,即是风机在某一特定转速和工作风阻条件下的工作参数,如 Q、H、N 和 η 等,一般是指 H 和 Q 两参数。

已知通风机的特性曲线,设矿井自然风压忽略不计。当管网上只有一台通风机工作时,只要在风机风压特性(H-Q)曲线的坐标上,按相同比例做出工作管网的风阻曲线,与风压曲线的交点之坐标值,即为通风机的工作风压和风量。通过交点做 Q 轴垂线,与 N-Q 和 η-Q 曲线相交,交点的纵坐标即为风机的轴功率 N 和效率 η。

图解法的理论依据是:风机风压特性曲线的函数式为 $H = f(Q)$,管网风阻特性(或称阻力特性)曲线函数式是 $h = RQ^2$,风机风压 H 是用以克服阻力 h,所以 $H = h$,因此两曲线的交点,即两方程的联合解。可见图解法的前提是风压与其所克服的阻力相对应。

1.5.3.4 矿井通风设备选型

矿井通风设备选型的主要任务是,根据通风设计参数在已有的风机系列产品中,选择适合风机型号、转速和与之相匹配的电机。所选的风机必须具有安全可靠、技术先进、经济技术指标良好等优点。

根据《煤炭工业设计规范》等技术文件的有关规定,当进行通

风机设备选型时,应符合下列要求:

（1）风机的服务年限尽量满足第一水平通风要求,并适当照顾第二水平通风,在风机的服务年限内其工况点应在合理的工作范围之内;

（2）当在风机服务年限内通风阻力变化较大时,可考虑分期选择电机,但初装电机的使用年限不小于五年;

（3）风机的通风能力应留有一定富余量。在最大设计风量时,轴流式通风机的叶片安装角一般比允许使用最大值小5°;风机的转速不大于额定位90%;

（4）考虑风量调节时,应尽量避免使用风硐闸门调节;

（5）在正常情况下,主要通风机不采用联合运转。

选型必备的基础资料有:通风机的工作方式(是抽出式还是压入式),矿井瓦斯等级;矿井不同时期的风量;通风机服务年限内的最大阻力和最小阻力以及风井是否作为提升用等。

通风机选型按下列步骤进行:

（1）计算风机工作参数:计算风机工作风量 Q_f,最大和最小静压(轴流式)H_{smax},H_{smin} 或全压(离心式)H_{tmax}、H_{tmin}。

（2）初选风机:根据 Q_f,H_{smax},H_{smin}(或 H_{tmax},H_{tmin})在新型高效风机特性曲线上用直观法筛选出满足风量和风压要求的若干个通风机。

（3）求风机的实际工况点:因为根据 Q_f,H_{smax},H_{smin}(或 H_{tmax},H_{tmin})确定的工况点即设计工况点不一定恰好在所选择风机的特性曲线上,所以风机选择后必须确定实际工况点。

1）计算风机的工作风阻:用静压特性曲线时,最大静压工作风阻按下式计算

$$R_{smax} = \frac{H_{smax}}{Q_1^2}$$

2）同理可算出最小工作静风阻 R_{smin}。当用全压特性曲线时,根据风机的最大和最小工作全压计算出最大和最小全压工作风阻 R_{tmax} 和 R_{tmin}。

在风机特性曲线上做工作风阻曲线,与风压特性曲线的交点即为实际工况点。

(4) 电机选择:

1) 计算电机功率:根据最后选择风机的实际工况点(H,Q 和 η)按下式计算所匹配电机的功率

$$N_{mmax} = \frac{Q_{fmax} H_{max}}{1000 \, \eta \cdot \eta_{tr}} K_m$$

$$N_{mmin} = \frac{Q_{fmin} H_{min}}{1000 \, \eta \cdot \eta_{tr}} K_m$$

式中　$N_{mmax}(N_{mmin})$——通风阻力最大(最小)时期所配电机功率,kW;

　　　$Q_{fmax}(Q_{fmin})$——通风阻力最大(最小)时期风机工作风量,m^3/s;

　　　$H_{max}(H_{min})$——风机实际最大(最小)工作风压,Pa;

　　　η——通风机工作效率(用全压时为 η_t,用静压时为 η_s),%;

　　　η_{tr}——传动效率,直联传动时 $\eta_{tr}=1$,皮带传动时 $\eta_{tr}=0.95\sim0.9$,联轴器传动时 $\eta_{tr}=0.98$;

　　　K_m——电机容量备用系数,$K_m=1.1\sim1.2$。

2) 电机种类及台数选择:当电机功率 $N_{mmax}>500$ kW 时,宜选用同步电机,其功率为 N_{mmax},其优点是在低负荷运转时,可用来改善电网功率因数,缺点是初期投资大。

采用异步电机时,当 $N_{mmin}/N_{mmax} \geqslant 0.6$ 时可选一台电机,功率为 N_{mmax};当 $N_{mmin}/N_{mmax}<0.6$ 时选两台电机,后期电机功率为 N_{mmax},初期电机功率可按下式计算

$$N_m = \sqrt{N_{mmax} N_{mmin}}$$

根据计算的 N_{mmax} 和 N_m 及通风机要求的转数,在电机设备手册上选用合适的电机。

1.6 通风系统

煤矿的通风系统是否合理、完善,是关系到矿井能否正常开采乃至生产人员的生命安全能否得到保证的重要因素和基本条件。无论新建、扩建或生产矿井,都必须有一个合理、完善、稳定、可靠的矿井通风系统、采区通风系统、掘进通风系统以及符合标准的各种通风设施。

1.6.1 矿井通风系统及基本要求

矿井通风系统是矿井通风方法、通风方式及通风网路的总称。通风方法是指通风机的工作方法;通风方式是指进风井筒与回风井筒的布置方式而言;通风网路是指矿井各风路间的连接形式。

1.6.1.1 矿井通风方法

A 矿井通风方法的类型

矿井通风方法,可分为抽出式、压入式和压入—抽出混合式三种。

(1)抽出式:主要通风机安装在回风井口,通过风硐与回风井相连。利用主要通风机运转时产生的能量将地面空气从进风井口吸入井下,再排到地面,如图 1-21 所示。采用抽出式通风时,井下风流中任意一点的压力都低于地面大气压力,呈负压状态,因此也称为负压通风。

(2)压入式:主要通风机安装在进风井口,通过风硐与进风井相连。利用主要通风机运转时产生的能量,把地面新鲜空气压入井下;同时,迫使井下空气由回风井排至地面,如图 1-22 所示,当压入式通风时,井下风流中任意一点的压力都高于当地大气压力,处于正压状态,因此,也称为正压通风。

(3)压入—抽出混合式:压入式主要通风机和抽出式主要通风机串联运转联合工作的方式,如图 1-23 所示,当采用这种通风方式时,井下进风侧的风流处于正压状态,回风侧的风流处于负压状态,而工作面则处于中间状态,即正压和负压都不大。这种通风方式能产生较大的通风压力和适应大阻力矿井的需要,但煤矿中很少应用。

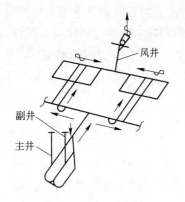

图 1-21 抽出式通风

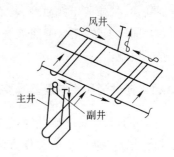

图 1-22 压入式通风

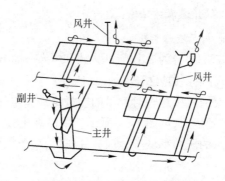

图 1-23 压入—抽出混合式通风

B 不同通风方法的比较与选择

不同通风方法的比较与选择如下:

(1) 压入—抽出混合式通风,虽然能产生较大的通风压力,以适应大阻力矿井的需要,且能使矿井内部漏风降低;但管理较为复杂,一般很少采用;

(2) 抽出式通风的主要特点是井下风流处于负压状态,一旦主要通风机因故停转,井下风流中的压力提高,有可能使采空区瓦斯涌出量降低,比较安全;而压入式通风的主要特点是井下风流处于正压状态,当主要通风机停转时,风流压力降低,有可能使采空区瓦斯涌出量增加;

(3) 采用压入式通风时,须在矿井总进风路上设置若干构筑物,管理工作较为复杂,漏风较大;采用抽出式通风时,就没有这个缺点;

(4) 对于附近有小煤窑塌陷区并与采区相沟通的矿井,采用抽出式通风时,可能将小煤窑积存的有害气体抽到井下采区;同时,使通过主要通风机的一部分风流短路,矿井风量和工作面的有效风量率都会因此而较少。而采用压入式通风,则能用一部分回风将小煤窑塌陷区的有害气体压到地面,有利于矿井安全;

(5) 采用压入式通风过渡到深水平开采时通风困难增大。因为新旧水平同时生产,战线较长,受诸多因素影响,一个环节出现问题就会影响全局;抽出式通风就没有这个缺点。

综上所述,一般情况下,压入—抽出混合式通风,很少采用;从抽出式通风和压入式通风比较来看,在邻近有小煤窑塌陷区漏风严重、开采浅水平和低瓦斯矿井条件下,采用压入式通风比较合适;否则,就不宜采用压入式通风。所以,抽出式通风是当前主要通风机的主要工作方式。

1.6.1.2 矿井通风方式

A 矿井通风方式的类型

根据矿井进风井筒与回风井筒的不同布置形式,可分为中央式、对角式和混合式三种。

(1) 中央式:中央式是回风井与进风井大致都位于井田走向的中央。根据回风井沿煤层倾斜方向所处位置不同,又可分为中央并列式和中央分列式两种。

1) 中央并列式。无论从井田煤层走向或倾向来看,进风井筒与回风井筒均并列布置在井田的中央,如图 1-24 所示,进、回风井并列布置在同一个工业广场内。新鲜风流由进风井进入井底车场,经大巷和两翼采掘工作面,再经回风石门进入回风井排至地面。按照主要通风机的不同工作方式,中央并列式又可分为中央并列压入式和中央并列抽出式。

2) 中央分列式。也叫中央边界式。进风井仍位于井田的中央,回风井则位于井田沿煤层倾斜方向上部边界的中央,如图1-25所示。

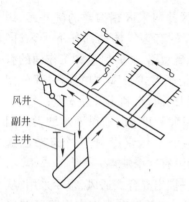

图 1-24　中央并列式通风

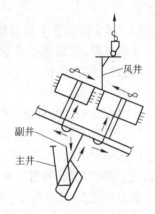

图 1-25　中央分列式通风

(2) 对角式:进风井位于井田中央,回风井分别位于井田两翼上部边界。根据回风井的位置不同,又分为两翼对角式和分区对角式两种。

1) 两翼对角式。进风井位于井田中央,回风井位于井田浅部沿走向的两翼边界附近或两翼边界的中央,如图1-26所示。按照通风机的不同工作方式,又可分为两翼对角压入式和两翼对角抽出式。

2) 分区对角式。进风井位于井田中央,不掘回风井,而在每个采区各掘一个小回风井,实现各采区独立通风,构成多井口多风机的通风系统。若在各采区安设抽出式通风机,即为分区对角抽出式通风,如图1-27所示;若在各分区安设压入式通风机,则为分区对角压入式通风,又称集中压入分区通风。

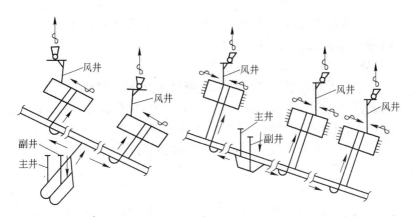

图 1-26　两翼对角式通风　　　　图 1-27　分区对角式通风

（3）混合式：上述任意两种通风方式的结合即为混合式通风方式。如，中央分列与两翼对角混合式通风，中央并列与两翼对角混合式通风，中央并列与中央分列混合式通风等，如图 1-28 所示。

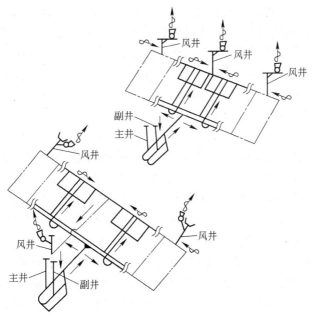

图 1-28　混合式通风

一般说来,混合式通风是老矿井进入深部开采进行通风系统改造时所采用的通风方式。

B 矿井通风方式比较与选择

中央并列式通风的优点是:初期投资少,见效快;安全煤柱少,容易反风;便于延伸,管理集中。其缺点是:风路长,阻力大,通风费用高;进风井与回风井距离小,漏风大,容易导致风流短路;且安全出口少。中央并列式通风适用于煤层倾角较大、埋藏较深,低瓦斯、煤层不易自燃发火,地表无露头煤,井田走向长度小于 4 km 的矿井。

与中央并列式相比,中央分列式通风的风路较短,阻力较小,内部漏风少;多了一个安全出口,安全性较好。不足的是,建井期略长,初期投资稍大,管理上分散。

中央分列式通风适用于煤层倾角较小、埋藏较浅,高瓦斯、自燃发火较严重,井田走向长度不大的矿井。

两翼对角式通风的优点与中央并列式相反,安全性较分列式更好;通风路线短,阻力小,漏风少;各采区风阻均衡,风量容易控制,总风压较稳定;安全出口多,通风耗电少等。其缺点是,建井期长,投资大;设备多,供电线路长;且管理较为困难。两翼对角式通风适用于矿井产量高,所需风量大,高瓦斯、易自燃和煤与瓦斯突出,井田走向较长(大于 4 km)的矿井。

分区对角式通风的优点是,各采区有独立的通风线路,互不影响;风路短,阻力和风压小,耗电少;安全出口多,安全性较好。缺点是,设备多,管理分散,反风困难。

分区对角式通风适用于开采井田的浅部水平(第一水平无法开掘总回风道),高瓦斯且井田走向较长的新建或扩建的大型矿井。综上所述,在选择矿井通风方式时,应全面考虑各种困难因素,在有几种通风方式可供选择的情况下,应抓住主要矛盾,权衡利弊;同时,还要进行技术分析和经济比较。一般情况下,新建矿井多在中央式和对角式中进行选择;而煤层埋藏较深、井田范围较大、煤层较多、瓦斯涌出量较高的矿井,可采用混合式通风方式。

1.6.1.3 矿井通风网路

矿井风流按照生产要求在井巷中流动时,有分、有合,通常把风流分岔、汇合的路线结构形式,叫做通风网路。通风网路中井巷的基本连接形式有串联、并联和角联三种。

A 串联通风

串联通风及其特性:两条或两条以上的通风巷道依次首尾相接在一起而进行通风,叫做串联通风。在矿井通风管理过程中出现的采、掘工作面或硐室的回风再进入其他采、掘工作面或硐室的通风方式,即为串联通风,俗称"一条龙"通风,如图1-29所示。

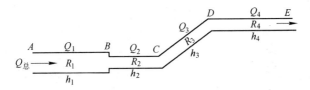

图 1-29 串联通风

串联通风具有以下特性:

(1) 串联风路的总风量等于各条风路上的分风量,即

$$Q_{串} = Q_1 = Q_2 = \cdots = Q_n$$

(2) 串联风路的总风压等于各条风路上的分风压之和,即

$$h_{串} = h_1 + h_2 + \cdots + h_n$$

(3)串联风路的总风阻等于各条风路上的分风阻之和,即

$$R_{串} = R_1 + R_2 + \cdots + R_n$$

串联通风的害处如下:

(1) 被串联的采掘工作面或硐室中的空气质量无法保证,有毒有害气体和矿尘浓度会越来越大,恶化作业环境和加大灾害危险程度;

(2) 前面的采掘工作面或硐室一旦发生灾变,将会波及到被串联的采、掘工作面或硐室,扩大灾害范围;

(3) 串联风流中各用风地点的风量不能进行调解,不能有效

利用风量。

《煤矿安全规程》对串联通风有明确的规定。

《煤矿安全规程》第一百一十四条对串联通风做出的相关规定可归纳为下面几点：

(1) 采、掘工作面应实行独立通风；

(2) 同一采区内、同一煤层上下相连的两个同一风路中的采煤工作面、采煤工作面与其相连接的掘进工作面、相邻的两个掘进工作面，布置独立通风有困难时，在制定措施后，可采用串联通风，但串联通风的次数不得超过一次；

(3) 采区内为构成新区段通风系统的掘进巷道或采煤工作面遇地质构造而重新掘进的巷道，布置独立通风确有困难时，其回风可以串入采煤工作面，但必须制定安全措施，且串联通风的次数不得超过 1 次；构成独立通风系统后，必须立即改为独立通风；

(4) 对于符合规定的串联通风，必须在被串联工作面的风流中装设甲烷断电仪，且瓦斯和二氧化碳浓度都不得超过 0.5%，其他有害气体浓度都应符合《煤矿安全规程》第一百条的规定；

(5) 开采由瓦斯喷出或有煤(岩)与瓦斯(二氧化碳)突出危险的煤层时，严禁任何两个工作面之间串联通风。

从以上规定不难看出，由于串联通风有着很多害处，所以，一般情况下不应采用串联通风方式。布置独立通风确有困难时，无论"采串采"、"采串掘"、"掘串掘"等何种方式，都不得超过 1 次；而且在进入被串联工作面的进风流中，必须装设瓦斯断电仪，瓦斯和二氧化碳的浓度都不得超过 0.5%。

需要注意的是，该条对"掘串采"的方式作出了严格的规定，即一般情况下，不允许掘进工作面的回风流串入采煤工作面。只有在采区内为构成新区段通风系统的掘进巷道或采煤工作面遇地质构造而重新掘进的巷道，布置独立通风确有困难时，才允许其回风可以串入采煤工作面。且必须制定安全措施，当构成通风系统后，立即改为独立通风。

之所以一般情况下不允许采用"掘串采"的串联方式，主要是考虑到掘进工作面的局部通风管理比较复杂,容易出现局部通风机关停、风筒损坏漏风或末端距工作面太远等而导致瓦斯隐患;加上掘进工作面频繁钻孔、爆破、运煤等容易产生引发火源,通风安全条件较差,是事故的多发地点。而采煤工作面又是作业人员比较集中的地方,一旦掘进工作面发生瓦斯燃爆事故,就会直接波及到被串联的采煤工作面及附近区域,导致事故灾难的范围扩大。

对于有煤(岩)与瓦斯(二氧化碳)突出危险的煤层,严禁任何形式的串联通风。因为突出危险煤层的采掘工作面一旦发生突出动力现象,大量高浓度的瓦斯首先涌入被串联的采掘面,然后再进入总回风巷排出,这样,无疑会使被串联采掘面的作业人员窒息伤亡,甚至发生瓦斯煤尘爆炸事故。

B 并联通风

并联通风及其特性:两条或两条以上的通风巷道在某一点分开后,又在另一点汇合,而中间没有交叉巷道所构成的网路,称为并联网路。并联通风又称为分区通风或独立通风。并联通风可分为简单并联和复杂并联两种形式,如图 1-30,图 1-31 所示。

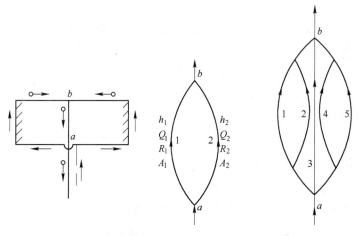

图 1-30 简单并联风路   图 1-31 复杂并联风路

它们的共同特点是,风流在某一点分开后,又在另一点汇合,形成闭合网路,称为闭合性并联;还有一种并联通风的特点是,风流在某一点分开后,在井下不再汇合而直接与地面大气相通,形成开放性网路,这种并联称为敞开式并联,如图1-32所示。并联通风具有以下特性:

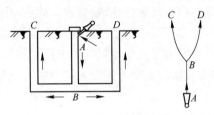

图 1-32 敞开式并联网路

(1) 并联风路的总风量等于各并联分支风路上的分风量之和,即

$$Q_{并} = Q_1 + Q_2 + \cdots + Q_n$$

(2) 并联风路的总风压等于任一并联分支风路上的风压,即

$$h_{并} = h_1 = h_2 = \cdots = h_n$$

(3) 并联风路总风阻平方根的倒数等于各条风路风阻平方根的倒数之和,即

$$1/R_{并}^{1/2} = 1/R_1^{1/2} + 1/R_2^{1/2} + \cdots + 1/R_n^{1/2}$$

(4) 并联风路中的风量按各条风路的风阻大小,可自然分配。若并联风路是有两条风路构成,则

$$h_{并} = h_1 = h_2$$

将 $h = RQ^2$,代入上式得

$$Q_1/Q_2 = (R_1/R_2)^{1/2}$$

不难看出,并联网路中各分支风路的风量与各分支巷道风阻的平方根成反比,即风阻较大的分支,流入的风量较小,风阻较小的分支,流入的风量较大。这种按各分支巷道风阻大小而自然进行分配风量,叫做风量自然分配。这是并联网路的一种特性。

并联通风较串联通风有着很多好处和优越性,具体表现在:

(1)风路短,阻力小,漏风少,经济合理。并联巷道的总风阻比任何一条巷道的分风阻都小,并联的风路越多,等积孔越大,即总风阻越小,通风越容易,通风耗电费用也就越少。因此,采用并联通风的矿井,其总阻力一般较小。

(2)各用风地点都能保持新鲜风流,作业环境好。

(3)并联通风容易管理,防灾抗灾能力强。当一个采区、工作面或硐室发生灾变时,有毒有害气体及产生的烟火对其他分区风流的影响作用较小,容易控制和隔绝灾区,不至波及更大范围和造成更大灾害,较为安全可靠。

(4)并联网路中的各条巷道的风量,可以根据需要风量的大小进行调节,能够充分和有效的利用矿井风量。

C 角联通风

并联通风中的两条巷道之间,若有一条或多条风路相连通的联结形式,称角联通风,所构成的网路,称角联网路,也称对角风路。两条并联风路之间仅有一条对角风路时,为简单角联或称单角联,如图 1-33 所示;两条并联风路之间有两条或两条以上的对角风路时,称复杂角联或称多角联。

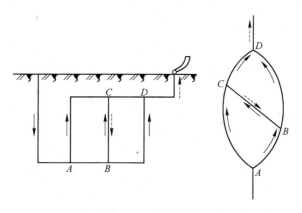

图 1-33　角联通风

角联通风的特点：

（1）角联巷道中的风流方向是不稳定的，风流可能由 B 点流向 C 点，也可能从 C 点流向 B 点；其中有的巷道可能有风，也可能无风。

（2）角联巷道中风流的大小与流动方向，取决于各邻近巷道风阻值的比例关系。

由此可见，当矿井通风系统中出现角联风路时，角联风路中的风流方向与巷道本身的风阻无关，而受到邻近巷道风阻的影响。如果巷道的一组风门未关闭而使风阻减小，或巷道内发生冒顶、堆积材料过多使风阻增大等，都可能由于角联风路中风阻比例关系的改变而导致对角风路中的风流方向发生变化，破坏通风系统的稳定可靠性。故此，在矿井通风的实际管理工作中，应尽量避免出现角联通风，若实在不能避免，就必须加强通风管理和巷道维护，严格控制风阻的比例关系，以防由于角联巷道风流反向而导致瓦斯超限或积聚的重大隐患。

1.6.1.4 矿井通风系统分析及基本要求

矿井通风系统的合理性表现在通风系统的安全性、有效性、稳定性和经济性等诸多方面。凡是符合《煤矿安全规程》的规定，满足对矿井通风系统基本要求的都属于合理的通风系统。但合理的并不一定是完善的、最佳的、最优的。为此，应根据矿井生产系统的变化及时进行通风系统分析和调整，在满足基本要求的基础上，不断完善和保持通风系统的最佳状态。

A　矿井通风系统分析

分析、评价一个矿井通风系统的优劣，应遵循如下原则：

（1）整体性：首先，要坚持和维护矿井生产系统的整体性。因为通风系统是矿井生产系统的一个子系统，所以在拟定和分析通风系统时，必须与开拓、开采、机电、运输以及排水等各系统相协调，必须与地质和开采条件相适应，以选取最优的总体生产系统。在出现从通风系统来看通风系统不是最优的，但从全矿整体看总体方案为最佳时，应顾全大局，局部服从整体；若因通风系统不尽合理而难以保证矿井安全时,要坚持安全第一的原则,必须进行通风系统或其他系统的变更和改进。其次,要坚持和维护通风系统的整体性。通风系统是由进回风井、主要通风机及其附属装置、通风网路和通风构筑物等多要素组成的,这些要素之间有着密切的联系,又相互影响。因此,在分析通风系统时,不能单从某一要素考虑,必须从通风系统整体考虑。在对生产矿井的通风系统进行分析或改造时,不仅要考虑到充分利用现有的通风巷道和设施,而且要考虑系统的先进性、可靠性。构成一个合理的新的通风系统,保证新老采区的安全生产。

(2) 时间性:一是在矿井不同的生产时期(如建井期、正常生产期、扩大生产期和收缩期等),对通风系统的具体要求不同。投产初期和矿井后期,需要的风量少,通风阻力不大,小能力的主要通风机就能满足要求,如果根据通风困难时期的需要选择的主要通风机就显得能力过剩;正常生产期间或扩大生产期间,需要的风量多,井下通风网路复杂,风量调节频繁,原来被认为最佳的通风方案就可能出现不适应,就可能变成被改造的对象。因此,拟定和分析评价矿井通风系统时,必须紧密结合生产的实际情况,找出各阶段的主要矛盾,集中精力进行解决。当然,在拟定和分析某阶段通风系统时,不仅要考虑当前,也要研究过去和预测将来一段时期的需要,以避免出现通风系统落后于生产的被动局面。

二是在正常生产时期,随着生产布局和地质构造变化,会出现生产采区的转移和对通风要求的变化,原来适应用于某一生产系统的通风系统就会变得不适应,就必须对原来的通风系统进行调整,以满足现在生产布局的要求。

三是由于通风构筑物的建立或拆除、井巷中矿车或提升设备的运行、地面大气条件的变化以及爆炸或火灾事故的发生等,都会引起通风状况的变化。因此,不能静止地研究正常时期的通风系统,还要预测和考虑到各种意外情况(如风门开启、各种事故造成系统破坏等)发生的可能性,以便增强通风系统对环境的适应性。

B 矿井通风系统的基本要求

一个完善合理的矿井通风系统,应符合在技术上先进可行、安全上可靠、经济上合理的总原则。具体来说应满足以下基本要求:

(1) 矿井的进风井口的位置要远离矸石山、炉灰场、储煤场和材料场等空气较污染的地方,进入矿内的空气质量符合《煤矿安全规程》规定;进风井口必须设在稳定的地层中,并能防洪、防冻;北方冬季进风井口结冰时,必须装设空气预热装置,使进入矿井的空气温度经常保持在 2 ℃以上;

(2) 矿井必须采用机械通风而不应采取自然通风;不得采用局部通风机或风机群作为主要通风机使用;

(3) 主要通风机的安装与运行要满足:

1) 安装有同型号、同规格、同等能力的两台主要通风机(一台运行,一台备用),并有同等能力的驱动电机("一井多机"或"多井多机"联合工作的矿井也应选择同一型号、同一规格、同等能力的风机和电机)。

2) 主要通风机的特性与通风网路特性相协调、相匹配,主要通风机的可调性好、"工况点"稳定、高效率区宽、运行效率高(不低于 70%),经济区域运行,运转费用少。

3) 多台主要通风机联合运转时,各通风机之间影响要小,在各种条件下都能保证主要通风机工况点的稳定。

4) 主要通风机必须设有双回路专用电源、反风装置(10 min 完成反风,改变风流方向),还应安设防爆门,且其功能符合要求。

(4) 各水平和采区必须实行分区通风;采、掘面和主要硐室(火药库,变电、排水、充电及空气压缩机硐室等)必须实行独立通风;有突出危险的采掘面严禁串联通风;

(5) 要符合《煤矿安全规程》对采掘面等各用风地点对风速、风量、空气温度和防治瓦斯、矿尘、水、火及高温的要求;

(6) 矿井总进风量比应大于或等于 100%(风量不足要"以风定产");矿井内部漏风率不超规定(大型矿井为 15%,中小型矿井为 10%);

(7) 通风系统要简单,网络结构合理。要避免风路平面交叉(设风桥)和多水平同时通风及不必要的联络巷道(封闭);通风设施齐全、设置合理、质量符合要求,能保质保量地向用风地点稳定可靠的供风;

(8) 具有较强的防灾抗灾能力,不能因通风系统不合理或不完善而导致灾害的发生。当发生某种灾害事故时,现有通风系统能够进行有效控制,使灾害范围缩小;安全出口多,避灾路线明确、畅通,矿井一旦出现灾害事故,各工作地点的工人可安全逃生;

(9) 有利于实现机械化和自动化,能适应煤炭生产的新技术和新工艺的推广应用;

(10) 通风费用少,经济效益好。主要通风机的购置、安装和运行费用低;通风巷道采用经济断面,通风阻力小、维护费用少;尽量减少通风设施数量和合理减少局部通风费用等。

1.6.2 采区、采面通风系统及有关规定

1.6.2.1 采区通风系统

A 采区通风系统的基本形式

采区通风系统是由采区风流通过的巷道、通风构筑物和通风设备等所组成。采区通风系统是矿井通风系统的主要组成部分,它是指矿井风流从主要进风巷进入采区,流经有关巷道,通过采掘工作面、硐室和其他用风巷道后,排至矿井主要回风道的整个线路。采区通风系统主要取决于采煤系统(采煤方法)。基于煤层赋存条件和地质构造的不同而采用不同的采煤方法,产生了适用于采煤方法的各种形式的采区通风系统。

较为常见的如下:

(1) 倾斜煤层单一长壁采煤法及放顶煤的采区通风系统;

(2) 倾斜厚煤层分层下行垮落式采煤法的采区通风系统;

(3) 倾斜煤层走向长壁上行充填采煤法的采区通风系统;

(4) 急倾斜煤层采煤法的采区通风系统;

(5) V型长壁上行充填采煤法的采区通风系统;

(6) 近水平煤层采煤法的采区通风系统;

(7) 水力采煤法的采区通风系统;

(8) 房柱式采煤方法的采区通风系统等多种多样。

这些不同形式的通风系统,都有着自己的优点和不足。在选择和确定采区通风系统时,不仅要考虑采煤方法,更应考虑通风系统的合理、稳定和可靠性,尽管在一定程度上可能影响采区巷道系统的布置。完善、可靠的采区通风系统应能有效地控制采区内的风流方向、风量和空气质量;漏风少,风流稳定;有利于稀释和合理排放瓦斯,防止煤炭自燃,形成较好的气候条件和有利于控制、处理灾害事故;并能使通风工作符合安全、经济和技术合理的原则。

B 采区巷道布置的有关规定

a 关于采区"专用回风巷"

过去,在采区设计时,一般没有专用回风道而只布置用于煤炭运输(运输上山或称输送机上山)和材料运输(材料上山或称轨道上山)的两条巷道,并分别兼作采区的进、回风巷道,因而带来一些隐患。

采用运输上山进风、轨道上山回风时,由于风流方向与运煤方向相反,容易引起煤尘飞扬;煤炭在运输过程中涌出的瓦斯,可使进风流中的瓦斯浓度增高。此外,在轨道上山的下部车场内需要安设风门,此处运输矿车来往频繁,容易发生风流短路,管理困难。

采用轨道上山进风、运输上山回风时,虽然可以避免上述缺点,但输送机处在回风流中,安全性差;轨道上山的中部和上部甩车场需要安装多个数量的风门,管理困难;采区溜煤眼还可能产生漏风。

从通风与安全角度来看,这种两条上山的布置方式有以下缺点:

(1) 采区内各采掘工作面实现独立通风较为困难;

(2) 由于运输材料需要经常打开风门和煤仓漏风等影响,致使采区通风系统很不稳定,工作面的有效风量难以保证;

(3) 采区发生灾变时,实施短路通风或反风的救灾措施较为困难。故此,新版《煤矿安全规程》第一百一十三条规定:高瓦斯矿井、突出危险矿井、易自燃煤层的采区和低瓦斯矿井开采煤层群或分层开采采用联合布置的采区,必须设置至少一条专用回风巷,如图1-34所示。其目的是为了保证采区通风系统稳定,为采区内的采掘工作面布置独立通风以及抢险救灾创造条件。

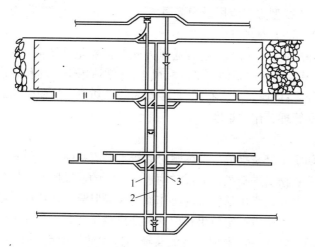

图1-34 两进一回通风方式
1—轨道上山;2—专用回风巷;3—运输上山

b 关于采区的进、回风巷

国家煤矿安全监察局制定的《国有煤矿瓦斯治理规定》第九条规定:"采区进、回风巷必须贯穿整个采区,严禁一段为进风巷、一段为回风巷。"(见《煤矿安全规程》第一百一十三条)。这主要是考虑到,服务于整个采区的进、回风巷,如果不是贯穿整个采区,就不能保证采区内所有采掘工作面都能得到合理布置和实现稳定、可靠的独立通风方式;而将一条巷道分为两段,一段入风、一段回风全靠风门硬性控制的"交叉"通风,极易造成风流短路、紊乱,破坏通风系统的稳定可靠性,潜在危害极大。所以做出采区进、回风巷必须贯穿整个采区,严禁一段为进风、一段为回风的规定,是十分必要的。

1.6.2.2 采面通风方式

由回采工作面及其进、回风巷构成的通风系统叫采面通风系统。采煤工作面的通风系统,因瓦斯涌出量、自然发火等级、煤层开采条件和开采技术而异。按照工作面进、回风巷的位置和形式,可分为 U 型、Y 型、W 型、Z 型、双 Z 型、H 型、V 型、E 型等通风方式,其中 U 型方式应用最为普遍。

A U 型通风方式

如图 1-35a 所示。这种通风方式的优点是系统简单,容易管理,尤其后退式开采的采空区漏风小,非常适用于自燃和易自燃煤层的开采;但通风能力有限,且工作面的上隅角容易积聚瓦斯而增加瓦斯管理工作的难度。

B Y 型通风方式

如图 1-35b 所示,也称顺向掺新风通风系统。这种通风方式的上下顺槽引进新风,形成"两进一回"的通风风路,风量有所增加,对瓦斯涌出量较大的工作面解决回风流瓦斯浓度过高和上隅角瓦斯积聚有一定效果;但这种通风系统要求工作面上顺槽在回采期间始终进行维护,因此巷道掘进和维护费用较大;另外,采空区容易漏风,对容易自燃煤层来讲,会引起采空区发火的隐患。

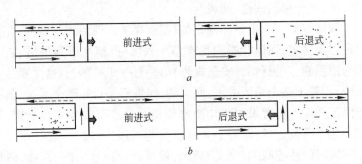

图 1-35 U 型、Y 型通风方式

a—U 型通风方式;b—Y 型通风方式

C W型和双Z型通风方式

工作面有三条平巷,上、下平巷进风或回风,中间平巷回风或入风,也称双工作面(对拉工作面)通风方式,如图 1-36a、图 1-36d 所示。这种通风方式属并联结构的通风网路,故而阻力小,风量大(相同开采条件下,较 U 型、Y 型可增加 1 倍的风量),漏风少;后退式开采还有利于防火;且安全出口多,运输能力大。适用于产量较高的长工作面。但系统较为复杂,通风管理工作较困难。

D Z型通风方式

Z型通风方式是 U 型通风方式的改造,如图 1-36b 所示。这种通风方式的结构较为简单,易于管理;掘进的巷道少,便于维护;但风量有限,且无论是前进式还是后退式开采,采空区一侧始终有一条巷道,难免向采空区漏风,不利于采空区防火。

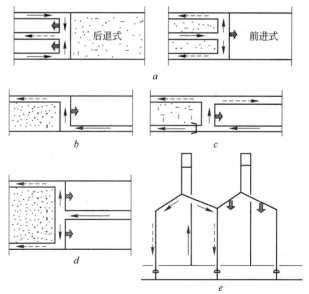

图 1-36 W、Z、H、双 Z、V 型通风方式

a—W 型通风方式;b—Z 型通风方式;c—H 型通风方式;
d—双 Z 型通风方式;e—V 型通风方式

E H 型通风方式

也称双向通风方式,如图 1-36c 所示。这种通风方式,能增大工作面的有效风量,对解决风流瓦斯超限和上隅角瓦斯积聚较为有利;但同样存在 Y 型通风方式的缺点,尤其对于开采自燃或易燃煤层的采空区防火管理十分不利。

除上述五种基本通风方式之外,根据煤层开采条件、开采技术、瓦斯涌出大小、煤层自燃发火倾向性等具体情况,还可采用其他通风方式,如 V 型、偏 W 型、偏 Y 型、E 型、X 型等,其布置方式如图 1-36e 和图 1-37a~图 1-37d 所示。

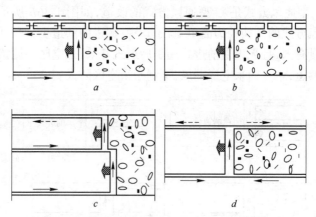

图 1-37 偏 W 型、偏 Y 型、E 型、X 型通风方式

a—偏 W 型通风方式;b—偏 Y 型通风方式;c—E 型通风方式;d—X 型通风方式

1.6.2.3 采区通风的有关规定与要求

在设计、选择和确定采区通风时,必须满足和符合下列有关规定与要求:

(1) 符合《煤矿安全规程》第一百一十三条规定,生产水平和采区必须实行分区通风。采区准备,必须在采区内构成通风系统后,方可开掘其他巷道。采煤工作面必须在采区构成完整的通风后,方可开采。高瓦斯、突出矿井的每个采区和开采容易自燃煤层的采区,必须设置至少一条专用回风巷;低瓦斯矿井开采煤层群和

分层开采采用联合布置的采区,必须设置一条专用回风巷。采区进、回风巷必须贯穿整个采区,严禁一段为进风巷、一段为回风巷;

国家煤矿安全监察局 2005 年 1 月 6 日公布执行的《国有煤矿瓦斯治理规定》第九条也做出了类似内容的相关规定;

(2) 符合《煤矿安全规程》第一百一十四条规定,采、掘工作面应实行独立通风。布置独立通风有困难时,可采用"采串采"、"采串掘"、"掘串掘"通风方式,但要制定措施,且只准串一次。采区内为构成新区段通风系统确有困难可采用"掘串采"的通风方式,但必须制定安全措施,且只准串一次;构成独立通风系统后,必须立即改为独立通风。开采突出危险煤层,严禁任何两个工作面之间串联通风;

(3) 符合《煤矿安全规程》第一百一十六条规定,采掘工作面的进风和回风不得经过采空区或冒顶区。无煤柱开采沿空送巷和沿空留巷时,应采取防漏风措施。水采工作面由采空区回风时,工作面必须有足够的新鲜风流,工作面及其回风巷风流中的瓦斯和二氧化碳浓度必须符合《煤矿安全规程》规定;

(4) 采区通风必须保证足够的有效风量,必须将瓦斯、二氧化碳等有害气体稀释到规定标准以下,创造良好的气候条件和符合工业卫生的要求;

(5) 采区通风系统应采用通风能力大、阻力小、漏风少的布置方式,并保证风流稳定、畅通;

(6) 采区通风网路要简单适用,应消除或尽量减少对角风路,使其具有较强的防灾抗灾能力,以便在发生事故时易于控制和撤离人员。为此应尽量减少风门、风桥、挡风墙和风筒等通风构筑物的数量,必备的通风设施和设备要选择合适位置;要尽量避免采用角联风路,确难避免时,要有保证风流稳定的技术措施。

1.6.3　局部通风及管理措施

无论在新建、扩建和生产矿井中,都需要掘进大量巷道,以便准备新水平、新采区和回采工作面。这些巷道的特点都是独头巷道,掘进过程中产生大量矿尘和有毒有害气体。为了稀释和排出来自煤(岩)体涌出的有害气体和爆破产生的炮烟和矿尘,并创造良好的气候条件,必须对掘进工作面进行通风。这种将新鲜空气送入掘进工作面或巷道内,同时将工作面或巷道中的污浊空气排出,实现对局部用风地点供风的方法,叫局部通风,或称掘进通风。

1.6.3.1 局部通风方法

局部通风一般分为矿井总风压通风和动力设备通风两种方法。

A 矿井总风压通风

这种方法不需增设动力设备,直接利用地面主要通风机产生的矿井总风压,利用导风设施将新鲜风流引入工作面或局部用风地点。具体实施形式很多,主要有:

(1)风障导风。沿巷道纵向设置风障(帆布、木板、砖石等制作),将巷道分隔成两部分,一边进风,另一边回风,如图 1-38*a* 所示;

(2)风筒导风。利用挡风墙(或挡风帘、风门等)将主导风流截住,使其中部分风流通过风筒引入掘进工作面或局部用风地点,如图 1-38*b* 所示;

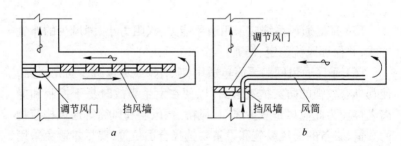

图 1-38 总风压局部通风
a—风障导风;*b*—风筒导风

(3)平行巷道通风。在距主巷 10~20 m 处另掘一条平行的副巷,两巷之间按一定间隔开掘联络眼。利用矿井总风压使风流从一条巷道进入工作面,而从另一条巷道流出。在前一个联络眼掘通后,后一个联络眼及时封闭。两条巷道的独头部分,开采用风筒或风障通风,如图 1-39 所示。

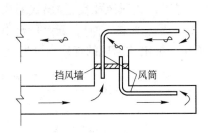

图 1-39　平行巷道通风

B　局部通风机通风方法

利用局部通风机和风筒将新鲜风流送入掘进工作面,这是矿井广泛采用的一种局部通风方法。按其工作方式可分为以下三种:

(1) 压入式。压入式通风是利用局部通风机将新鲜风流经过风筒压入掘进工作面,同时将污浊空气排出的一种通风方法,如图 1-40a 所示。

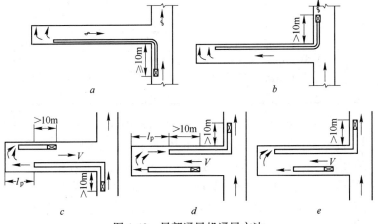

图 1-40　局部通风机通风方法

a—压入式;b—抽出式;c—长压短抽式;d—前压后抽式;e—前抽后压式

压入式通风有很多优点,见表1-8,设备简单,效果好,安全性能高,适用于各种掘进工作面,是我国应用最为广泛的一种局部通风方式。

(2) 抽出式。与压入式通风相反,抽出式通风是利用局部通风机经过风筒将工作面污浊空气抽出,新鲜风流由巷道进入工作面,如图1-40b所示。抽出式通风的优缺点可见表1-8。

表1-8 局部通风不同通风方式优缺点比较

局部通风机通风方式			优 点	缺 点
压入式通风			风流有效射程较长(一般可达7~8 m),易于排出工作面的污风和矿尘,通风效果好;设备安设在新风中,污浊空气不经过通风机,安全性好;柔性、刚性风筒都可使用,适应性强等	回风巷道内的空气污浊,不利于作业人员呼吸;爆破产生的炮烟由于巷道排出的速度慢,爆破辅助时间加长,影响掘进速度
抽出式通风			乏风由风筒排出,巷道保持新鲜空气,作业环境好;爆破时人员只需撤到安全距离,往返时间短,排烟的巷道长度短,有利于提高掘进速度	通风末端的有效吸程较短(3~4 m),乏风由通风机排出,安全性差;只能使用刚性而不能使用柔性风筒,适应性差
混合式通风	长压短抽方式		既有压入式有效射程长、通风效果好的优点;又有抽出式巷道空气不受污染、排放炮烟快的优点。其严重缺点是压入式通风机或抽出式通风机以及启动装置都设在空气污浊的巷道中,在瓦斯、煤尘浓度较大的情况下,是很危险的	
	长抽短压方式	前压后抽		
		前抽后压		

(3) 混合式。混合式通风是把压入式和抽出式同时联合使用的一种方式:利用压入式通风机和风筒将新鲜风流压入工作面,利用抽出式通风机和风筒将污浊空气抽出。可分为长压短抽式和长抽短压式,而长抽短压又分为前压后抽和前抽后压两种形式,如图1-40c、图1-40d、图1-40e所示。混合式通风兼有压入式、抽出式二者的优缺点,可见表1-8。

C 局部通风方法分析

a 总风压通风方法分析

这种方法具有供风连续可靠,安全性好,管理方便等优点。但需有足够的总风压克服导风设施的阻力,通风距离受到限制,仅适用于不便使用局部通风机、通风距离较短的巷道掘进。

b 局部通风机通风方法分析

压入式、抽出式和混合式三种局部通风机通风方式的优缺点见表1-8。经过综合分析比较,不难看出压入式通风是一种效果好、安全性好和适应性强的掘进通风方式。

抽出式通风的主要问题在于安全性较差,管理十分困难。因为:

(1)工作面含有瓦斯的污浊风流经过局部通风机时,较为危险,尤其在临时停风致使工作面风流瓦斯浓度超过1.0%或需要排瓦斯时,更加危险;

(2)目前我国生产的局部通风机的防爆、防静电和防摩擦火花性能都较差,运转时如果吸入含有较高浓度的瓦斯风流,容易诱发爆炸事故;

(3)由于《煤矿安全规程》第一百二十九条规定"只有在局部通风机及其开关附近10 m以内风流中的瓦斯浓度都不超过0.5%时,方可人工启动局部通风机",如果采用抽出式通风,则当工作面瓦斯浓度达到1.0%或3.0%时,排放瓦斯工作将无法进行。因此,《煤矿安全规程》第一百二十七条规定"煤巷、半煤岩巷和有瓦斯涌出的岩巷的掘进通风方式应采用压入式,不得采用抽出式"。因为有煤与瓦斯突出的掘进工作面,其瓦斯涌出异常,有时可能突然增大,被吸入可能产生摩擦火花和防爆性能较差的通风机内,极易导致爆炸事故。所以《煤矿安全规程》第一百二十七条还规定:"瓦斯喷出区域和煤(岩)与瓦斯(二氧化碳)突出煤层的掘进通风方式必须采用压入式"。

只有在没有瓦斯、煤尘爆炸危险,特别是巷道断面较大时,为了迅速冲淡和排出排烟,才采用混合式通风。

1.6.3.2 局部通风机及选择

掘进通风使用的局部通风机有轴流式和离心式两种。我国煤矿大多使用的是 JBT 系列轴流式局部通风机,技术特性见表 1-9。因为轴流使通风机具有体积小、质量轻、安装使用方便、便于串联通风等优点。其缺点是噪声大。

表 1-9　国产 JBT 型轴流式局部通风机技术特性

序号	型　号	功率 /kW	转速 /r·min^{-1}	级数	风量 /m^3·min^{-1}	风压 /Pa	外径 /mm	质量 /kg
1	JBT-41	2	2900	1	75～112	147～735	400	120
2	JBT-42	4	2900	2	75～112	294～1470	400	150
3	JBT-51	5.5	2900	1	145～225	245～1176	500	175
4	JBT-51	11	2900	2	145～225	490～2352	500	235
5	JBT-61	2	2900	1	250～390	343～980	600	315
6	JBT-62	28	2900	2	250～390	686～3136	600	410
7	JBT$_1$-62-2	14	2900	1	250～390	343～1569	600	280
8	JBT$_1$-62-2	28	2900	2	250～390	686～3139	600	380

选择局部通风机时,应依据掘进通风所需要的局部通风机工作风量和工作风压来确定。可根据 $Q_局$ 和 $h_局$ 或 $h_{局静}$,按照局部通风机特性曲线选择合适的局部通风机。

1.6.3.3 局部通风管理

局部通风是矿井通风的主要组成部分,也是矿井发生重大事故的主要地点。据统计,1983～1989 年间发生的 96 次特大事故中,掘进工作面 61 次,占总次数的 65.5%。这主要是因为局部通风管理比较复杂、难度大,容易出现失误或管理不善;加上煤巷掘进多用电钻钻孔、经常爆破,出现机电设备失爆和爆破不合规定而诱发火源的可能性较多。因此,局部通风管理的好坏是关系到矿井能否安全生产的重要因素之一。

A　局部通风设计

为搞好局部通风,首先要从设计开始。巷道掘进施工之前,必须要有符合《煤矿安全规程》第一百二十六条对局部通风专门设计的有关规定,并履行审批程序。编制局部通风设计时,应遵循以下原则和要求:

(1) 必须采用全风压或局部通风机通风,不得采用扩散通风。深度不超 6 m、入口宽度不小于 1.5 m、无瓦斯涌出的硐室,可采用扩散通风;

(2) 掘面必须采用压入式通风,采用抽出式或混合式通风必须制定安全措施并履行审批手续;

(3) 机电硐室必须设在进风流中。若设在回风流中,则必须制定安全措施,并在其入风口安设瓦斯自动报警断电装置(瓦斯浓度不超过 0.5%);

(4) 每个独立通风的掘进面的需要风量,应按瓦斯涌出量、炸药用量、作业人数等分别计算和用风速进行验算,并取其最大值。

B 局部通风设计及说明书

局部通风设计及说明书包含以下内容:

(1) 掘进工作面的地点、名称、煤岩层别、最大送风距离;

(2) 施工队组名称、作业方式和劳工组织情况;

(3) 巷道设计断面、净断面大小和支护形式;

(4) 采区通风系统、局部通风方式和通风机安装地点,并附系统图;

(5) 掘进工作面所需风量计算;

(6) 局部通风机及其设备选择;

(7) 明确瓦斯监测装置的安装、吊挂、断电浓度和断电范围,并附安装布置图;

(8) 掘进工作面供电设计报告,其中必须包括局部通风机和动力设备的供电系统图,“三专供电”和“两闭锁”接线原理图,设备布置平面图以及风电闭锁试验和电气设备管理安全措施;

(9) 采取“边掘边抽”瓦斯措施时,要有瓦斯抽放设计报告。其中包括预计瓦斯涌出量、风排瓦斯量、边抽瓦斯量,边抽瓦斯工程量、钻孔布置及有关参数等,并附抽放系统图。

1.6.4 通风设施及构筑标准

井下巷道纵横交错,相互贯通。为了保证风流按照确定的方向、路线流动,就必须在某些巷道中设置一些对风流进行控制的通风构筑物,称为通风设施。一个矿井通风管理工作的好坏,与通风设施建造的质量、数量以及安设的位置有着密切的关系;同时,对能否保证矿井安全也具有重要作用。因此,合理安设通风构筑物并保证其构筑质量,是通风管理工作的一项重要任务。按服务时间的长短,通风设施可分为临时性和永久性通风设施。常见的通风设施主要有风门、密闭(挡风墙)、风桥等。

1.6.4.1 风门

在井下平时行人、行车的巷道内设置的能够隔断风流和对风量进行调节的通风构筑物叫风门。风门由门扇、门框、门垛构成。门扇安设在挡风墙门垛的门框上,门扇由木质、金属、胶皮(矿用废旧运煤胶带)和木材与金属、胶皮与金属混合材料制成。风门的分类方法多种多样,如:(1) 按风门用途分为:遮断风门,如图 1-41*a* 所示,其作用是不允许风流通过,将新鲜风流与乏风流隔开;调节风门,如图 1-41*b* 所示,风门上设有风窗,只允许通过一定风量;反风门(用于井下发生灾害时进行反风和减小石门揭穿煤层时的煤与瓦斯突出危害);(2) 按风门开启方式分为:普通风门(用人力开启,靠风力和风门自重自行关闭);自动风门(利用各种动力自动开启与关闭);(3) 按风门开启动力分为:撞杆式,气动式,电动式和水动式;(4) 按门扇结构分为:单扇门(一般为人力开启的普通风门),双扇门(一般为自行开启的自动风门);(5) 按服务时间分为:永久风门,临时风门等。

风门是煤矿的主要通风设施,不仅起到控制和调度风流的作用;在灾变时期,特别是发生火灾、瓦斯煤尘爆炸灾害时,还可起到控制灾害范围和减小灾害程度的重要作用。为此,除了正确选择和确定风门的位置和数量之外,还必须保证风门的构筑质量。

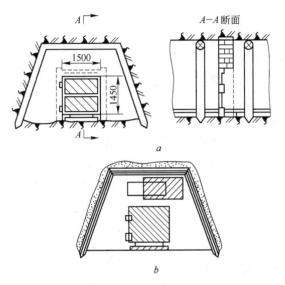

图 1-41　风门构筑示意图
a—遮断风门;*b*—调节风门

风门的构筑应符合下列规定与要求。

A　永久风门

永久风门的构筑应符合下列规定与要求:

(1) 每组风门不少于两道,通车风门间距不小于一列车的长度,以防止列车通过时两道风门同时打开而造成风流短路;行人风门间距不小于 5 m;进、回风巷道之间构筑风门时,要同时设置反向风门,其数量不得少于两道;

(2) 风门能自动关闭,通车风门实现自动化;矿井总回风和采区回风系统的风门要装有闭锁装置,风门不能同时打开(包括反向风门);

(3) 门垛墙要用不燃性材料建筑,厚度不小于 0.5 m,严密不漏风(手触无感觉,耳听无声音);

(4) 门垛周边要掏槽,见硬顶、硬帮与煤岩接实;

(5) 墙垛平整(1 m 内凹凸不大于 10 mm,料石勾缝除外),无

裂缝(雷管脚线不能插入)、重缝和空缝;

(6) 门框要包边沿口,有衬垫,四周接触严密(以不透光为准,通车门底坎除外);

(7) 风门水沟要设反水池或挡风帘;通车风门要设底坎;电缆、管路孔要堵严;

(8) 风门前后各 5 m 内巷道支护良好,无杂物、积水、淤泥;

(9) 自动风门开关要灵活、可靠,开启时要有足够的断面通过车辆,关闭时接缝要严密;

(10) 风门的开、关状态要在矿井通风安全监测系统中反映。

B 临时风门

临时风门的构筑应符合下列规定与要求:

(1) 每组风门不少于两道,通车风门间距不小于一列车的长度;行人风门间距不小于 5 m;

(2)风门前后各 5 m 内巷道支护良好,无杂物、积水、淤泥;

(3)门框要包边沿口,有衬垫,四周接触严密;

(4)门墙四周接触要严密,木板墙要鱼鳞搭接,墙面要用灰、泥满抹或勾缝;

(5)门扇平整,错口接缝不漏风,与门框接触严密;

(6)通车风门要设底坎、挡风帘(包括运输机道风门)。

C 自动风门

随着科学技术的进步与发展和矿井安全管理水平的不断提高,我国有不少矿井将上述的气动、水动和电动风门的电源触动开关,改为无触点光控或声控等电路开关,研制和开发出了各具特色风门,使风门的动作更加灵活、可靠,加上安全监测系统中风门开关传感器的应用,进一步提高了风门自动化的管理水平。

(1) 光控压风自动风门。气动力部分由气缸、电磁阀、压风软管、滑轮、钢丝绳等组成。动作原理是控制部分采用红外线为控制信号。当天车或无人通过时,红外脉冲接收器分别接收到红外脉冲发射器发射的红外脉冲信号,经放大器、译码器,给时控电路一个无车(或无人)通过的低电平信号,电磁阀不通电,风门处于关闭状态;当车或人通过时,红外脉冲信号被阻,译码器无信号输入,向时控电路输出一个高电平信号,时控电路接通电磁阀的电源,电磁阀切换气路,使第一道风门打开。延时 t_1 后,时控电路切断第一道风门电磁阀电源,风门关闭;同时触发电路给第二道风门时控电路一个有车或有人通过的高电平信号,使第二道风门打开。延时 t_2,人或车通过第二道风门后,第二道风门自动关闭。时间 t_1、t_2 的长短可根据实际需要调整。

该风门的特点是占用空间小,动作灵活、可靠。适用于隔断风流、通车行人的巷道。

(2) 微波监控电动风门。其动作原理是,当监控范围内有移动目标时,传感器向控制电路提供一个信号,分别送至编码器和清零电路。送至编码器的信号,经计数器、延时电路再送到控制器,此时若闭锁输入无信号(该信号为另一道风门控制电路的闭锁输出)时,控制器动作,控制电机转动打开风门,输出闭锁信号,使信号灯亮,防止另一道风门打开。另一传感器信号同时对分频器清零,使延时电路不起作用。此时,监测区内只要有目标移动,传感器对分频器不断清零。只有当移动目标消失后,传感器停止输出信号,延时电路开始延时,控制器动作,使电机反转关闭风门,解除闭锁,关闭信号灯,开始进入下一个循环等待。风门的特点是风门与传动装置之间为刚性联结,结构简单,使用方便,可靠性好,对安装维护技术要求不高。

(3) 压力平衡式自动风门。该风门具有以下特点:电脑程控,声光信号,传感可靠,兼容手动(断电时可由人力开启)。在泥中、水中均能使用。

1.6.4.2 挡风墙

挡风墙也称密闭,如图 1-42 所示,砌筑在需要隔断风流而又不行人、通车的巷道中,如封闭采空区、旧巷、火区以及进风巷与风巷间联络巷道等。

井下密闭按其用途可分为:采空区或旧巷密闭(防止采空区有害气体扩散)、防火密闭(防止向被封闭的火区或旧巷漏风而引起复燃或煤炭自燃)、抽放瓦斯密闭(将巷道内的高浓度瓦斯封存起来插管抽放)、防水密闭(防止矿井水突然涌出造成灾害)。按其服务年限可分为:永久性密闭和临时性密闭。

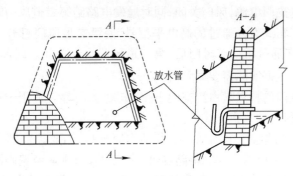

图 1-42　挡风墙(密闭)

密闭的构筑质量应符合以下要求。

A　永久性密闭

永久性密闭应符合以下要求:

(1) 永不燃性材料建筑(一般采用砖、石、混凝土等不燃性材料),严密不漏风(手触无感觉,耳听无声音),墙体厚度不小于 0.5 m;

(2) 密闭周边要掏槽(砌碹巷道要破碹后掏槽),掏槽深度符合规定,见硬顶、硬帮与煤岩接实,并抹有不小于 0.1 m 的裙边;

(3) 墙面平整(1 m 内凸凹不大于 10 mm,料石勾缝除外)、无裂缝(雷管脚线不能插入)、重缝和空缝;

(4) 闭内有积水时,密闭要设反水池或反水管,如图 1-42 所示;有煤层自然发火的采空区密闭,要设观测孔、措施孔,孔口封堵严密;

(5) 密闭前 5 m 内支护良好,无片帮、冒顶;

(6) 密闭前无瓦斯积聚;

(7) 密闭前 5 m 无杂物、积水、淤泥;

(8) 密闭前要设栅栏、警标、说明板和检查箱。

B 临时性密闭

临时性密闭一般用木板和黄泥等可塑性材料建筑,用这种材料建筑的密闭,其特点是顶板压力越大,漏风越小;但在潮湿的巷道中容易腐烂。临时性密闭的建筑应符合如下要求:

(1) 密闭要设在顶、帮良好的地方,见硬顶、硬帮与煤岩接实;

(2) 密闭前 5 m 内支护良好,无片帮、冒顶,没有杂物、积水、淤泥;

(3) 密闭四周接触严密;

(4) 木板密闭应采用鱼鳞式搭接,密闭面要用灰、泥抹满或勾缝,不漏风;

(5) 密闭前无瓦斯积聚;

(6) 密闭前要设栅栏、警标和检查牌。

1.6.4.3 风桥

在进、回风巷道的交叉点,为避免风流短路而建造的通风构筑物叫做风桥。其作用是在进风和回风形成平面交叉时,使一股风流从桥上通过,另一股风流从桥下通过,从而将进风和回风分开。

根据风桥的服务年限,可分为永久性风桥和临时性风桥两大类。永久性风桥有绕道式风桥(也称自然风桥)和混凝土(或砖石)风桥,如图 1-43 所示;临时性风桥一般用木板或铁风筒构成,如图1-44 所示。

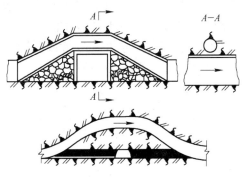

图 1-43　混凝土风桥

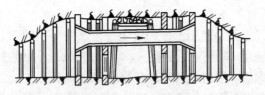

图 1-44　铁筒式风桥

绕道式风桥的工程量较大,但不易受破坏,漏风小。当服务年限长、通过风量在 20 m^3/s 以上时,应采用绕道式风桥;当服务年限较长、通过风量在 10～20 m^3/s 时,可采用混凝土风桥;当服务年限短、通过风量在 10 m^3/s 以下时,一般采用铁风筒或木板建造的临时性风桥。

永久性风桥应符合以下要求:

(1) 永不燃性材料建筑;

(2) 墙面平整,不漏风;

(3) 风桥前 5 m 内支架良好;

(4) 风桥通风断面小于原巷道断面的 4/5,呈流线型,阻力不大于 150 Pa,坡度不大于 30°;

(5) 风桥两端接口严密,四周见实帮、实底,填实、接实;

(6) 风桥上不准设风门;

(7) 在进风中需设置风门或调节风窗时,设在风桥的前面;在回风中需设置风门或调节风窗时,设在风桥的后面;安装地点要远离风桥,以免增大进、回风压力差,增加风桥漏风。

铁风筒风桥一般由铁风筒和风门组成,铁筒直径不小于750 mm,每侧应设两道以上风门,以防漏风。

2 瓦斯生成机理与煤层气开采

2.1 煤层瓦斯的生成

煤矿井下的瓦斯主要来自煤层和煤系地层,关于它的成因学说有多种多样,但是,目前国内外多数学者认为煤中的瓦斯是在成煤的煤化作用过程中形成的,即有机成因说。有机成因说认为:煤的原始母质沉积以后,一般经历两个成气时期。从植物遗体到泥炭居于生物化学成气时期;在地层的高温高压作用下,从褐煤到烟煤,直到无烟煤介于煤化变质作用成气时期。而实际上,瓦斯的生成和煤的形成是同时进行,且贯穿于整个成煤过程的始终。

2.1.1 生物化学成气时期的生成

这个时期是从成煤原始有机物堆积在沼泽相和三角洲相环境中开始的;在温度不超过 65℃ 条件下,成煤原始物质经厌氧微生物的分解成瓦斯。这个过程,一般可用纤维素的化学反应式来表达:

$$4C_6H_{10}O_5 \rightarrow 7CH_4 \uparrow + 8CO_2 \uparrow + 3H_2O + C_9H_6O$$

或 $\quad 2C_6H_{10}O_5 \rightarrow CH_4 \uparrow + 2CO_2 \uparrow + 5H_2O + C_9H_6O$

目前认为,在这个阶段成煤物质生成的泥炭层埋深浅,且上覆盖层的胶结固化不好,故而生成的瓦斯,通过扩散和渗透容易排放到古大气中。因此,生化作用生成的瓦斯一般不会保留到现在煤层内。

随着泥炭层的下沉,上覆盖层越积越厚,压力与温度也随之增高,生物化学作用逐渐减弱直至结束;这时,在较高的压力与温度作用下,泥炭转化成褐煤,进入煤化作用阶段。

2.1.2 煤化作用成气时期的生成

褐煤层进一步沉降,地层压力与温度作用加剧,便进入煤化变质作用成气时期。据考察,一般在100℃及其相应的地层压力下,煤层中的煤体就会产生强烈的热力变质成气作用。目前普遍认为,在煤化作用的初期,煤中有机质基本结构单元主要是带有羟基(—OH)、甲基(—CH$_3$)、羧基(—COOH)、醚基(—O—)等侧链和官能团的缩合稠环芳烃体系,煤中的炭素则主要集中在稠环中。一般情况下,稠环的键结合力强,故而稳定性好;而侧链和官能团之间及其与稠环之间的结合力弱,故稳定性差。因此,随着地层下降、压力增大、温度升高,侧链和官能团不断发生断裂与脱落,生成CO$_2$、CH$_4$、H$_2$O等挥发性气体,如图2-1所示。

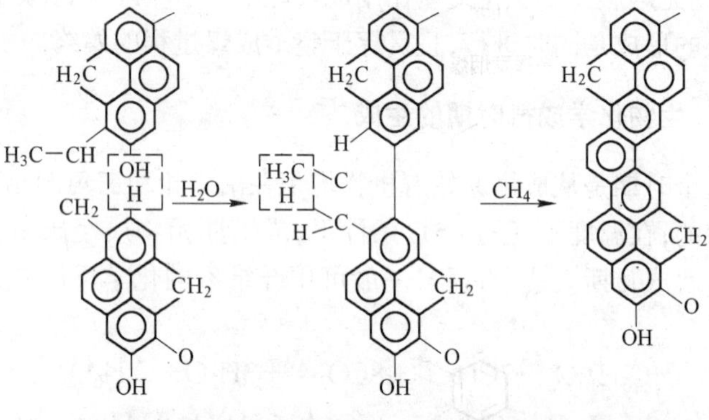

图 2-1 煤化作用(含碳量83%~92%)成气反应示意图

煤化过程中有机质分解,脱出甲基侧链和含氧官能团而生成的CO$_2$、CH$_4$和H$_2$O是煤成气形成的基本反应,其生成的瓦斯以甲烷为主要组分。在瓦斯产出的同时,芳核进一步缩合,碳元素进一步集中在碳网中。因此,随着煤化作用的加深,基本结构单元中缩聚芳核的数目不断增加,到无烟煤时,主要由缩聚芳核所组成。如图2-2所示,随煤化作用的加深,基本结构单元中缩聚芳香核的数目不断增加,至无烟煤时,则主要由缩聚芳核所组成。

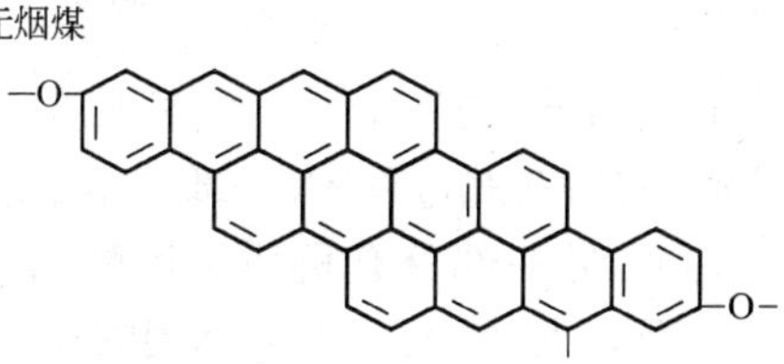

图 2-2 不同煤的结构单元(或部分结构)模型

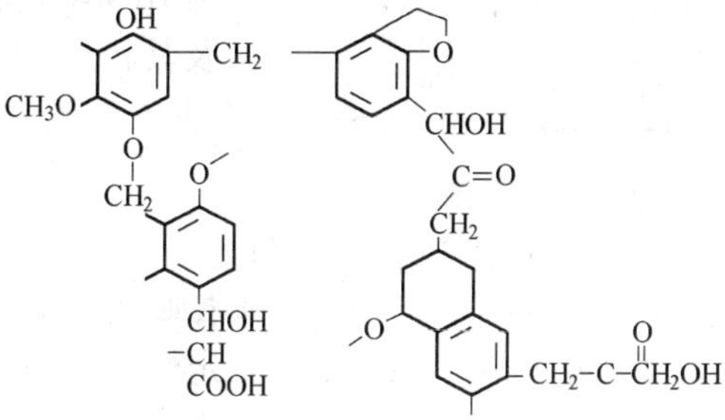

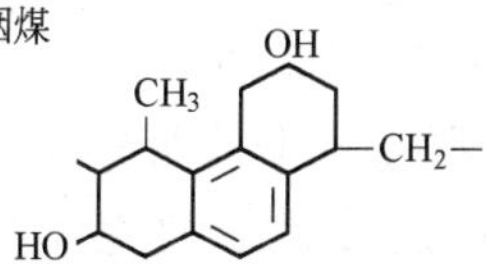

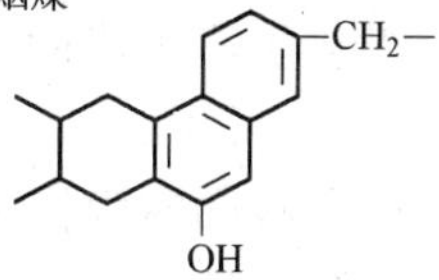

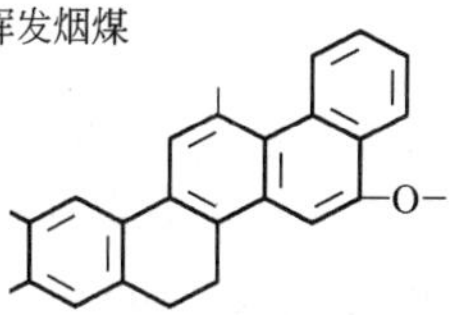

成煤作用各阶段形成甲烷气可由下列反应式表示

$$4C_{16}H_{18}O_5 \rightarrow C_{57}H_{56}O_{10} + 4CO_2 + 3CH_4 + 2H_2O$$

泥炭　　　　褐煤

$$C_{57}H_{56}O_{10} \rightarrow C_{54}H_{42}O_5 + CO_2 + 2CH_4 + 3H_2O$$

褐煤　　　　沥青煤

$$C_{15}H_{14}O \rightarrow C_{13}H_4 + 2CH_4 + H_2O$$

烟煤　　　无烟煤

由上述可见,由泥炭至无烟煤,有机质的演化实际上是脱氧去氢富集碳的芳核缩合过程。在此过程中伴随有大量煤成气的生成,挥发分可由泥炭阶段的 50% 以上减少到无烟煤阶段的 5% 左右。这一点不仅从热模拟实验的结果得以证明,而且在自然界煤化作用 8 个连续煤种中(褐煤至无烟煤)的镜质组、壳质组发现气孔,从而证明,煤化作用伴随着一个长期连续的成气作用和气的运移过程,同时也说明了不仅镜质组,而且壳质组都可形成气。

从褐煤到无烟煤,煤的变质程度越高,生成的瓦斯量也越多。但是,值得注意的是,各个煤化阶段生成的气体组分不仅不同,而且数量上也有很大变化。

综合煤系地球化学分析资料和室内模拟实验数据,可将煤系有机质的演化过程划分为三个阶段。

2.1.2.1　未成熟阶段

即泥炭—褐煤阶段($R_0 < 0.5\%$)。在此阶段煤系中氯仿抽提物、总烃含量、热解产烃潜率($S_1 + S_2$)及芳香度数值都较低,而 H/C、O/C 原子比及表示有机质含氧量的热解峰 S_3 较高。说明有机质还在演化的初期阶段,未达到成熟程度。成煤物质沉积后,在微生物和氧的作用下,经氧化、分解、缩聚等一系列复杂的生物化学变化形成腐殖酸,在此过程中,一部分不稳定物质被彻底氧化生成 CO_2 和 H_2O。另一部分有机质在甲烷菌作用下,生成部分 CH_4。此后,随埋深的加大,沉积物进入成岩作用阶段,有机质则进一步演化为干酪根聚合体,形成了有机质生烃的初始物质。

2.1.2.2　成熟阶段

相当于长焰煤—焦煤阶段($0.5\% < R_0 < 1.7\%$)。在此阶段

初期($0.5\% < R_0 < 0.8\%$)，煤系中氯仿抽提物及热解产烃潜率（$S_1 + S_2$）达到最高值；芳香度由 0.67 增高到 0.93；H/C、O/C 原子比分别从褐煤阶段的 1.28、0.22 减小至 0.76、0.12；S_3 热解峰由 17.65 mg/g 降低至 1.38 mg/g。说明有机质已进入成熟期，在热力作用下，干酪根中各种官能团和侧链开始发生降解形成烃类和沥青物质。在此阶段由壳质组，特别是树脂体可形成凝析油或轻质油。由于有机质在成熟早期还未大量生烃，故有机质的产烃潜率达到最高。至成熟阶段中期($0.8\% < R_0 < 1.2\%$)，有机质的热降解成为主导作用，大量脂肪侧链断裂形成烃类物质，不仅形成甲烷，而且可形成重烃气及更大分子的液态烃，多为凝析油和轻质油。随热演化程度增高，初期形成的沥青物质也可转化为轻质烃，致使有机物生烃潜率（$S_1 + S_2$）和氯仿抽提物含量降低；而饱和烃和芳香烃含量达到最高值；H/C 原子比下降较快，与烃的生成量成正比，O/C 原子比及 S_3 热解峰仍有减小，但较初期已缓慢得多。由此可见，成熟阶段中期是干酪根成烃的高峰期。至成熟阶段末期($1.2\% < R_0 < 1.7\%$)，有机质产烃潜率、氯仿抽提物含量及饱和烃和芳香烃含量都有所降低，其产烃能力也有降低，主要形成重烃气(湿气)。

2.1.2.3 过成熟阶段

过成熟阶段，即瘦煤—无烟煤阶段($R_0 > 1.7\%$)。此阶段有机质的生烃潜率（$S_1 + S_2$）、氯仿抽提物含量及饱和烃、芳香烃含量都已变得很低；H、O 元素含量也都很低，H/C 原子比仍有降低，O/C 原子比的降低已不明显。说明有机质芳核结构上的侧链及官能团在成熟阶段已大部分脱落，降解下的分子越来越小，至瘦煤阶段以后，断裂下来的只有甲基了。同时，前期生成的大分子烃类在高温作用下裂解也可形成甲烷。由此可见，甲烷是此阶段的主要产物。在过成熟阶段，有机质的演化以芳核间的缩合作用为主，煤的芳香度可达 0.97～1 。至无烟煤阶段，有机质的芳核缩合及碳的富集都达到了很高的程度。

2.2 煤层气的赋存状态及中国煤层气资源

煤层气的主要成分是甲烷,其含量一般大于85%,是在煤化作用过程中形成的,目前仍储集在煤层中的天然气。因此,煤层气的赋存状态及生、储、盖组合都有与常规天然气的不同之处,有其自身特点。

2.2.1 煤层气的赋存状态

2.2.1.1 煤层气的赋存状态

煤层气主要以三种形式储存在煤层中,即吸附在煤孔隙表面上的吸附状态、分布在煤孔隙及裂隙内的游离状态和溶解在煤层水中呈溶解状态。一般情况,煤化作用过程中生成的甲烷气体,首先满足吸附,然后是溶解和游离析出。煤层气的主要赋存状态是吸附状态,吸附气量占煤层气量的绝大多数。

吸附状态:煤是一种多孔介质,其颗粒表面分子的范德华力吸引周围气体分子,是一种固体表面上进行的物理吸附过程。符合朗格缪尔等温吸附方程。即在等温吸附过程中,压力对吸附作用有明显影响。随压力的增加吸附量逐渐增大。

游离态:游离气是指储存在孔隙或裂隙中能自由移动的天然气。这部分气体服从一般气体方程,其量的大小取决于孔隙体积、温度、气体压力和气体压缩系数。

溶解状态:甲烷在水中有一定的溶解度,但溶解度很小。溶解度大小主要取决于温度、压力、矿化度和气体成分。

煤层气在煤层中以上述三种形式存在,当煤层生烃量增大或外界条件改变时,三种储存形式可以相互转化。通常情况下,90%以上的气体以吸附气的形式保存在煤的内表面,游离气不足10%,仅占很小的一部分。

2.2.1.2 煤层气藏定义

从理论上讲,由于煤岩独特的微观结构,大量的甲烷气体可以在一定的压力作用下,以吸附的方式赋存于微孔极为发育的煤双重孔隙—裂隙介质中,以"近似流体"形式存在。一般情况下,对于煤阶和组分相近的煤岩在相同的压力下其吸附能力相同,如果地层压力降低,这种吸附平衡被打破,甲烷分子就会从微孔中解吸出来"运移"到裂隙或割理中,进而通过其他通道运移到常规储层形成常规气藏或者最终逸散到大气中去。由此可以看出,煤层气的富集成藏是有其条件的。

煤层气藏是指煤层甲烷依靠压力作用(主要是水压),以吸附作用为主,在具有相近地质条件、含气特征的煤层中富集成含气层,若干相近的含气层构成煤层气藏。所以有煤层不一定就存在煤层气富集区,关键取决于有无煤层气的富集,在常规天然气领域也存在空构造或空圈闭;同样如果两个煤层之间距离较大,煤层成因和含气特征不同,则划分为两个煤层气富集区。富集的内在含义不同于富集,富集的含义在于煤层气气体在煤层中形成后,由于构造、水文地质等条件的变化而经过明显扩散运移作用后吸附或二次吸附富集,富集则不然。煤层气富集区的边界常常为煤层边界线或间断线(断层、缺失和尖灭等)、水动力边界线等。煤层气藏与油气藏相比有很大差异,主要表现在以下几个方面:

(1) 烃源条件:煤层甲烷的烃源岩就是煤岩本身。煤富含有机质,在埋藏过程中,有机质通过热降解作用和生物化学作用生成天然气,有一定数量被保存在煤层里,形成煤层甲烷气藏。常规油气的烃源岩主要是富含有机质的泥岩、页岩或石灰岩,也包括煤岩;

(2) 运移机制:煤层气生成之后,一部分通过分子扩散途径或通过裂缝运移至邻近的砂岩灰岩等储层中,另一部分气体的绝大部分以吸附状态保存在煤孔隙结构里,一般不发生运移或不发生显著的运移。只有当煤层的压力下降时,比如煤层抬升变浅,煤层吸附气体发生解吸,解吸的气体在煤基质和裂缝中发生扩散运移,导致散失。石油和天然气的运移以扩散渗流方式为主,分初次运

移和二次运移,在储集层中富集成藏,其主要动力是构造应力、水动力和浮力;

(3) 储集层:煤层既是煤层气的源岩同时又是煤层气的储层,煤的孔隙度很小,除低煤阶的煤以外,一般均小于10%,中、低挥发分烟煤孔隙度只有6%或更小。石油、天然气的储集岩主要是砂岩、碳酸盐岩及少量裂缝性泥质岩、火山岩等,其孔隙度、渗透率比煤层大,变化也大;

(4) 圈闭机制:煤层甲烷绝大多数在压力作用下呈吸附状态被保存,在煤层的微孔隙中,没有明显的圈闭条件。石油、天然气的成藏必须具备各式有效的圈闭条件;

(5) 流体存在状态:煤层气藏内的天然气以吸附气、游离气和水溶解气存在,以吸附气为主。石油、天然气藏里的油气均以游离状态存在为主,并且具有统一的压力系统和油气水界面。

2.2.1.3 煤层气藏类型与特征

钱凯等根据煤层气富集区的成因提出了几种主要的煤层气类型:水压向斜煤层甲烷气藏;水压单斜煤层甲烷气藏;气压向斜煤层甲烷气藏;背斜构造甲烷气藏和与低压有关的甲烷气藏等五种类型。虽然这种分类方案涵盖了大部分煤层气成藏类型,是我国最早的煤层气富集区分类方案,但是由于其偏重于煤层气富集区的成因,对气藏的构造类型缺乏全面和系统的考虑,不是很完善。赵庆波等根据构造和水动力提出了四种煤层气富集区分类:压力封闭气藏;承压水封堵气藏;顶板网络微渗滤水封堵气藏;构造圈闭气藏。这种分类方案侧重于水动力影响因素,对其他控气地质因素考虑不周。煤层气富集区富集类型的分类方案,既要考虑科学性,又要兼顾实用性。理想的分类方案应该涵盖所有的煤层气富集区富集类型,又不能太复杂,便于实际应用。根据国内外煤层气研究成果和勘探经验,影响煤层气富集成藏的主要因素有水动力、构造应力、煤层展布形态等,煤层气富集区富集类型依据构造形态和成因可划分为八类,见表2-1。

表 2-1　常见煤层气藏类型、特点及实例

类　型	特　点	剖　面　形　态	实　例
水压单斜型煤层气富集区	位于大型沉积盆地的边缘、构造稳定、断裂不发育,煤层分布稳定、范围广泛煤层埋深<2000 m		鄂尔多斯盆地、沁水盆地、伊利诺斯盆地
水压向斜型煤层气富集区	位于老的中小型含煤盆地内煤层最大埋深<2500 m 煤层分布广泛而稳定断裂和构造活动相对不发育		圣胡安盆地、平顶山向斜煤盆地
气压向斜煤层气富集区	位于年轻的小型-中型沉积盆地上,煤层埋藏在 4500 m 以下、超压、构造相对稳定、断裂相对不发育　煤层分布广泛而稳定、低渗透、低产		开平向斜
断块型煤层气富集区	位于中小型含煤盆地上,煤层埋藏浅,一般<2000 m 断裂发育、构造活动强烈水文地质相对简单		两淮、渭北、豫西
背斜型煤层气富集区	一般位于中小型含煤盆地内构造断裂中等水文地质条件简单		湖南白沙矿梅田井田

类　型	特　点	剖　面　形　态	实　例
地层岩性型煤层气富集区	位于中－小型含煤盆地中,以陆相含煤盆地最为发育 煤层分布范围小,不稳定煤层埋藏深度<2000 m		准噶尔、吐哈
岩体刺穿型煤层气富集区	位于有岩浆侵入的各种类型煤盆地中 构造中等－复杂,断裂发育		东北的铁法煤田
复合类型煤层气富集区	存在与各种类型的煤盆地	有两种或两种以上的气藏类型组成	—

(1) 水压单斜型煤层气富集区:一般位于大型沉积盆地的边缘。与大气水相通的区域性单斜煤层,其低部位常常有煤层气聚集,形成水压单斜气藏;

(2) 水压向斜型煤层气富集区:一般为中小型沉积盆地。这类气藏位于盆地内构造向斜部位,是由于大气水的渗流受阻形成异常高压,阻止了气体向外扩散、渗流而聚集成藏;

(3) 气压向斜煤层气富集区:是指在盆地深部,煤生成的气体的扩散速率小于聚集速率,形成气压单斜气藏。这类气的超压顶界不受地层、构造控制,具有统一的顶界面,大气水只能在超压顶面上覆地层循环,它具有埋深大、渗透率低的特点,是深盆气的一种类型;

(4) 断块型煤层气富集区:含煤盆地断裂发育,连续的煤层被断层所错开,形成很多独立的煤层气富集区,形态上断块油气藏相似。这种煤层气富集区的规模一般较小;

(5) 背斜型煤层气富集区:是煤层气富集区中常见的一种类型,形成于背斜的核部。由于背斜轴部煤层节理或裂发育,因而具有产气量高、产水量低的特点;

（6）地层岩性型煤层气富集区：由于煤层分叉或尖灭所形成的煤层气气藏，多分布于陆相含煤盆地上倾部位，如在准噶尔、吐哈等含煤盆地中可见广泛分布；

（7）岩体刺穿型煤层气富集区：在岩浆岩或盐岩较为发育的含煤盆地中，岩体刺穿形成一定程度的封堵条件，形成煤层富集区。一般该类煤层气富集区的规模较小，很少一部分具有工业价值；

（8）复合型煤层气富集区：由两种或两种以上的上述煤层气富集区所共同构成。

2.2.2　中国煤炭资源的分布特点

根据第三次全国煤田预测资料，我国垂深 2000 m 以浅的煤炭资源总量为 5.57×10^{12} t，其中保有储量为 1.02×10^{12} t，预测资源量 4.55×10^{12} t；垂深 1000 m 以浅的煤炭资源量为 2.84×10^{12} t，占 51%，包括保有储量 1.02×10^{12} t，预测资源量为 1.52×10^{12} t。

2.2.2.1　时代分布

我国地史上较强的聚煤期有 8 个，分别是：

新生代：第三纪；

中生代：晚侏罗世—早白垩世、早—中侏罗世、晚三叠世；

晚古生代：晚二叠世、晚石炭世—早二叠世、早石炭世；

早古生代：早寒武世。

上述 8 个聚煤期，除早寒武世为菌藻植物时代，形成腐泥煤外，其他 7 个均以形成腐殖煤为主。在这 8 个聚煤期中，又以晚石炭世—早二叠世、晚二叠世、早—中侏罗世和晚侏罗世—早白垩世最为重要，相应的煤系地层中赋存的煤炭资源量占总量的 98% 以上，煤层气资源也基本上赋存于这些时代的地层中。与此相对应的世界五大聚煤期是：

阿尔卑斯期：晚白垩世—早第三纪、晚侏罗世—早白垩世、早—中侏罗世；

海西期：早二叠世（包括部分晚二叠世）、中—晚石炭世。

上述五大聚煤期是世界性的,其前后之间还有一些次要的聚煤期,如早石炭世和三叠纪。就我国情况而言,聚煤期与世界一般情况相似,但亦具有特殊性。我国聚煤期主要为晚石炭世、二叠纪和早—中侏罗世、晚侏罗世—早白垩世和第三纪。其中石炭纪和二叠纪聚煤作用在我国北方是连续的。与世界上其他地区所不同的是:晚二叠世的聚煤作用在我国仍具有重要意义;晚白垩世在我国无重要的聚煤沉积;第三纪的早期和晚期在我国都形成了重要的煤田,但第三纪聚煤量在我国各时代总聚煤量中所占的比例不大。在聚煤作用的规模上早—中侏罗世居于首位,但综合考虑煤的质量和地理分布,则石炭纪和二叠纪更为重要,我国主要的煤炭工业基地多半是石炭、二叠纪的。除上述主要的聚煤期外,还有两个次要的聚煤期,即早石炭世和晚三叠世,而基本上不聚煤的或聚煤很少的时期有两段,即早三叠世—中三叠世和早白垩世晚期—晚白垩世。

从聚煤总量上看,世界上其他地区的聚煤量以第三纪最多为 43240×10^8 t,二叠纪次之,为 37800×10^8 t,再次为白垩纪 29000×10^8 t 和石炭纪 28900×10^8 t,如图 2-3 所示,而我国以侏罗纪成煤最多,为 33867.4×10^8 t,占总量的 60.8%,以下依次为石炭—二叠纪(北方),13154.09×10^8 t,占 23.6%,二叠纪(南方)4388.56×10^8 t,占 7.9%,下白垩统(东北)3736.2×10^8 t,占 6.7%,第三纪 0.7%,三叠纪 0.3%,如图 2-4 所示。

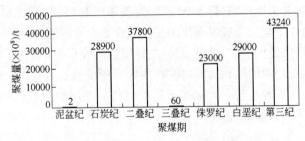

图 2-3　全球各主要聚煤期聚煤量

另外,从南向北,成煤时代具有由老变新的特点。如南方主要为晚二叠世,华北为石炭—二叠纪,西北为早—中侏罗世,东北为早白垩世。

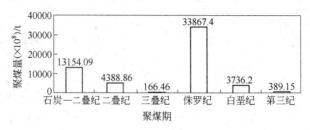

图 2-4 我国各主要聚煤期聚煤量

2.2.2.2 地域分布

我国煤炭资源地域分布广泛但又相对集中,在我国形成了几个重要的煤炭分布区。见表 2-2 为分省煤炭资源分布。

表 2-2 我国煤炭资源分省分布

省(区)	合计/t	资源级别	小计/t	HM	CY—QM	FM—PM	WY
新疆	1.917353×10^{12}	保有储量	1.13623×10^{11}	1.33	1059.21	75.45	0.19
		预测资储量	1.803730×10^{12}	0.00	12920.00	5117.37	0.00
内蒙古	1.448351×10^{12}	保有储量	2.22614×10^{11}	1001.49	1164.88	53.76	6.01
		预测资储量	1.225737×10^{12}	1760.49	9004.00	1454.88	32.11
山西	6.40009×10^{11}	保有储量	2.50091×10^{11}	0.00	210.03	1180.77	810.12
		预测资储量	3.89918×10^{11}	12.68	53.85	1224.23	2608.42
陕西	3.58566×10^{11}	保有储量	1.55456×10^{11}	0.00	1457.18	60.29	37.09
		预测资储量	2.03110×10^{11}	0.00	523.79	1091.98	415.33
贵州	2.40493×10^{11}	保有储量	5.0803×10^{10}	0.02	0.00	108.29	399.73
		预测资储量	1.89690×10^{11}	0.00	0.00	500.16	1396.74
宁夏	2.03010×10^{11}	保有储量	3.0930×10^{10}	0.00	250.84	45.16	13.30
		预测资储量	1.72111×10^{11}	0.00	1264.83	147.58	308.70

省(区)	合计/t	资源级别	小计/t	HM	CY—QM	FM—PM	WY
甘肃	1.52197×10^{11}	保有储量	9.310×10^9	4026.00	77.59	8.65	2.60
		预测资储量	1.42887×10^{11}	0.00	242.49	1180.34	6.04
河南	1.15769×10^{11}	保有储量	2.3798×10^{10}	8.58	0.09	87.42	141.89
		预测资储量	9.1971×10^{10}	8.82	3.75	357.02	550.12
河北	9.5360×10^{10}	保有储量	2.2461×10^{10}	10.54	16.43	120.95	76.68
		预测资储量	7.2899×10^{10}	9.98	7.24	579.51	132.26
安徽	8.8519×10^{10}	保有储量	2.7360×10^{10}	0.00	0.32	258.65	14.62
		预测资储量	6.1159×10^{10}	0.00	0.66	593.48	17.45
山东	6.7190×10^{10}	保有储量	2.6677×10^{10}	8.79	2.41	223.44	31.94
		预测资储量	4.0513×10^{10}	24.67	3.23	302.92	74.41
云南	6.7880×10^{10}	保有储量	2.4093×10^{10}	153.38	0.63	39.11	47.91
		预测资储量	4.3787×10^{10}	19.11	0.67	164.97	253.12
四川	4.4492×10^{10}	保有储量	1.4113×10^{10}	5.41	0.39	32.44	102.88
		预测资储量	3.0379×10^{10}	14.30	0.00	141.45	148.04
青海	4.2272×10^{10}	保有储量	4.230×10^{11}	0.00	5.91	33.69	2.76
		预测资储量	3.8042×10^{10}	0.00	143.60	123.05	113.77
黑龙江	3.7688×10^{10}	保有储量	2.0075×10^{10}	71.18	27.79	97.92	3.84
		预测资储量	1.7613×10^{10}	44.49	8.53	121.53	1.58
辽宁	1.2988×10^{10}	保有储量	7.061×10^9	11.53	34.61	20.21	4.71
		预测资储量	5.927×10^9	6.04	23.35	10.20	17.68
江苏	8.755×10^9	保有储量	3.706×10^9	0.00	0.00	35.46	1.60
		预测资储量	5.049×10^9	0.00	0.00	45.20	5.29

省(区)	合计/t	资源级别	小计/t	HM	CY—QM	FM—PM	WY
湖南	7.841×10^9	保有储量	3.306×10^9	0.00	0.24	8.66	24.17
		预测资储量	4.535×10^9	0.00	0.15	6.92	38.28
江西	5.490×10^9	保有储量	1.406×10^9	0.00	0.00	7.96	6.07
		预测资储量	4.084×10^9	0.00	0.38	10.87	29.59
吉林	5.312×10^9	保有储量	2.309×10^9	5.41	10.98	5.93	0.78
		预测资储量	3.003×10^9	7.46	11.06	6.75	4.76
广西	3.948×10^9	保有储量	2.184×10^9	7.59	1.62	1.24	11.39
		预测资储量	1.764×10^9	1.69	1.44	0.44	14.07
福建	3.618×10^9	保有储量	1.061×10^9	0.00	0.00	0.02	10.58
		预测资储量	2.557×10^9	0.00	0.00	0.09	25.48

2.2.2.3　煤种分布

我国的煤质特征,在不同的地区其数量和种类分布是极不均衡的。这是由于我国多样的古地理、古气候、古构造和古植物等条件的不同,以及地球化学条件和煤化作用的差别所造成的。晚古生代的煤主要生成于陆表海盆地内较平坦的滨海环境中,经历了最长久的煤化作用,加之地壳早期的海水含电解质较多凝胶化作用显著,显微组分中镜质组一般大于 60 % ,煤中的硫分一般较高;煤种多为中高变质的烟煤;闽、赣、粤等煤化作用强烈的地区以无烟煤为主。中生代的聚煤环境以内陆盆地为主,准噶尔、鄂尔多斯等大型内陆盆地的气候经历了干旱—温湿—较干旱的变化,造煤植物为松柏类—苏铁类—松柏类交替出现,而煤岩的宏观类型为半暗煤、暗淡煤—半暗煤、半亮煤—半暗煤、暗淡煤组成,煤岩组分以富丝组为最大特征。盆地虽经历了几个煤化作用期,但作用不强,煤种以低变质烟煤和褐煤为主,煤质以低硫、低灰、低磷为主。早白垩世小型断陷盆地的褐煤,多以低硫、中灰为主;第三纪大部分为褐煤,以低硫、中灰煤为主。

我国煤炭资源以 CY—QM 为主,资源量为 25525.26×10^8 t,占全国的 51.23%;FM—PM 资源量 15959.57×10^8 t,占全国的 28.71%,WY 资源量 7970.68×10^8 t,占全国的 14.31%;HM 资源量为 3201.83×10^8 t,占全国的 5.75%,如图 2-5 所示。从变质程度上看,我国煤种分布有从南向北变质程度逐渐增高的趋势。

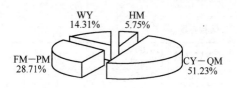

图 2-5　我国各种煤级所占比例

2.2.3　我国煤层含气性规律及控制因素分析

2.2.3.1　我国煤层气含量

我国幅员辽阔,煤炭和煤层气资源十分丰富。前人已对我国煤层气的资源量进行了多次计算,由于我国煤层气各个地区的勘探程度很低,而且参差不齐,计算所选用的参数不同,造成计算的结果有很大的差异,见表 2-3。

表 2-3　中国煤层气资源计算

研　究　者	提 出 时 间	煤层气资源量/m³
冯福恺	1985 年	1.793×10^{13}
李明潮、张五济等	1987 年	3.215×10^{13}
焦作矿业学院	1987 年	3×10^{13}
张新民	1991 年	$(3.0 \sim 3.5) \times 10^{13}$
中国统配煤矿总公司	1992 年	2.475×10^{13}
段俊琥	1992 年	3.63×10^{13}
关德师	1992 年	$(2.5 \sim 5.0) \times 10^{13}$
刘友民	1993 年	3.8×10^{13}

研　究　者	提出时间	煤层气资源量/m³
李静、张五济等	1995 年	2.386×10^{13}
煤田地质总局	1998 年	1.44×10^{13}
廊坊分院	1999 年	2.249×10^{13}

含气量是吨煤所具有的气体量,在煤炭资源量一定的条件下,它是煤层气资源量的决定要素;资源丰度是煤层含气量与煤层厚度的综合反映;含气饱和度是与煤层气可采性有关的一个含气性要素;甲烷浓度是评价含气质量的主要标准。

2.2.3.2　我国煤层气控制因素

A　地域分布规律

通过对华北、华南、西北和东北四大聚气区含气要素与地域的统计分析结果显示(见表 2-4):煤层平均含气量以华南聚气区最高,其次为东北聚气区和华北聚气区,西北聚气区最低;各区的甲烷浓度较为接近,由高到低依次为华南、华北、西北和东北聚气区;各聚气区的平均资源丰度相差比较悬殊,西北聚气区显著高于其他地区,其次为东北聚气区,华北略低于东北,华南最低;平均含气饱和度以东北聚气区最高,华南次之,再次为华北,西北最低。

表 2-4　全国聚气区煤层平均含气性统计结果

含气性要素	聚　气　区			
	华北聚气区	华南聚气区	东北聚气区	西北聚气区
含气量/m³·t⁻¹	9.34	13.4	9.1	6.0
资源丰度/m³·km⁻²	1.24×10^{8}	0.95×10^{8}	1.63×10^{8}	3.19×10^{8}
甲烷浓度/%	91	92	90	90
含气饱和度/%	42	52	53	30

B　层域分布规律

我国主要聚煤期煤层的平均含气性统计数据见表 2-5。其中石炭—二叠纪、晚二叠纪、早—中侏罗世含气性数据较多,具有较好的代表性;其他时代则相对较差。综合分析认为:我国北方的石炭—二叠系含气性较好,是我国最重要的含气层系;其他时代的含气性要素很不协调,从时代上较难评价。

表2-5 我国主要的聚煤期平均含气性统计结果

含气性要素	主要聚煤期					
	石炭—二叠纪	二叠纪	晚三叠世	早—中侏罗世	早白垩世	第三纪
含气量/$m^3 \cdot t^{-1}$	9.4	10.9	11.5	6.0	6.4	12
资源丰度/$m^3 \cdot km^{-2}$	1.24×10^8	7.5×10^7	9.7×10^7	5.0×10^8	1.11×10^8	3.72×10^8
甲烷浓度/%	91	92	93	90	89	>90
含气饱和度/%	43	50	54	34	48	53

C 深度分布规律

近年来的研究表明,控制煤层含气量的主要因素是煤岩组分、上覆地层的有效厚度、煤级和断裂等。其中前三个因素制约作用普遍,是区域性的控制因素;断裂构造在较小范围内作用显著。在一定的地区内,处于埋深较小的瓦斯风化带内,煤层含气量与埋深的关系密切,为了研究瓦斯风化带之下煤层含气量与埋深的关系,对部分的煤层气井和煤矿含气量资料进行了统计,见表2-6 ,这些数据大部分属于华北聚气区,剔除了瓦斯风化带内和埋深较浅煤层的数据,经回归分析,结果表明深部煤层含气量与煤阶有密切的关系,而与深度关系不明显。

表2-6 我国主要煤层气井煤层含气数据

地区	井号	煤层	时代	平均埋深/m	平均反射率 R_0/%	平均含气量/$m^3 \cdot t^{-1}$	预测含气量 Y值/$m^3 \cdot t^{-1}$	实际测定与预测之间的差值
晋城	晋试1	3,8,15	C—P	700	2.6	25.13	22.87613	2.253868
大城	大参1	8	C—P	1500	1.1	12.875	11.5263	1.348698
	大1—1	3,6	C—P	200	0.76	9.4	8.302811	1.097189
吴堡	吴试1	3,10	C—P	1309.35	1.45	12.5	14.17285	−1.67285
开平	唐4	9,12	C—P	862.1	0.95	3.54	10.07589	−6.53589
	唐5	8,9	C—P	717.4	0.95	7.755	10.01231	−2.25731

地区	井号	煤层	时代	平均埋深 /m	平均反射率 R_0/%	平均含气量/m³·t⁻¹	预测含气量 Y 值/m³·t⁻¹	实际测定与预测之间的差值
铁法	L7—1		J₃—K	489.5	0.95	8.045	9.912179	−1.86718
丰城	曲试 1	B4	P	965.175	1.39	21.15	13.55357	7.59643
阳泉	HG—1	9	C—P	570.17	2.1	16.53	18.91864	−2.38864
阳泉	HG—1	15	C—P	627.31	2.1	15.25	18.94375	−3.69375
柳林	煤柳 1	4	C—P	350.2	1.45	14.41	13.75142	0.658583
	煤柳 1	5	C—P	358.6	1.45	11.82	13.75511	−1.93511
	煤柳 2	4	C—P	352.45	1.45	14.71	13.75241	0.957594
	煤柳 2	8	C—P	396.7	1.45	14.965	13.77185	1.193152
	煤柳 5	4	C—P	349.2	1.45	14.04	13.75098	0.289022
	煤柳 5	8	C—P	404.75	1.45	16.67	13.77539	2.894615
沈北		1,2	E	625	0.25	6.15	4.511093	1.638907
铁法		上,下	J₃	570	0.7	8.42	7.997327	0.422673

根据以上数据进行多元线性回归,如图 2-7 所示,得回归方程如下:

$$Y = 0.000439H + 7.800887R_0 + 2.286261$$

式中　Y——预测含气量值,m³/t;

　　　H——埋深,m;

　　　R_0——平均反射率,%。

通过图 2-6,我们可以得出以下结论:

(1) 在瓦斯风化带底−1000 m,含气量随埋深的增加而增加,1000 m 以深煤层含气量几乎不再增加。

(2) 在 R_0<3% 时,含气量随煤阶的增高而显著增加,可见与煤层的煤阶密切相关。另外,研究表明甲烷浓度一般随埋深的增加而增大,达到一定浓度后基本维持不变。

2.2.2.3.3　我国煤层气开采条件评价排序

我国煤层气开采条件评价排序情况可见表 2-7～表 2-9。

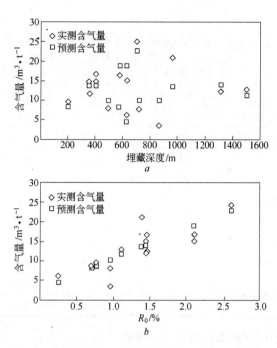

图 2-6　我国部分地区煤层含气量与埋深、R_0 的关系

表 2-7　面积—资源丰度筛选排序结果

| 综合排队系数排序 | | | | | 风险概率值排序 | |
目标区名称	排队系数	资源系数	保险系数	最佳分割等级	目标区名称	风险概率值
太原西山	0.8093282	0.1395657	0.1132407		太原西山	0.2528064
乡宁(大宁～吉县)	0.8146811	0.1481536	0.1162293	A	乡宁(大宁～吉县)	0.264383
霍　州	0.8160317	0.1413043	0.1257281		霍　州	0.2670324
筠　连	0.8214359	0.2138941	0.07045566		筠　连	0.2843497
蒲　白	0.824497	0.1698438	0.115765		蒲　白	0.2856088
韦　州	0.8263571	0.1722205	0.1172787	B	韦　州	0.2894991
霍　东	0.8266141	0.1625425	0.1269761		霍　东	0.2895187
峰峰～邯郸	0.8256581	0.190757	0.09887712		峰峰～邯郸	0.2896341

综合排队系数排序					风险概率值排序	
目标区名称	排队系数	资源系数	保险系数	最佳分割等级	目标区名称	风险概率值
登　封	0.8270789	0.2067122	0.08755513		登　封	0.2942674
攀枝花	0.8311783	0.1794274	0.1201492		攀枝花	0.2995766
宁　武	0.8328475	0.1731194	0.1293975		宁　武	0.3025168
澄　合	0.8322117	0.1968729	0.1062042		澄　合	0.3030771
勃　利	0.8331525	0.1757583	0.127503		勃　利	0.3032613
府　谷	0.8356795	0.1599771	0.147775		府　谷	0.3077521
俄霍布鲁克	0.8383061	0.1595307	0.1534905		哈　密	0.3130212
呼鲁斯太	0.8375677	0.1998366	0.1138762		呼鲁斯太	0.3137128
集贤～绥滨	0.8436375	0.1872923	0.13713		集贤～绥滨	0.3244223
淮　北	0.8435128	0.1929844	0.1315647		淮　北	0.3245491
永　夏	0.8432157	0.2157299	0.110413		永　夏	0.3261429
乌鲁木齐老君庙	0.8473586	0.1778312	0.153381	B	乌鲁木齐老君庙	0.3312122
大　城	0.8462087	0.212691	0.1187181		大　城	0.3314091
古　叙	0.8436028	0.2543016	0.07854021		古　叙	0.3328418
淮　南	0.850423	0.2072471	0.1315247		淮　南	0.3387718
石嘴山	0.8519889	0.2170683	0.1255593		石嘴山	0.3426277
鸡　西	0.8527232	0.2120473	0.1314452		鸡　西	0.3434925
恩　洪	0.8555613	0.231329	0.1194928		恩　洪	0.3508218
和顺～左权	0.8553824	0.2429988	0.1091191		和顺～左权	0.3521179
圭　山	0.861261	0.2405255	0.1217493		圭　山	0.3622747
平顶山	0.8624098	0.2311069	0.1320483		平顶山	0.3631552
芙　蓉	0.8564857	0.3032101	0.06315194		芙　蓉	0.366362
韩　城	0.8584414	0.2963166	0.07165412		韩　城	0.3679707
潞　安	0.8643686	0.2563551	0.1137484	C	潞　安	0.3701035
晋　城	0.8610641	0.3097804	0.06600887		晋　城	0.3757893

综合排队系数排序				风险概率值排序	
目标区名称	排队系数	资源系数	保险系数 最佳分割等级	目标区名称	风险概率值
鹤 岗	0.8703154	0.2354946	0.1422398	鹤 岗	0.3777345
织 纳	0.8713751	0.2937625	0.09543349	织 纳	0.3891959
西 山	0.8716202	0.3112252	0.08247045	西 山	0.3936957
庆 阳	0.8798773	0.2535386	0.1429832	庆 阳	0.3965217
新 安	0.8797831	0.2651568	0.132841	新 安	0.3979979
开 滦	0.8765501	0.2950768	0.1030104	开 滦	0.3980872
吴 堡	0.8815423	0.2750129	0.1275313	吴 堡	0.4025443
东山~古佛山	0.8723624	0.3565257	0.0513307	东山~古佛山	0.4078564
艾尔维沟	0.885573	0.2771897	0.1324368	艾尔维沟	0.4096264
阳泉~寿阳	0.8804938	0.3325811	0.08107328	阳泉~寿阳	0.4136544
三交北	0.8887534	0.2736584	0.1406753	三交北	0.4143337
新 密	0.8879668	0.3219241	0.1008516	新 密	0.4227757
阜康~大黄山	0.8940947	0.2767731	0.1468454	阜康~大黄山	0.4236185
离柳~三交	0.8929716	0.2939718	0.130746	离柳~三交	0.4247178
安阳~鹤壁	0.8924384	0.3209952	0.1086359	安阳~鹤壁	0.4296311
红 阳	0.8877764	0.3596802	0.07329102	红 阳	0.4329712
沥鼻山	0.8957863	0.3311847	0.1061902	沥鼻山	0.4373749
焦 作	0.8886248	0.4089936	0.0423525	焦 作	0.4513461
乌鲁木齐 白杨河	0.915807	0.3106629	0.1531633	乌鲁木齐 白杨河	0.4638262
内蒙大青山	0.9148065	0.3705592	0.1062821	内蒙大青山	0.4768413
六盘水	0.9200446	0.3632995	0.119107	六盘水	0.4824065
萍 乡	0.9054513	0.4449903	0.04516423	萍 乡	0.4901546
中梁山	0.945984	0.4284234	0.1107524	中梁山	0.5391758
荥 巩	0.9261097	0.5006817	0.04259815	荥 巩	0.5432798
抚 顺	1.013351	0.5128631	0.1417921	抚 顺	0.6546552
松 藻	1.199109	0.5340318	0.3083711	松 藻	0.8424029

最佳分割等级: C (上段), D (下段)

表 2-8 渗透率筛选排序结果

综合排队系数排序					风险概率值排序	
目标区名称	排队系数	资源系数	保险系数	最佳分割等级	目标区名称	风险概率值
韩　城	0.8543547	0.2481029	0.1029714	A	韩　城	0.3510743
乡宁(大宁～吉县)	0.873957	0.1549314	0.2285723		乡宁(大宁～吉县)	0.3835036
阳泉～寿阳	0.8652104	0.3228408	0.06335596		阳泉～寿阳	0.3861968
淮　北	0.8757177	0.1610966	0.2252591		淮　北	0.3863557
晋　城	0.8915156	0.2490957	0.1667409		晋　城	0.4158366
离柳～三交	0.9009197	0.2685279	0.1651365		离柳～三交	0.4336644
太原西山	0.9049333	0.112188	0.3420229	B	太原西山	0.4542109
平顶山	0.9195208	0.1809707	0.2845301		平顶山	0.4655008
开　滦	0.9230684	0.2300317	0.2379097		开　滦	0.4679414
鹤　岗	0.9243153	0.1869097	0.2863104		鹤　岗	0.4732202
筠　连	0.9305209	0.1716138	0.3153941		筠　连	0.4870079
淮　南	0.9452734	0.1816335	0.3296134		淮　南	0.5112469
古　叙	0.9545026	0.2042027	0.3185964		古　叙	0.5227991
安阳～鹤壁	0.9579475	0.2532785	0.2705267		安阳～鹤壁	0.5238053
芙　蓉	0.9698546	0.2377815	0.305627		芙　蓉	0.5434085
红　阳	0.9960722	0.2781211	0.3022946	C	红　阳	0.5804157
焦　作	0.9964234	0.3206102	0.2613382		焦　作	0.5819484
吴　堡	1.001338	0.2431871	0.3484148		吴　堡	0.5916019
中梁山	1.062576	0.3277397	0.3414006		中梁山	0.6691402
荥　巩	1.066129	0.3901017	0.2873868		荥　巩	0.6774885
抚　顺	1.090339	0.4068514	0.3004781		抚　顺	0.7073295
松　藻	1.301287	0.4060757	0.5123526	D	松　藻	0.9184282

表 2-9 产能筛选排序结果

综合排队系数排序				风险概率值排序	
目标区名称	排队系数	资源系数	保险系数 最佳分割等级	目标区名称	风险概率值
韩　城	0.8663138	0.2942291	0.08658153	韩　城	0.3808106
乡宁（大宁 ～吉县）	0.8887192	0.1856166	0.2235413	乡宁（大宁 ～吉县）	0.409158
晋　城	0.8906761	0.3732959	0.06844605 A	晋　城	0.4417419
淮　北	0.8951656	0.1900083	0.2306807	淮　北	0.420689
阳泉～寿阳	0.923587	0.3007331	0.1733555	阳泉～寿阳	0.4740887
离柳～三交	0.9257791	0.3107481	0.1683138	离柳～三交	0.4790619
平顶山	0.9417804	0.2158512	0.2840604 B	平顶山	0.4999116
开　滦	0.9546418	0.2736856	0.2451811	开　滦	0.5188667
淮　南	0.9667346	0.2088559	0.3335954	淮　南	0.5424513
安阳～鹤壁	0.9979274	0.306286	0.2768686	安阳～鹤壁	0.5831545
吴　堡	1.029563	0.2811747	0.3467878 C	吴　堡	0.6279625
红　阳	1.048291	0.3397791	0.311453	红　阳	0.6512322
焦　作	1.05345	0.3916975	0.271257	焦　作	0.6629544
抚　顺	1.12944	0.4768512	0.2856899 D	抚　顺	0.7625412

2.3 煤层气开采技术

2.3.1 国外煤层气勘探开发现状

全世界煤层气资源量约 $(91\sim260)\times10^{12}m^3$，俄罗斯 $(17\sim113)$ $\times10^{12}m^3$，居世界第一位。美国煤层气资源量 $21.19\times10^{12}m^3$，可采资源量 $3.07\times10^{12}m^3$，见表 2-10。

表 2-10 世界煤层气资源统计

国　　家	煤层气资源量/m^3	煤炭资源量/t
俄罗斯	$(17\sim113)\times10^{12}$	6.5×10^{12}
加拿大	$(5.6\sim76)\times10^{12}$	7×10^{12}

国　家	煤层气资源量/m³	煤炭资源量/t
中　国	27.3×10^{12}	5.6×10^{12}
美　国	21.19×10^{12}	3.95×10^{12}
澳大利亚	$(8.4 \sim 14) \times 10^{12}$	1.7×10^{12}

2.3.1.1　美国率先开发煤层气

美国是世界上开采煤层气最早和最成功的国家,美国有较丰富的煤层气资源,估计资源量为 $21.19 \times 10^{12}\,m^3$,占世界第四位,如图 2-7 所示。已形成煤层气生产规模的盆地有圣胡安、黑勇士;新区有粉河、尤因塔、拉顿和中阿巴拉契亚。其煤层气工业起步于20 世纪 70 年代,大规模的发展则是在 20 世纪 80 年代。煤层气生产能力在短短的几年里直线上升,从 1980 年的不足 $1 \times 10^8\,m^3$,迅速上升到 1990 年的约 $100 \times 10^8\,m^3$,1993~1994 年稳定在 $200 \times 10^8\,m^3$。美国 2001 年产煤层气 $480 \times 10^8\,m^3$。

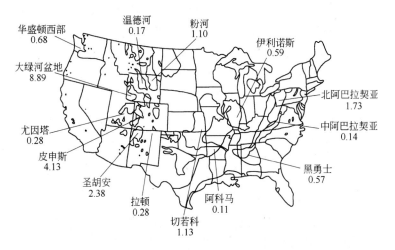

图 2-7　美国含煤盆地煤层气资源量及其开发盆地(单位:$10^{12}m^3$)

2.3.1.2　澳大利亚煤层气开发成果显著

近年来,澳大利亚的煤层气勘探十分活跃,主要集中在东部的几个二叠纪—三叠纪含煤盆地,包括悉尼、冈尼达、博恩、加利利等盆地,仅在近几年已钻 60 多口煤层气探井,其中博恩盆地的两口井经测试后转为生产井。

悉尼盆地位于澳大利亚新南威尔士州,面积 $3 \times 10^4 \, km^2$,是一个二叠纪弧后盆地。盆地的煤层包括上二叠统 Illawarra 煤系和下二叠统 Greta 煤系,累计煤层厚度为 $9 \sim 100 \, m$,大部分地区为 $30 \, m$。煤层多为高至低挥发烟煤,R_0 为 $0.2\% \sim 0.6\%$,以褐煤为主,煤层渗透率较低,为 $(0.05 \sim 5) \times 10^{-3} \, \mu m$ 变化不等。估计煤层气地质资源量为 $3.68 \times 10^{12} \, m^3$。在悉尼盆地从事煤层气勘探的有 Amoco 和 Pacific Power 公司。Amoco 公司在悉尼盆地已打了多口煤层气探井,此外,为了寻找裂缝带还作了航空磁测和地震勘探。

冈尼达盆地位于悉尼盆地以北,以 Mt Coricudgy 背斜相隔,其地质条件与悉尼盆地相似。Australian CBM Pty Ltd.(ACM)公司自 20 世纪 80 年代末开始对该盆地进行研究,但直到 1993 年才开始打井,1995 年打了第二口评价井。钻井结果表明,二叠系煤层厚度累计为 $80 \, m$,测试的渗透率为 $45 \times 10^{-3} \, \mu m$,部分煤层的 R_0 为 $0.7\% \sim 2.0\%$。

博恩盆地位于昆士兰州东部,主体二叠系煤层包括 Reids Dome,Collinsville、Moranbah 和 Rangal 层。盆地中的煤阶向东逐步上升,可达半无烟煤—无烟煤。博恩盆地的煤层气资源量很大,估计为 $5 \times 10^{12} \, m^3$。煤层气开采的主要障碍是煤层渗透率低、局部地区的煤层富含 CO_2。博恩盆地的煤层气勘探十分活跃,并取得明显进展。主要作业公司有 Conoco,Tristar 和 CRA 勘探公司。Conoco 公司在博恩盆地已累计打煤层气井 17 口,其中包括 4 个生产测试试验区的 7 口测试井。1995 年 2 月开始测试。Tristar 公司自 1994 年 8 月以来已在该盆地打了 14 口井,其中 13 口井作洞穴完井,其中 2 口井测试结果超过 $2.8 \times 10^4 \, m^3/d$,且不产水。CRA 勘探公司主要在该盆地东缘作业,其 Peat II 井的测试产量是目前澳洲的最高产量,该井 1995 年 3 月完井,生产测试时用 7/8 in(22.2 mm)

油嘴,在 896 kPa 的稳定压力下产气 7.1×10^4 m³/d,后转为生产井。另一口井(Peat Ⅲ)在 1995 年 8 月钻达 985 m,测试获 3.6×10^4 m³/d,后也转为生产井。

加利利盆地位于昆士兰州中部,是一个克拉通内断陷盆地,面积 23.4×10^4 km²。目前只有 Enron 公司在此进行煤层气勘探。Enron 公司的研究区位于盆地东北部,面积 48000 km²。盆地煤层为二叠系 Aramac 煤系和 Bandanna/Colinlea 层系,煤层厚(单层可达 13 m),煤阶低(仅在局部地区 R_0 超过 0.7%),煤层含气量也比较低,平均为 2.6 m³/t(钻井测量结果)。煤层为常压至超压。1993~1994 年 Enron 公司打了 6 口探井,确定两个有利构造区:Crossmore 背斜和 Rodney Creek 背斜。Crossmore 地区净煤层厚度为 24 m,含气量为 3.7 m³/t,且饱含气,平均渗透率约为 $52 \times 10^{-3} \mu m$,估计地质储量 170×10^8 m³。Rodney Creek 地区饱含气的净煤层厚度为 35 m,平均渗透率 $13 \times 10^{-3} \mu m$,估计地质储量 230×10^8 m³。1995 年 7 月 Enron 公司又打了两口测试井。2000~2001 年度钻井 30 口,同时还有 24 口开发井和 19 口参数井,昆士兰天然气公司在靠近 Chinachill 的 Argyle-1 井取得成功,日产超过 28000 m³。

总之,近年来澳大利亚煤层气勘探进展较快,究其原因,主要有三:一是澳大利亚煤炭及煤层气资源丰富;二是几个主要含煤盆地离东海岸人口密集区比较近,具有潜在煤层气销售市场;三是在勘探过程中,借鉴了美国的成功经验,并与本国的客观地质情况相结合,从而使煤层气的勘探工作得以顺利进行。

2.3.1.3 世界上其他国家的煤层气

目前除美国之外,世界上其他国家尚不能大规模开发煤层气。即使是澳大利亚,也只有少数生产井。形成这种局面的原因可能有三点:第一,煤层气作为一种非常规天然气,其前期工作往往需要很大的资金投入,如果没有税收政策上的优惠,很难吸引资金;第二,除美国外,其他国家尚不能彻底解决各自的具体技术问题;第三,由于煤层气本身的特殊性,从地质评价到工业开采一般需要相当长的时间。

2.3.1.4 我国煤层气勘探开发历程

我国煤层气勘探开发和利用,主要经历了三个发展阶段。

(1) 矿井瓦斯抽放发展阶段(1952～1989 年):1952 年我国在抚顺矿务局龙凤矿建立起瓦斯抽放站,此后至 1989 年期间我国煤层气勘探开发主要处于矿井瓦斯抽放发展阶段,主要进行井下瓦斯抽放及利用、煤的吸附性能和煤层气含量测定工作。该期间的工作成果,为后来全国煤层气资源预测和有利区块选择等积累了重要的实际资料;

(2) 现代煤层气技术引进阶段(1989～1995 年):1989～1995 年为我国现代煤层气技术引进阶段。原能源部于 1989 年 9 月邀请美国有关煤层气专家来华介绍情况,并于 1989 年 11 月在沈阳市召开了我国第一次煤层气会议"能源部开发煤层气研讨会"。随后,国家"八五"攻关和地方企业全球环境基金资助设立了多个煤层气的研究项目。并在河北大城、山西柳林进行了煤层气的勘探试验。许多外国公司也纷纷出资在我国进行煤层气风险勘探,在这期间,我国引进了煤层气专用测试设备和应用软件,设备的引进和人员交流使我国在煤层气资源评价、储层测试技术、开采技术等方面取得了较大的发展;

(3) 煤层气产业逐渐形成发展阶段(1996 年至今):为了加快我国煤层气开发,国务院于 1996 年初批准成立了中联煤层气有限责任公司,"九五"和"十五"国家科技攻关都设立了煤层气研究和试验项目,为了推进煤层气的产业化进程,2002 年国家 973 计划设立了"中国煤层气成藏机制及经济开采基础研究"项目,从基础及应用基础理论的层面对制约我国煤层气发展的关键科学问题进行系统研究,并将其成果应用于煤层气的勘探开发中。

一般情况下,我们习惯将在地面打钻抽放瓦斯称为煤层气开采,实际上,只要是能将瓦斯从煤体抽出并能利用的,都应该属于煤层气开发的范畴。我国在井下瓦斯抽放方面,多年来积累了丰富的经验,抽放方式可以说是多种多样,但是在井下抽放瓦斯有不少问题。一是抽放时间不能保证,二是抽放效果。前些年,我国采用垂直井抽放煤层气,但效果不能令人满意。近年来,随着水平井煤层气开采技术的发展、井下千米定向钻机及技术的成熟,我国煤层气开采进入了一个新的时期。

2.3.2　地面煤层气井开采技术

地面煤层气井主要有垂直井和水平井两种,钻井工艺方式也有所不同。对于压力低的煤层一般采用旋转或冲击钻钻井,用空气、泡沫做循环介质,由于煤层压力低,孔渗低,易污染,在欠平衡方式下钻进,对地层伤害小;对于压力较高的煤层一般采用常规旋转,煤层气完井方式有五种:裸眼完井、套管完井、裸眼、套管混合完井、裸眼洞穴完井和水平排空衬管完井。

由于垂直井贯穿煤层割理系统长度有限(通常为煤层厚度),而煤层气藏基岩渗透率很低,为获得经济产量需要对煤层实施增产措施。从我国煤层气试验井来看,先后试验了水基压裂液压裂、CO_2泡沫压裂、裸眼洞穴等多种增产技术措施。

煤层气开采最常用的增产措施是水力压裂。但是由于我国含煤地层一般都经历了成煤后的强烈构造运动,煤层的原始结构往往遭到很大破坏,塑性大大增强,导致水力压裂时,往往既不能进一步扩展原有的裂隙和割理,也不能产生新的较长的水力裂缝,而主要是在煤层发生塑性形变,总的来看效果并不理想。因此,对煤层水力压裂裂缝展布规律的认识对于提高压裂效果至关重要。

对各向异性的煤层气藏压裂水力裂缝方位研究表明,水力裂缝通常沿与面割理(煤层主应力和渗透率方向)平行方向延伸,不能充分地进入煤层深部。加之煤层机械强度低,易压缩,压裂裂缝难以控制,压裂砂易嵌入煤岩使其对煤层的支撑效果大大降低,并有可能在裂缝周围形成一个屏障区。从8口裸眼洞穴完井的试验情况来看,因造洞穴方式和施工工艺的不同,未达到改善近井地带渗透率而使增产效果差。

理论研究和常规油气储层实践证明,当储层纵横向渗透率比值大于 0.1 时钻水平井效果显著,其产量可达直井的 3~10 倍,煤层气储层渗透率完全符合该条件。

要在渗透率较低的煤储层中获得经济的煤层气产量,需要更多的煤层裸露和割理系统沟通才能实现,而羽状分支水平井可以做到这点。

在美国,采用定向羽状水平井新技术后,单井日产气(3.4~5.7)×10^4 m^3,5 年采出程度达到 85%。

2.3.2.1 羽状分支水平井的基本结构

所谓羽状分支水平井是指在一个主水平井眼两侧的侧面钻出多个分支井眼作为泄气通道,分支井筒能够穿越更多的煤层割理裂缝系统,最大限度地沟通裂缝通道,增加泄气面积和气流的渗透率,使更多的甲烷气进入主流道,提高单井产气量。

煤层气需要通过排水降压解吸附才能产出,因此,定向羽状水平井井身结构必须考虑排水采气。如图 2-8 所示为我国某矿区所采用的羽状分支水平井的基本结构。

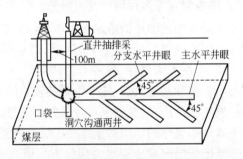

图 2-8　煤层气定向羽状水平井示意图

井眼在目的煤层顶部下入 177.8 mm 技术套管并注水泥固井;用 152.4 mm 钻头小曲率半径造斜进入煤层,并在煤层中钻500~1000 m 长的主水平井眼;然后用 120.6 mm 钻头由下往上在主水平井眼两侧不同位置交替侧钻出 4~6 个水平分支井眼,单个水平分支井眼长 300~600 m,与主水平井眼成 45°夹角,全部采用裸眼完井。最后,需要另钻直井抽排水,直径为 215.9 mm,在距水平井井口约 100 m 且与主水平井眼在同一剖面上,并与主水平井眼在煤层内贯通(可采用造洞穴或压裂沟通),下入筛管,保持井眼打开,用于排水降压采气。如图 2-9 所示为某矿水平井的布置形式。

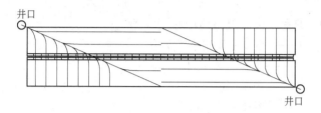

图 2-9　多分支水平井开发煤层气的布置形式

2.3.2.2　定向羽状水平井的抽放增产机理

A　增大解吸波及面积,沟通更多割理和裂隙

定向羽状水平井突破了以往微小面积排水降压和裂缝内流体阻力大的束缚,通过多分支井眼进行了大面积的网状沟通,完全沟通了裂缝与割理系统,如图 2-10 所示,使煤层内气体的解吸波及范围大大提高。

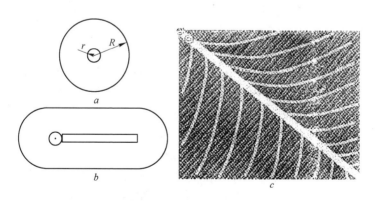

图 2-10　不同类型井煤层气的供给范围比较
a—直井供给范围;r—井眼半径;R—供给半径;
b—单一水平井供给范围;c—多分支水平井供给范围

B 降低区域内流体的流动阻力

分支水平井的地层水渗流阻力可按下式计算,这里仅比较单一水平井的渗流阻力。

$$R = \frac{\mu}{2\pi Kh} \left| \ln \frac{4^{1/n} r_e}{L} + \frac{h}{nL} \ln \frac{h}{2\pi r_w} \right|$$

式中　　R——渗流阻力,MPa;

L——分支水平井长度,m;

K——地层渗透率,$10^{-3} \mu m^2$;

h——产层厚度,m;

μ——流体黏度,MPa·s;

r_e——供给半径,m;

r_w——井筒半径,m;

n——分支水平井井筒数。

计算割理阻力可将井筒半径换成割理半径,当水平井段长为 100 m,井眼直径取 152 mm,割理简化成 1.5 mm 的圆孔时,经计算比较,地层水在割理中的摩阻比在分支水平井的摩阻高出 3 倍以上,可见分支水平井可明显地降低流体在煤层中的摩阻。

C 原始微裂纹的扩展

由于钻井和试采过程中抽吸压力和激动压力的存在,诱导了井眼附近原始微裂纹的扩张与扩展,特别是当煤层在试采降压后,部分煤层水和游离气排出,煤层基岩颗粒会有不同程度的收缩,也促进了原始裂纹的扩张与扩展,这样煤层的导流能力和产量会大大提高。原始裂纹的扩展程度取决于煤岩断裂韧性和井内压力激动的幅度与频率。

2.3.2.3 定向羽状水平井的主要优点

定向羽状水平井技术特别适合于开采低渗透储层的煤层气,是低渗透储层煤层气开采技术的一次革命性进展,与采用射孔完井和水力压裂增产的常规直井相比具有得天独厚的优越性。定向羽状水平井技术的优点主要有以下几点:

(1)增加有效供给范围。水平钻进 400~600 m 是比较容易的,然而要压裂这么长的裂缝几乎是不可能的,而且造就一条较长的支撑裂缝要求使用大型的泵注设备。羽状水平井在煤层中呈网状分布,将煤层分割成很多连续的狭长条带,从而大大增加煤层气的供给范围;

(2)提高了导流能力,压裂的裂缝无论长度多长,流动的阻力都是相当大的,而水平井内流体的流动阻力相对于割理系统要小得多。分支井眼与煤层割理的相互交错,煤层割理与裂隙更畅通,就提高了裂隙的导流能力;

(3)减少了对煤层的伤害。常规直井钻井完钻后要固井,完井后还要进行水力压裂改造,每个环节都会对煤层造成不同程度的伤害,而且煤层伤害很难恢复。采用定向羽状水平井钻井完井方法,就避免了固井和水力压裂作业,这样只要在钻井时设法降低钻井液对煤层的伤害,就能满足工程要求;

(4)单井产量高,经济效益好。采用定向羽状水平井开发技术,单井成本比直井高,但在一个相对较大的区块开发,就减少了钻井数量、钻前工程、钻井完井材料消耗等,综合成本就下降了,而且产量是常规直井的3~10倍,采出程度平均高出2倍,既提高经济效益,也充分地利用了资源;

(5)有利于环境保护。钻定向羽状水平井的井场只相对于常规井的三分之一,占地面积很小,在煤层侧钻水平井,便于绕过山地、沼泽和重要建筑物。

2.3.2.4 沁水煤层气定向羽状水平井评价

沁水煤层气田是中国典型的低渗透气田,具有面积大、地面条件复杂、煤层厚度适中、渗透率低、煤岩机械强度高、含气量和饱和度高的特点,适合于定向羽状水平井技术。

根据气藏分支水平井产能计算方法,并结合沁水煤层气田地质条件,进行了模拟评价,煤层参数不变,只改变分支段长和分支数,在不同供给半径下,可推导出该气田分支水平井产能公式。

A　供给半径(r_{eh})为400 m时,分支井产量

$$Q_h = \frac{1.38}{\ln \dfrac{400 \times 4^{1/n}}{L} + \dfrac{9.67}{nL}}$$

其关系曲线如图2-11、图2-12所示。

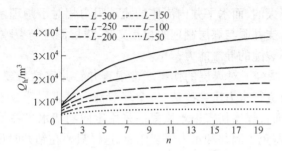

图2-11　分支井产量与分支数关系曲线

($r_{eh} = 400$ m)

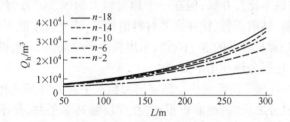

图2-12　分支井产量与分支段长关系曲线

($r_{eh} = 400$ m)

B　供给半径(r_{eh})为600 m时

$$Q_h = \frac{1.38}{\ln \dfrac{600 \times 4^{1/n}}{L} + \dfrac{9.67}{nL}}$$

其关系曲线如图2-13、图2-14所示。

通过对比得出以下模拟结果:分支数为10个(不含主水平井);分支段长100~960 m;分支间距为300 m(等间距);主水平井

长 1500 m;平均单井日产量为 4×10^4 m^3/d;年生产时间 330 天;年单井产量为 0.132×10^8 m^3;采出程度为 59%(占探明储量);后内部收益率为 14.8%。从经济评价指标来看,利用定向羽状水平井技术开发沁水煤层气田具有较高的经济效益,沁水煤层气田可以作为煤层气商业开发的一个突破口。生产年限 8 年(20 个井组);投资回收期为 5.1 年。

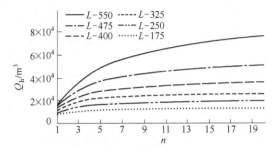

图 2-13　分支井产量与分支数关系曲线

($r_{\text{eh}} = 600$ m)

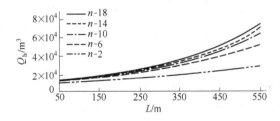

图 2-14　分支井产量与分支段长关系曲线

($r_{\text{eh}} = 600$ m)

　　大宁矿区煤层气资源丰富,含气区位于鄂尔多斯盆地东部晋西挠褶带,该地区主要分布石炭—二叠系煤层,煤层气的分布主要有几个特点:主力煤层厚、分布稳定;含气量高、含气饱和度大;镜质组含量高、灰分含量低,原生割理发育,割理密度达 240～530 条/m;该区顶板直接盖层以泥岩为主,封盖条件好,煤层气藏保存原始吸附特征。总体来看,该区应是煤层气勘探的有利区块,2004

年在大宁矿区钻了第一口定向羽状水平井 DNP02。实际的井眼轨迹图如图 2-15 所示,在进行数值模拟时所采用的井身结构如图 2-16 所示。

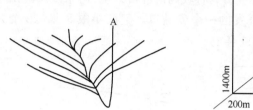

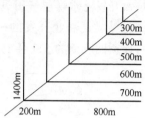

图 2-15　DNP02 井实际的井眼轨迹　　图 2-16　数值模拟采用的井身结构

2.3.2.5　定向羽状水平井钻井关键技术

A　铰接式钻具

羽状分支水平井的井眼轨迹是空间弯曲线,既有井斜的变化又有方位的变化,如何使刚性较大的钻铤和钻杆能造出这种井眼曲率并顺利重入,通常需要在钻铤或钻杆连接处加装一个具有柔性连接的铰接式接头,这种接头具有万向节的功能,在一定角锥度范围内可以任意方向转动,同时具有密封功能。此外,采用铰接式钻具组合,最大限度降低扭矩、摩阻和弯曲应力。

B　可回收式裸眼封隔器及斜向器

斜向器是分支井钻井的关键技术工具,对分支井的钻井起着至关重要的作用,它在分支点处引导钻头偏离原井眼按预定方向进行分支井眼的钻进。

煤层气钻进中的斜向器是可回收式带裸眼封隔器的,它由斜向器和封隔器两部分组成,斜向器的斜面上开有送入和回收的孔眼,用于施工作业中送入和回收斜向器,可膨胀式封隔器用于固定和支撑斜向器。

C　井眼轨道控制

由于煤层可钻性好,钻速快,单层厚度薄(3～6m),井眼轨迹控制难度大。为将井眼轨迹控制在煤层内,可采用“LWD + 泥浆动力马达”或地质导向钻井技术,实现连续控制,滑动钻进,提高轨迹控制精度,加快钻进速度。同时要避免井眼轨迹出现较大的曲率波动,钻进中尽量避免大幅度变动下部钻具组合结构、尺寸和钻进参数,并控制机械钻速在一定范围内变化,防止井眼出现小台肩现象。

D 煤层井壁稳定性

由于煤层割理发育、机械强度低、易碎易垮,井壁稳定是定向羽状水平井成败的关键之一。为此,对山西晋城地区3号煤层进行了煤样三轴应力井壁稳定性模拟实验研究,确定防止煤层破裂的最大允许钻井液密度和防止井眼坍塌的最小钻井液密度值。研究结果表明,保持晋城地区3号煤层水平井眼稳定的钻井液密度窗口为 $1.20 \sim 1.50 \text{ g/cm}^3$。

除密度外,钻井液与地层的相互作用,也影响煤层水平井眼稳定。当煤层井壁有钻井液渗入时,流体的渗入使得割理面的有效正应力大大减小,割理张开距离变大,井周渗入钻井液的块体变得疏松,松散的块体很容易被循环的钻井液冲刷掉而造成井径扩大。钻井液密度越高,流速越大,张开的割理面越多,割理张开的距离越大,煤层井壁越不稳定。

因此,钻井液应有良好的润滑性、抑制性、携岩性和防塌性能,严格控制失水和滤液化学性质,适当提高滤液黏度,减少或削弱毛细管效应,降低泥饼的渗透率。并采取相应稳定井眼的工程技术措施:造斜点以下地层和煤层段全部采用井下动力钻具,钻柱不旋转,工作较平稳,有利于保持煤层井壁稳定;尽量不用螺旋稳定器,要用则采用大欠尺寸螺旋稳定器,以减少对煤层井壁碰撞。快速钻完煤层水平井段。

但对那些较疏松、破碎的粉煤层,井壁极易垮塌,不宜钻羽状分支水平井。

E 主要钻进工艺

为使主水平井眼和分支井的位置最佳,垂直井段必须经过精心设计和钻进,要利用煤层上方压实砂岩进行裸眼造斜和稳定短半径弯曲井段,并达到良好的地层控制。

分支水平井眼钻井顺序是由下往上逐个分支钻成的工艺步骤如下：

（1）当钻完主水平井眼后，调整钻井液性能确保水平井段内岩屑清洗干净、无底边岩屑床，煤层井壁稳定；

（2）起出钻具，下入可回收式斜向器到预定分支点位置，定向后座封；然后下入带"LWD＋泥浆马达＋高效钻头"的钻具，侧钻出一个水平分支井眼；

（3）钻完第一个分支井眼后起出钻具，下入专用工具将斜向器起出；重复上述方法钻完设计分支井。

2.3.2.6 注气增产法

注气增产法是美国公司开发的一项提高煤层气产量的新方法。该方法被认为是一种具有发展前途的新措施，受到各方面的广泛关注。注气增产法是将 N_2、CO_2 或烟道气注入煤层，降低甲烷在煤层中的分压，有利于甲烷从煤体中置换解吸出来，提高单井产量和采收率。该工艺可以有效地提高煤层气的生产潜力，而且还可以利用该工艺开发深部低渗透性煤层中的煤层气，因为注入 CO_2 有助于维持孔隙压力，可以较好地保护深部煤层中的割理和其他孔隙的开启程度。

2.3.3 地下深孔定向钻孔瓦斯抽放技术

2.3.3.1 深孔定向钻进技术的原理

钻孔施工是瓦斯抽放的基础，随着技术的发展，选择钻孔施工工艺时现在至少已经有了两个选择，其一是传统的旋转钻进工艺，其二是深孔定向钻进技术。深孔定向钻进技术使用孔内马达钻进，高压水通过钻杆输送至孔内马达，孔内马达的转子在高压水的作用下通过 U 型接头、前端轴承带动钻头旋转，在钻进过程中，只有钻头和孔内马达的驱动头旋转。随钻测量系统能按照要求随时测量孔底参数，并自动计算轨迹描绘所需的参数。如图 2-17 所示为深孔定向钻进技术的原理。

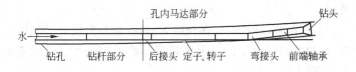

图 2-17 深孔定向钻进技术的原理

由于孔内马达上弯接头的存在,施工出来的钻孔轨迹是一条可控的空间曲线,通过改变弯接头的方向即可改变钻孔的方向或者使钻孔分支,选择不同规格的弯接头可改变钻孔轨迹曲线的曲率半径。

如图 2-18 和图 2-19 所示是采用深孔定向钻进技术施工的一个钻孔其在水平面和垂直面的投影,垂直投影明确的说明了通过探顶和探底的方式将钻孔保持在煤层内的整个过程。

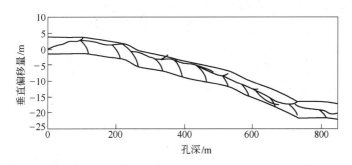

图 2-18 定向钻孔垂直投影示意图

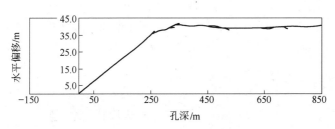

图 2-19 定向钻孔水平投影示意图

深孔定向钻进技术正好弥补了旋转钻进工艺的不足,其特点表现为：

（1）钻孔可以定向：钻孔轨迹为曲线，能按照设计的轨迹精确定向，经验丰富的钻工能轻易地将实际轨迹控制在设计轨迹的左右 1 m 范围内；

（2）钻孔轨迹为一条空间曲线，其方向可以人为控制；

（3）钻孔可以开分支：通过合理控制钻孔参数，钻孔可以从适当位置开分支以达到改变钻孔方向、探测地质构造等特殊目的；

（4）钻孔能沿煤层的起伏钻进：由于可以开分支，通过探顶和探底的手段能精确探测煤层起伏和地质构造，这使得钻工能将钻孔始终控制在煤层内；

（5）孔底岩性变化能实时反映：孔底岩石的硬度变化可通过钻进过程中的水压及时反映出来，这比传统方式的观察返渣快速而及时，当用于探测地质构造和煤层起伏时非常有用；

（6）钻机负荷小：由于钻杆不旋转，只起传递推力和水的作用，同等情况下，钻机负载小得多；

（7）钻进速度快：正常情况下，钻进速度能达到 1 m/min。

2.3.3.2 VLD1000 钻机技术参数

VLD1000 钻机，如图 2-20 所示是由澳大利亚 Valley Longwall 国际公司制造的，其主要技术参数如下：

图 2-20 VLD1000 钻机

尺寸及质量

   总长 3742 mm

   总宽 2100 mm

   总高 1666 mm

   总重 9800 kg

驱动单元

   电机 90 kW×1000 V·1450 r/min

   液压泵

     主泵 $Q=189$ L/min $P=315×10^5$ Pa

     液压驱动的水泵 $Q=91$ L/min $P=250×10^5$ Pa

     辅助泵 $Q=40$ L/min $P=240×10^5$ Pa

   驱动力

     最大拉力 160 kN

     最大推力 160 kN

   推进速度

     空钻杆 进 0~20 m/min

           退 0~20 m/min

     打钻 进 0~5 m/min

         退 0~5 m/min

旋转力矩及速度

   高速挡 3:10~1200 r/min 2286 N·m

   低速挡 4:10~600 r/min 3048 N·m

   前后夹持器

     夹持力 160 kN 弹簧加载,液压打开,液压 $100×10^5$ Pa

   泵

     流量 200 L/min 1270 r/min(出口压力 0 kPa 时)

     压力 8273 kPa

   行走

     电动／液压 3.4 km/h

     风动／液压 3.4 km/h

   支撑

     下支撑 ×4

     上支撑 ×3

     水平支撑力 175 kN,压力 $100×10^5$ Pa

     垂直支撑力 700 kN,压力 $100×10^5$ Pa

如图 2-21 所示为 VLD1000 钻机的基本结构。

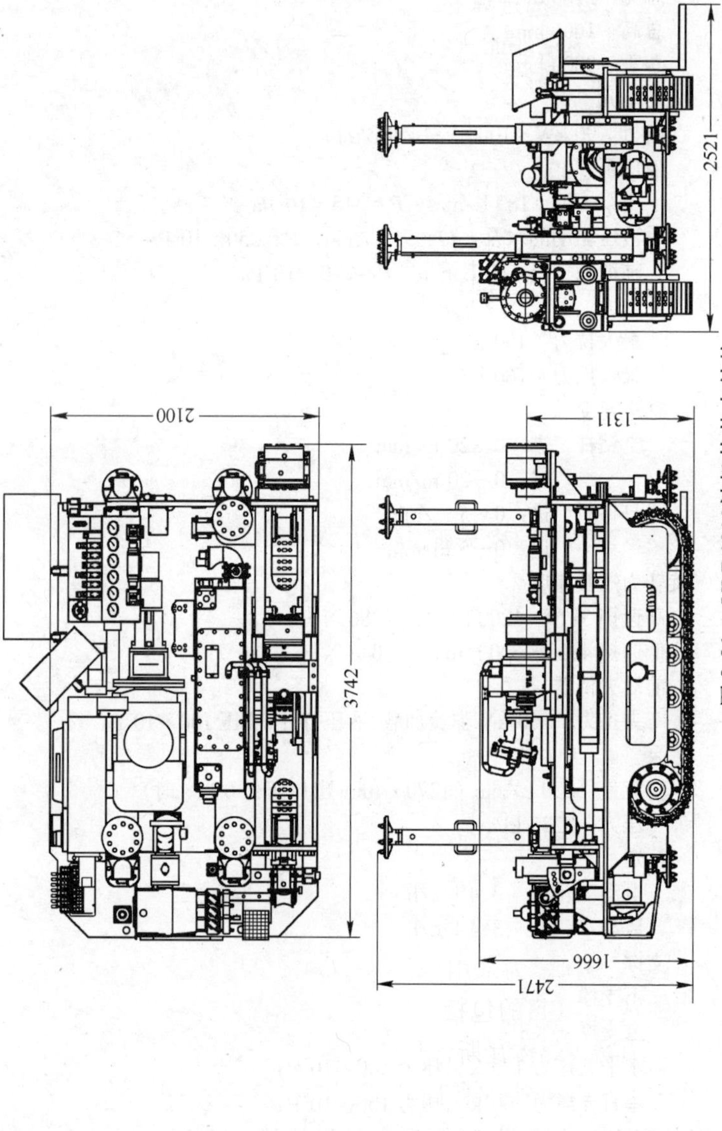

图 2-21　VLD1000钻机的基本结构

2.3.3.3 VLD1000 钻机在瓦斯治理中的应用

采面的预抽钻孔布置如图 2-22 所示,采用深孔定向钻进技术,钻孔直接在采面进风巷或回风巷开孔,一次贯穿两个采面,这样做的好处是可以保证一台连采机的工作空间处于抽放范围的保护之下。

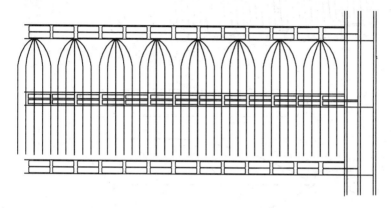

图 2-22 采面瓦斯预抽钻孔布置示意图

采面瓦斯治理要达到两个目的,一是防治采面开采时的煤与瓦斯突出,二是有效降低采面瓦斯涌出量。如图 2-23 所示为某首采工作面采用定向深孔预抽加卸压的方式进行防突,在工作面回风巷与回风巷垂直方向布置本层抽放钻孔,钻孔间距 17 m,使用深孔定向钻进技术施工钻孔,封孔泵水泥封孔。本层钻孔的目的体现在两个方面,一是预抽煤层瓦斯,减小瓦斯含量,二是对工作面前方的煤体进行压力和应力的释放,达到防突目的。

如图 2-24、图 2-25 所示分别为顺层抽放和卸压钻孔水平投影图及垂直投影图,表 2-11 为某矿顺层钻孔总体参数表。

如图 2-26 所示为采用深孔定向钻进技术在掘进面前方施工边掘边抽钻孔,其目的包括:释放掘进面前方煤体的应力和压力;一定程度上减少煤体瓦斯含量。

图中 1、2、3、4 钻孔施工完毕后接抽放系统抽放,钻孔 5 仅作为排放钻孔。

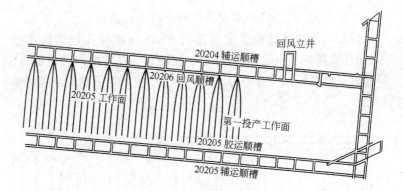

图 2-23 某首采工作面定向深孔预抽和卸压孔布置图

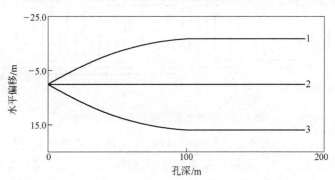

图 2-24 顺层抽放和卸压钻孔水平投影图

图 2-25 顺层抽放和卸压孔垂直投影图

表 2-11 某矿顺层钻孔总体参数

编号	孔径/mm	开孔方位角/(°)	孔深/m	倾角/(°)	造斜率	目标方位角/(°)
1	96	167	185			
2	96	185	185	−9	1°/6 m	185
3	96	203	185			

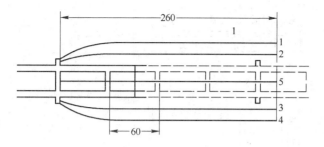

图 2-26　为掘进工作面卸压钻孔布置图

1,2,3,4—抽放钻孔;5—排放钻孔

2.3.4　传统瓦斯抽放技术

在国外,早在 1730 年,英国试用抽放瓦斯措施处理矿井瓦斯喷出,1886 年德国进行了抽放瓦斯试验,1934 年日本北海道新幌内矿,第一次抽放密闭区瓦斯。工业性抽放瓦斯始于 1943 年德鲁尔煤田门司菲尔矿。1952 年苏联顿巴斯红星矿第一次抽放邻近层瓦斯。至 1984 年,已有 16 个产煤国家的 600 多个矿井进行瓦斯抽放。每年抽出瓦斯达 40 亿 m³。从抽放瓦斯后采出的煤炭产量,英国有 38 %,德国有 25 %。

我国煤矿 1952 年抚顺煤矿工业性抽放瓦斯成功后,1957 年阳泉首先在邻近层抽放瓦斯,进而在全国煤矿迅速推广开来。到 1982 年,在 184 个高瓦斯矿井中,有 100 个矿井建立抽放系统。

煤科总院抚顺分院依据抽放瓦斯机理,按照矿井开拓生产程序、采掘时空和抽放的不同目标,用统筹的方法,把抽放方式方法由粗到细分成了三类 13 种,如图 2-27 所示。我国各种传统抽放瓦斯方法布孔方式如图 2-28 所示。

至于瓦斯抽放的具体参数及布置方式可参见本书第 3 章及其他关于瓦斯抽放的资料或专著,这里不详细介绍。

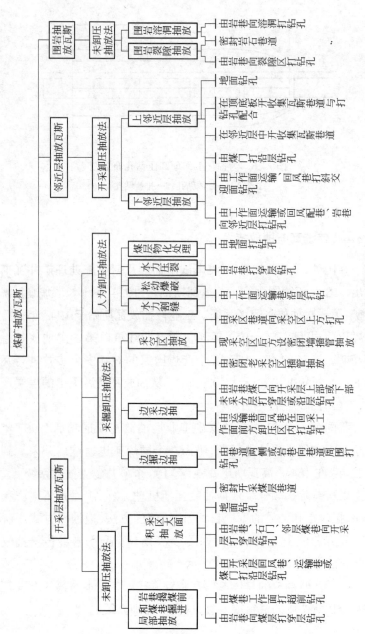

图 2-27 煤矿抽放瓦斯方法分类图

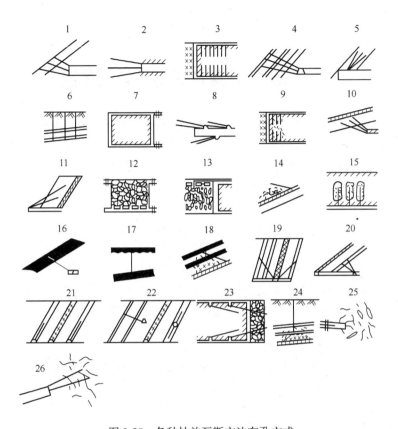

图 2-28　各种抽放瓦斯方法布孔方式
1～8—开采层未卸压抽放;9～14—开采层采掘卸压抽放;14～17—开采层人为
卸压抽放;18～24—邻近层抽放;25、26—围岩抽放

3 瓦斯爆炸、煤瓦突出机理及预防

瓦斯,这一煤炭生成过程中的伴生物,早在 15 世纪就开始为人们所认识。我国明代宋应星在《天工开物》(1637 年)一书中曾介绍,煤层中存在着一种能使人窒息和可燃爆的气体,并提出了利用竹管引排的方法;16 世纪末,英国和其他西欧国家在采煤时,也遇到了"有害的"气体,但并未引起人们的重视。直到 18 世纪初期英国有的矿井开始发生瓦斯爆炸、1839 年美国煤矿发生瓦斯爆炸及后来断断续续又发生的许多次爆炸,导致了人员和设备财产的严重损失后,才逐渐引起人们的重视,并开始研究爆炸的原因及应采取的防范措施。但是,有关瓦斯生成及来源的问题,直到 20 世纪 40 年代才开始逐步引起人们的重视,并对此进行研究。

3.1 矿井瓦斯涌出

在煤层中或其附近进行采掘工作时,在采动影响下煤岩的原始状态受到破坏,发生破裂、卸压膨胀变形、地应力重新分布等变化,部分煤岩的透气性增加。游离瓦斯在其压力作用下,经由煤层的裂隙通道或暴露面渗透流出并涌向采掘空间。随着游离瓦斯的流出,煤体里面的瓦斯压力下降,这就破坏了原有的动平衡,一部分吸附瓦斯将解吸转化为游离瓦斯并涌出。随着采掘工作的不断扩展,媒体和围岩受采动影响的范围不断扩大,瓦斯动平衡破坏的范围也不断扩展。所以瓦斯能够长时间地、持续地从煤体中释放出来,这是瓦斯涌出的基本形式,又叫瓦斯的普通涌出。与其对应的瓦斯特殊涌出是指在时间上突然,在空间上集中、大量的瓦斯涌出,主要有瓦斯喷出和煤与瓦斯突出。

3.1.1 瓦斯涌出量

瓦斯涌出量是指在矿井建设和生产过程中从煤与岩石内涌出

的瓦斯量,对应于整个矿井的叫矿井瓦斯涌出量,对应于冀、采区或工作面的,叫翼、采区或工作面的瓦斯涌出量。

瓦斯涌出量大小的表示方法有两种:

一是绝对瓦斯涌出量——单位时间涌出的瓦斯体积,单位为 m^3/d 或 m^3/min。

$$Q_g = Q \times C/100$$

式中　Q_g——绝对瓦斯涌出量, m^3/min;

　　　　Q——风量, m^3/min;

　　　　C——风流中的平均瓦斯浓度, %。

二是相对瓦斯涌出量——平均日产 1 t 煤同期所涌出的瓦斯量,单位是 m^3/t。

$$q_g = Q_g/A_d$$

式中　q_g——相对瓦斯涌出量, m^3/t;

　　　　Q_g——绝对瓦斯涌出量, m^3/d;

　　　　A_d——日产量, t/d。

相对瓦斯涌出量单位的表达式虽然与瓦斯含量的相同,但两者的物理含义是不同的,其数值也是不相等的。因为瓦斯涌出量中除开采煤层涌出的瓦斯外,还有来自临近层和围岩的瓦斯,所以相对瓦斯涌出量一般要比瓦斯含量大。矿井瓦斯涌出量是决定矿井瓦斯等级和计算风量的依据。

3.1.2 影响瓦斯涌出的因素

矿井瓦斯涌出量的大小,决定于自然因素和开采技术因素的综合影响,现概述如下。

3.1.2.1 自然因素

A 煤层和围岩的瓦斯含量

它是决定瓦斯涌出量多少的最重要因素。单一的薄煤层和中厚煤层开采时,瓦斯主要来自煤层露面和采落的煤炭,因此煤层的瓦斯含量越高,开采时的瓦斯涌出量也越大。在开采煤层附近赋存有瓦斯含量大的煤层或岩层时,由于煤层回采的影响,在采空区上下形成大量的裂隙,这些煤层或岩层中的瓦斯,就能不断地流向开采煤层的采空区,再进入生产空间,从而增加矿井的瓦斯涌出量。在此情况下,开采煤层的瓦斯涌出量有可能大大超过它的瓦斯含量。例如焦作矿务局中马村矿开采大煤的工作面,相对瓦斯涌出量为其含量的 1.22~1.76 倍。

B 地面大气压变化

地面大气压在一年内夏冬两季的差值可达 5.3~8 kPa,一天内,个别情况下可达 2~2.7 kPa。地面大气压变化引起井下大气压的相应变化。它对采空区(包括回采工作面后部采空区和封闭不严的老空区)或坍冒处瓦斯涌出的影响比较显著。当地面大气压突然下降时,瓦斯积存区的气体压力将高于风流的压力,瓦斯就会更多地涌入风流中,使矿井的瓦斯涌出量增大。反之,矿井的瓦斯涌出量将减少。美国在 1910~1960 年间,有一半的瓦斯爆炸事故发生在大气压急剧下降时。所以在生产规模较大的老矿内,应掌握本矿区大气压变化与井下气压变化的关系和瓦斯涌出量变化规律,如井下大气压变化的滞后时间、变化的幅度、瓦斯涌出量变化较大的地点等,以便有针对性的调整风量、加强瓦斯检查和机电设备的管理,预防事故的发生。

3.1.2.2 开采技术因素

A 开采规模

开采规模指开采深度、开拓与开采范围和矿井产量。随着开采深度的增加,相对瓦斯涌出量增大。这是由于煤层和围岩的瓦斯含量随深度而增加的缘故。开拓与开采的范围越广,煤岩的暴露面就越大,因此,矿井瓦斯涌出量也就越大。

矿井产量与矿井瓦斯涌出量间的关系比较复杂,一般情况下:

(1) 矿井达产之前,绝对瓦斯涌出量随着开拓范围的扩大而增加。绝对瓦斯涌出量大致正比于产量,相对瓦斯涌出量数值偏大而没有意义;

(2) 矿井达产后,绝对瓦斯涌出量基本随产量变化并在一个稳定数值上下波动。对于相对瓦斯涌出量来说,如果矿井涌出的瓦斯主要来源于采落的煤炭,产量变化时,对绝对瓦斯涌出量的影响虽然比较明显,但对相对瓦斯涌出量影响却不大,表3-1为开滦林西矿8水平11年间,产量与绝对和相对瓦斯涌出量变化关系;如果瓦斯主要来源于采空区和围岩,产量变化时,绝对瓦斯涌出量变化较小,相对瓦斯涌出量却有明显变化。

表3-1 开滦林西矿产量与瓦斯涌出量

时 间	1959.7	1960.7	1963.7	1965.7	1968.7	1970.7
月平均日产量/$t \cdot d^{-1}$	540	632	2352	3494	4354	5189
绝对瓦斯涌出量/$m^3 \cdot d^{-1}$	619	972	3644	3982	4263	5860
相对瓦斯涌出量/$m^3 \cdot t^{-1}$	1.15	1.54	1.55	1.14	0.98	1.13

晋城的成庄矿瓦斯含量为 7 m^3/t,属于低瓦斯矿井,但随着矿井生产能力的增加,由初期的 300 万 t/a,逐渐增加到 400 万 t/a、500 万 t/a、800 万 t/a,在同样的相对瓦斯涌出量条件下,矿井的绝对涌出量剧增,给瓦斯管理带来了很大的困难;

(3) 开采工作逐渐收缩时,绝对瓦斯涌出量又随产量的减少而减少,并最终稳定在某一数值,这是由于巷道和采空区瓦斯涌出量不受产量减少的影响,这时相对瓦斯涌出量数值又会因产量低而偏大,再次失去意义。

B 开采顺序与回采方法

首先开采的煤层(或分层)瓦斯涌出量大。因除其本煤层(或本分层)的瓦斯涌出外,邻近煤层(或未来的其他分层)的瓦斯也要通过回来产生的裂隙与孔隙渗透出来,使瓦斯涌出量增大。因此,当瓦斯涌出量大的煤层群同时回采时,如有可能应首先回采瓦斯含量较小的煤层,同时采取抽放邻近层瓦斯的措施。

采空区丢失煤炭多,回采率低的采煤方法,采区瓦斯涌出量大。顶板管理采用陷落法比充填法能造成顶板更大范围的破坏和卸压,邻近层瓦斯涌出量就比较大。回采工作面周期采压时,瓦斯涌出量也会大大增加。据焦作焦西矿资料,周期性顶板来压时比正常生产时瓦斯涌出量增加 50%~80%。

C 生产工艺

瓦斯从煤层暴露面(煤壁和钻孔)和采落的煤炭内涌出的特点是,初期瓦斯涌出的强度大,然后大致按指数函数的关系逐渐衰减,如图 3-1 所示。所以落煤时瓦斯涌出量总是大于其他工序。表 3-2 为焦作焦西矿回采工作面不同生产工序时的瓦斯涌出量。

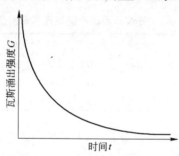

图 3-1 瓦斯从暴露面涌出的变化规律

表 3-2 生产工序对瓦斯涌出量的影响

生 产 工 序	正常生产时	放 炮	放 顶	移刮板输送机清底
瓦斯涌出量(倍数)	1.0	1.5	1~1.2	0.8

落煤对瓦斯涌出量增大,增大值与落煤量、新暴露煤面大小和煤块的破碎程度有关。如风镐落煤时,瓦斯涌出量可增大 1.1~1.3 倍;放炮时增大 1.4~2.0 倍;采煤机工作时,增大 1.4~1.6 倍;水采工作面水枪开动时,增大 2~4 倍。

综合机械化工作面推进度快,产量高,在瓦斯含量大的煤层内工作时,瓦斯涌出量很大,如阳泉煤矿机组工作面瓦斯涌出量可达 40 m³/min。

D 风量变化

当矿井风量变化时,瓦斯涌出量和风流中的瓦斯浓度会发生扰动,但很快就会转变为另一稳定状态。当无邻近层的单一煤层回采时,由于瓦斯主要来自煤壁和采落的煤炭,采空区积存的瓦斯量不大。回风流中的瓦斯浓度随风量减少而增加或随风量增加而减少。煤层群开采和综采放顶煤工作面的采空区内、煤巷的冒顶孔洞内,往往积存大量高浓度的瓦斯。一般情况下,风量增加时,起初由于负压和采空区漏风的加大,一部分离浓度瓦斯被漏风从采空区带出,绝对瓦斯涌出量迅速增加,回风流中的瓦斯浓度可能急剧上升。然后,浓度开始下降,经过一段时间,绝对瓦斯涌出量恢复到或接近原有值,回风流中的瓦斯浓度才能降低到原值以下。风量减少时,情况相反。这类瓦斯浓度变化的时间,由几分钟到几天,峰值浓度和瓦斯涌出量变化决定于采空区的范围、采空区内的瓦斯浓度、漏风情况和风量调节的快慢与幅度。所以采区风量调节时、反风时、综放工作面放顶煤时,必须密切注意风流中瓦斯的浓度。为了降低风量调节时间风流中瓦斯浓度的峰值,可以采取分次增加风量的方法。每次增加的风量和间隔的时间,应使回风流中的瓦斯浓度不超过《规程》的规定。

E 采区通风系统

采区巷道布置及通风系统对采空区内和回风流中瓦斯浓度分布也有重要影响,这种影响往往是很复杂的,应针对具体情况进行研究。

F 采空区的密闭质量

采空区内往往积存着大量高浓度的瓦斯(可达 60%～70%),如果封闭的密闭墙质量不好,或进、回风侧的通风压差较大,就会造成采空区大量漏风,使矿井的瓦斯涌出增大。

总而言之,影响矿井瓦斯涌出量的因素是多方面的,应该通过经常和专门的观测,找出其主要因素和规律,才能采取有针对性的措施控制瓦斯的涌出。

3.2 矿井瓦斯流动规律

3.2.1 瓦斯自然上浮运动现象和实验观察

实验表明:均匀分布于静止空气中的瓦斯不会自动分离出来上浮至巷道顶板,即在无外界作用条件下,均匀分布的瓦斯不会自发的积聚到某一处。但是,当瓦斯分布不均匀时,例如某一区域有瓦斯涌入时或存在一定的瓦斯浓度的梯度时,该处瓦斯—空气混合气体的密度低于空气密度,由密度变化引起的体积力作用于空气,诱发一种自然的流动——即瓦斯自然上浮运动现象。

表 3-3 为瓦斯自然上浮运动现象实验方案。

表 3-3　瓦斯自然上浮运动现象实验方案

实　验　号	瓦斯涌出位置	巷道倾角/(°)	瓦斯涌出量/$m^3 \cdot min^{-1}$
1	顶板 5 m 处集中	15	0.01432
2	工作面及煤壁	0	0.00483

实验 1 测试得到的浓度分布如图 3-2 所示。结果表明:停风状态下瓦斯运移巷道内呈现稳定的瓦斯自然流动过程,瓦斯从巷道顶板 5 m 处集中涌入后,涌入的瓦斯沿倾斜巷道顶板向上自然流动,并逐步向模型巷道出口运移逸出。

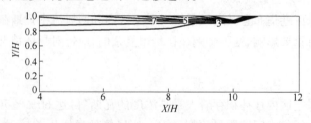

图 3-2　倾斜模型巷道静止空气中的集中涌出瓦斯时浓度分布

实验 2 测试结果如图 3-3 所示。实验结果表明,在掘进工作面均匀涌出瓦斯量为 0.00483 m^3/min,涌出的瓦斯在上浮力作用下首先顺着煤壁向上方顶板方向运动,之后顺着顶板缓慢涌出。这表明,在停风状态下,瓦斯运移主要依靠上浮力的作用而实现自然上浮的。瓦斯上浮到巷道顶板后,在巷道中通过自然对流向外涌出。

此外,煤科总院抚顺分院在铁法矿务局大明一矿西二采区西二段工作面的掘进煤巷进行停风盲巷瓦斯浓度分布规律实际观测,所测的瓦斯浓度分析如图 3-4 所示。从图中可见,停风盲巷的煤壁构成连续瓦斯源。涌入巷道的瓦斯通过沿煤壁自然上浮形成顶板瓦斯层,由于平盲巷总的高差太小,且盲巷长达600余米,瓦斯在运移过程中的顶板瓦斯层并不明显,但总的趋势为瓦斯主要靠近巷道上部向外涌出,而下部新鲜空气缓慢进入。

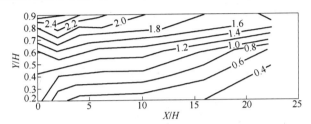

图 3-3 水平模型巷道静止空气中瓦斯自然对流的浓度分布

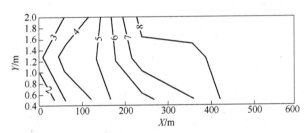

图 3-4 停风盲巷瓦斯自然对流的浓度分布

无论在何种空气运动状态下,瓦斯浓度分布引起的上浮力总是存在的,只是当风速较大时其上浮力作用非常微弱而已。巷道风流中瓦斯上浮特性如何,可以分别就顶、底板集中涌出时在巷道分布做对比实验来观察。在模型巷道通风条件下顶、底板集中涌出时瓦斯在巷道分布规律的对比实验条件见表 3-4。实验测得瓦斯浓度分布规律如图 3-5 和图 3-6 所示。

表 3-4 对比实验条件

实验号	瓦斯涌出位置	巷道倾角 /(°)	瓦斯涌出量 /m³·min⁻¹	平均风速 /m·s⁻¹
1	顶板 5 m 处集中	0	0.03251	0.565
2	底板 5 m 处集中	0	0.03251	0.565
3	底板 5 m 处集中	0	0.03251	1.13

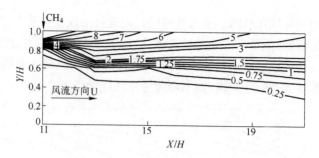

图 3-5 通风条件下顶板集中涌出时瓦斯在巷道分布规律

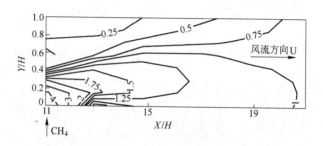

图 3-6 通风条件下底板集中涌出时瓦斯在巷道分布规律

通过实验发现:在较低的风速下,巷道底板集中涌出的瓦斯,在风流作用下运移过程中,同时存在沿巷道轴线方向的风流强制对流和沿铅垂方向的瓦斯上浮两种作用,瓦斯在沿巷道风流方向运移的同时向上运移,且并不在巷道顶板发生瓦斯积聚现象;而在巷道顶板集中涌出的瓦斯所受上浮作用只能使瓦斯运移方向靠近顶板,使对比实验中瓦斯运移主方向为巷道顶板方向而无向下趋势。

在不同的巷道风速条件下,巷道底板集中涌出时,在巷道分布规律将有所不同,在其他实验参数相同的条件下将巷道平均风速提高一倍,实验结果表明:瓦斯在沿巷道风流方向运移的同时呈向上趋势是有条件的,当巷道风速增大一倍后,沿巷道轴线方向的风流强制对流作用为主,瓦斯上浮力相对微弱,巷道底板集中涌出的瓦斯运移只沿巷道风流方向运移而向上运移趋势消失。

3.2.2 采煤机割煤时的风流结构与瓦斯浓度分布的数值模拟

在工作面回采过程中,采煤机切割煤层,煤层中赋存的瓦斯不断涌入工作面,在采煤机和煤壁附近易于出现瓦斯积聚。下面介绍对工作面风流中的瓦斯紊流运移数值模拟的结果。

3.2.2.1 采煤机附近的风流结构和瓦斯浓度分布

采煤机割煤过程中,从煤壁和采落的煤炭中不断涌出瓦斯,且采煤机附近是集中涌出地点。为了计算方便,取采煤机附近 40 m 的空间作为计算域。设定的计算条件为:工作面进风风速为 2.3 m/s,采用上行通风方式,煤壁瓦斯涌出量为 4.0 m³/min,工作面控顶距为 4.2 m,采煤机的尺寸为 8 m×1.4 m,滚筒截深为 0.6 m。

可以得知:

(1) 在采煤机周围,由于采煤机固体界面作用,风速变化大,构成风速变化剧烈区;风速由煤壁和采煤机等固体壁面向外快速增大;

(2) 在采煤机下风侧存在局部涡流,在采煤机截割部处风速变化大。

采煤机截割部处和采煤机后方一侧是进风流的下风侧和局部窝风点,瓦斯浓度大,是采煤机附近的两个高瓦斯浓度区。其中采煤机截割部处的瓦斯浓度最大,采煤机下风侧的瓦斯浓度也较高,且瓦斯浓度沿回风流方向增大。

3.2.2.2 风速各异条件下采煤机附近的瓦斯浓度分布

在相同的计算条件下改变风流速度分析局部地点瓦斯浓度变化。设瓦斯涌出量不变,风流速度分别为 1.5、2.0、2.5、3.0、3.5、4.0 和 4.5 m/s,计算结果得出,随着风流速度的提高,采煤机附近两个高瓦斯浓度区的瓦斯浓度均降低,但高瓦斯浓度区的形状和范围变化不大。风流速度各异条件下的采煤机截割部处和采煤机后方 4 m 处浓度点的浓度变化呈幂指数规律。

$$C = AU^{-B}$$

式中　C——瓦斯浓度,%;

U——平均风速,$\mathrm{m^3/s}$;

A,B——系数。

从计算结果可见,对于高瓦斯矿井的回采工作面,加大风速可以有效地消除采煤机周围的瓦斯超限,但采煤机截割部处的瓦斯积聚必须采取局部通风措施才能予以消除。

3.2.2.3 瓦斯涌出量不同条件下采煤机附近的瓦斯浓度分布

改变瓦斯涌出量进行瓦斯浓度分布规律的数值计算。在相同条件下取风流速度不变,使瓦斯涌出量分别为初始涌出量 $q_0 = 4.0\,\mathrm{m^3/min}$ 的 0.25、0.5、2.0 和 4.0 倍,计算得出紊流运移下的结果:随着瓦斯涌出量的提高,采煤机附近高瓦斯浓度区的瓦斯浓度均明显增大,采煤机截割部处和采煤机后方 4 m 处瓦斯浓度随涌出量呈线性变化,如图 3-7 所示。

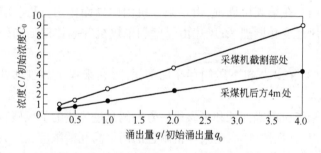

图 3-7 采煤机附近两个瓦斯积聚区最大浓度随瓦斯涌出量变化规律

因此,对于瓦斯涌出量大的回采工作面,必须采用抽放等降低瓦斯涌出量的措施,才能有效地消除采煤机周围的瓦斯超限,并且要与局部通风措施相结合,以解决采煤机截割部处的瓦斯积聚。

3.2.3 巷道局部风流结构与瓦斯运移关系

一般说来,井巷风流对瓦斯的对流扩散作用占瓦斯运移过程的主要地位,即风流中的瓦斯主要沿风流方向运移。当巷道风流不是简单的直流通过巷道时,即由于局部设备或通风构筑物的存在,其附近出现涡旋流结构,势必影响或改变瓦斯的运移过程和浓度分布。

在 2.5 m 宽的巷道内取 10 m 长的一段巷道,在巷道中部 5.0 m 处设置一个挡板(或为风门),挡板宽 0.6 m。

计算条件:在挡板的上风侧 5 m 处集中涌出瓦斯,涌出量 $q=$ 1.8 m^3/min,巷道风速为 1.6 m/s。采用数值模拟计算出的流场流线分布、风速模值分布和瓦斯浓度分布结果如图 3-8 和图 3-9 所示。

3.2.3.1 风速分布规律

从图 3-8 中可以看出,在挡板后方存在一个长 3.0 m、宽 0.5 m 的局部大涡旋流区,涡旋流区的平均风速为 0.5 m/s,其中涡流核心风速为 0.2 m/s。在大涡旋流区内,靠近巷道壁处的风速方向与巷道主风流方向相反,气流在涡旋流区内循环运动。在挡板前方还存在着一个局部小涡旋流区。

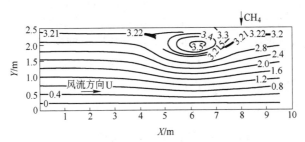

图 3-8　巷道设置挡板时风流流场的流线分布计算结果

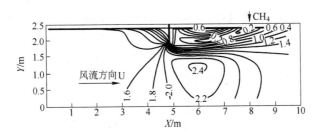

图 3-9　巷道设置挡板时风流流场的风速模值分布计算结果

3.2.3.2 瓦斯浓度分布规律

在挡板的上风侧 3 m 处集中涌出瓦斯,涌出量为 $q = 1.0\ \mathrm{m^3/min}$ 的条件下,计算出的瓦斯浓度分布如图 3-10 所示。

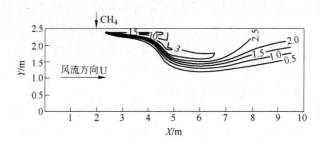

图 3-10 巷道设置挡板时流场瓦斯浓度分布结果

从图中可见,集中涌出的瓦斯在随风运移到达挡板前的小涡流区附近,在巷道边壁和小涡流区附近,由于气流速度低和涡流区内循环运动,使得瓦斯不能很快地从涡流区迁移出来,因而形成第一个瓦斯积聚区,该瓦斯积聚区的最大瓦斯浓度达 20%。瓦斯随风流流过挡板后,到达挡板后的大涡流区,在涡流区内,由于气在涡流区内循环运动,使得瓦斯在大涡流区出现瓦斯的二次积聚,瓦斯二次积聚区内的最大瓦斯浓度为 2.5%。

3.2.4 高产高效放顶煤工作面瓦斯涌出构成

3.2.4.1 回采工作面煤壁瓦斯涌出

当采煤机不断割煤,新鲜煤壁不断暴露,在矿山压力的作用下,工作面前方煤体中的应力平衡状态遭到破坏,出现了透气性大大增加的卸压带,由于煤体内部到煤壁之间存在着瓦斯压力梯度,瓦斯得以沿卸压带的裂隙向工作面涌出。煤体的瓦斯涌出量与煤体的暴露面积有关,当采煤机到达工作面的上端或下端时,回采工作面暴露煤面的瓦斯涌出量最大。割一刀煤壁的绝对瓦斯涌出量为

$$Q_{\mathrm{mb}} = mvq_0 \left\{ \frac{[L - 2h/v]^{1-\beta}}{1-\beta} - 1 \right\}$$

式中　Q_{mb}——工作面煤壁的瓦斯涌出量，m^3/min；

　　　　L——工作面长度，m；

　　　　h——工作面巷道排放带宽度，m；

　　　　v——采煤机平均牵引速度，m/min；

　　　　m——采高，m；

　　　　q_0——初始煤壁瓦斯涌出强度，$m^3/(m^2 \cdot min)$；

　　　　β——衰减系数。

3.2.4.2　采落煤块的瓦斯涌出

采煤机落煤，把煤体粉碎成各种块粒状煤，提高了煤的瓦斯解吸强度，导致瓦斯涌出量的增加。采落煤块在工作面和运输巷的绝对瓦斯涌出量为

$$q_2 = G\left[\frac{q_0(1+t)^{-\beta}-1}{1-\beta}+1\right]$$

式中　G——割煤面每分钟割下的煤质量，t/min；

　　　　t——采煤机割一刀煤的时间，min。

3.2.4.3　采空区瓦斯涌出

研究表明，采空区的瓦斯浓度随采空区深度的增加而增加，即离采空区越远瓦斯浓度越高，采空区内顶板瓦斯浓度高于底板的浓度。采空区的瓦斯主要由三部分构成：采空区丢煤瓦斯涌出、工作面瓦斯向采空区的积聚、区段周围在空间上向采空区的瓦斯涌入。表3-5为平煤(集团)公司一矿戊—21191采面采空区瓦斯测量结果。

表3-5　平煤(集团)公司一矿戊—21191采面采空区瓦斯测量结果

测定时间	浓度最低点距煤壁的距离/m	浓度最低点距采空区的距离/m	采空区占瓦斯涌出量的比例/%
检修	1.55	2.15	59

3.2.4.4　瓦斯涌出的不均衡性

由于受煤层瓦斯赋存、渗透性及采煤工艺的影响，瓦斯涌出是波动性的，产量愈高，平均相对瓦斯涌出量愈大，不均衡系数要小

一些。

3.2.5　顶煤裂隙及渗透性

3.2.5.1　顶煤裂隙

煤岩体是经过漫长的地质作用而形成的天然地质结构体,由于在成岩过程中各种成分和环境因素的影响,加之地质构造运动,使得天然岩体中存在各种地质构造面(节理、裂隙和断层)。综放工作面前方顶煤在支承压力作用下,原有裂隙将会扩展也会产生一些次生裂隙。裂隙的分布及发育情况往往影响着顶煤的力学特性、渗透性、破碎难易程度和破碎后的块度分布等,因此,系统地研究综放工作面前方顶煤裂隙的分布(方向、数量、尺度及贯通性),对瓦斯抽放、煤层注水钻孔的布置等具有重要的理论和实际意义。

顶煤细观裂隙分布图表明:顶煤裂隙的分布既有一定的随机性,又有一定的规律性;裂隙的宽度是渗透率大小的决定性因素;由裂隙展布方向可建立分形维数与渗透率之间的关系。裂隙宏观、细观定性定量研究结果,是渗透性预测的基础资料。

根据裂隙的结构、成因及分布规律,煤层宏观裂隙可区分为个体结构和系统结构两类,在对煤层渗透率评价中二者有不同的作用。个体结构裂隙受采掘等工程因素影响,主要分布于煤层暴露面的一定范围内,有益于瓦斯的释放和涌出;系统结构分布于煤层结构内,不仅有利于瓦斯的释放,而且更有助于瓦斯的运移和积聚。

煤层裂隙的形成不仅受地质因素的影响,而且受采掘等工程因素的影响,因此,在定量研究煤层裂隙渗透性时必须考虑工程因素对裂隙发育程度的影响。

3.2.5.2　顶煤的渗透性

煤层是孔隙、裂隙结构组成的物质。瓦斯以吸附和游离两种状态存在于煤层和煤系地层中,在地下深处的煤层中的瓦斯压力最大可达 10 MPa 以上。当采掘工作破坏了地层中原有的气体压力平衡时,煤层中的高压瓦斯即会解吸并向低压处运移,并进入采矿空间。

　　瓦斯在煤层中的流动规律与地下水、石油和天然气在地层中的流动相仿,基本上遵从热传导微分方程;不同之处在于煤层对瓦斯有吸附作用,而且影响瓦斯流动的主要参数——煤层瓦斯压力和渗透系数,与开采方法和应力分布有密切的关系。位于卸压带的煤层渗透系数可比处于集中应力带的煤层渗透系数高出很多倍;含瓦斯煤体的变形反过来影响煤层的应力分布,因此瓦斯流动较石油和天然气的运移更为复杂,用解析计算方法无法解决。

　　瓦斯在孔隙结构中的流动主要是扩散,符合菲克定律;在煤层裂隙系统的流动属于渗流,符合达西定律。周士宁院士认为:煤层瓦斯的流动决定于裂隙系统的特性,而不决定于孔隙结构。用达西定律作为基本规律研究煤层瓦斯流动的机理是完全可行的。

3.2.5.3　地应力对煤体渗透性的影响

　　在卸载过程中某一围压力 σ 下的渗透率要小于同样应力 σ 下加载时的渗透率 k,如图 3-11 所示。其原因是由于煤是非弹性体,加载时产生的变形在卸载过程中不能完全恢复,从而增加了通道的渗透阻力,降低了渗透率。同时,实验中还发现,在卸载过程中,煤样的渗透率并不是随着围压力 σ 的降低而逐渐增加,而是当围压力 σ 下降至一定值时,渗透率骤然增加。由此可以认为:在煤层所受压力显著下降的工作面或巷道壁附近,煤层透气性才能显著上升。

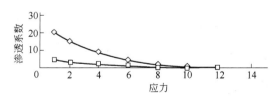

图 3-11　渗透系数随应力变化曲线

—◇— 加载曲线;　—□— 卸载曲线

　　对焦作中马村矿垂直层理煤样的 K-σ' 曲线进行回归分析可得(如图 3-12 所示):

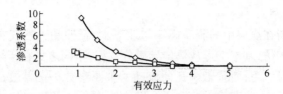

图 3-12　渗透系数与有效应力关系曲线

———◇——— 加载时渗透系数；———□——— 卸载时渗透系数

加载过程　　　$k = 3.65 \times 10^{-22} e^{-0.89\sigma'}$

卸载过程　　　$k = 0.733 \times 10^{-22} \sigma'^{-1.976}$

现场中煤层的渗透率是变化的,这主要和煤层所受应力的复杂性有关,尤其是采掘工作造成应力重新分布。矿山压力对煤层透气性的影响具体表现为:在煤层卸压区内渗透性增加,在集中应力带内渗透性降低。

3.2.5.4　顶煤裂隙对渗透性的影响

顶煤裂隙的分布具有各向异性及不均匀性,因而有效应力中应引入裂隙分布不均匀系数。

综放开采工作面前方顶煤由前面分析可知属于损伤体,顶煤的变形、破坏过程符合损伤力学原理。

利用 UDEC 数值模拟的应力结果,通过对南山煤矿西二区综放工作面与鹤壁四矿 2116 综放面前方顶煤渗透系数进行了计算,计算结果如图 3-13 所示。

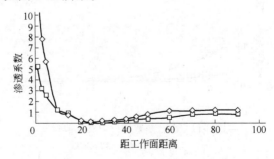

图 3-13　顶煤渗透系数与综放工作面距离关系曲线

———◇——— 南山矿综放工作面；———□——— 鹤壁四矿综放工作面

3.2.6 工作面瓦斯浓度实测

3.2.6.1 工作面瓦斯含量测定内容

总体测量内容：

进风巷、回风巷、瓦斯巷风量测定；

进风巷、回风巷、瓦斯巷瓦斯及其他有害气体测定；

风量及空气质量分配的影响因素统计；

每班(检修除外)对工作面上隅角、采煤机周围、工作面中、上部瓦斯浓度测量一次,定时测量尾巷的风量及瓦斯浓度,尽量与工作面测量同步。

测量仪表:风速表、瓦斯测定仪。

如图 3-14 所示为工作面瓦斯测量点布置图。

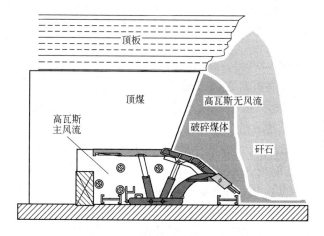

图 3-14　工作面瓦斯测量点布置图

所需测量数据:除检修班外,每班测量进风巷和回风巷风速、采煤机后 5 m 处的瓦斯浓度,放煤口后 5 m 处的瓦斯浓度,工作面下部距顺槽 20 m 处的瓦斯浓度及风速,工作面上部距顺槽 20 m 处的瓦斯浓度及风速,工作面中部的瓦斯浓度及风速。

3.2.6.2 成庄矿 3308 工作面瓦斯风量分布

根据以上测量内容,对于 3308 进行了连续观测,得出所示的工作面测点风量瓦斯分布数值,见表 3-6、表 3-7。

表 3-6　成庄矿 3308 风量瓦斯测点平均值(无联络巷)

机组割煤时下风侧 5 m 处		0.54		
放煤时下风侧 5 m 处		0.64		
工作面瓦斯情况		10 号架	65 号架	125 号架
	立柱间	0.16	0.25	0.45
	前溜道上方	0.16	0.28	0.50
	前溜道下方	0.16	0.27	0.49
	煤壁瓦斯	0.19	0.32	0.54
进风巷距煤壁 10 m 处		0.13	风量/$m^3 \cdot min^{-1}$	
回风巷距煤壁 10 m 处		0.56	回风巷	1002
距尾巷巷口 15 m 处		1.3	尾　巷	620

从表中可以看出,在工作面内部,机组割煤及放煤时,瓦斯的浓度比较大,割煤时在机组后 5 m 处的瓦斯平均浓度为 0.54～0.55,放煤口后 5 m 处瓦斯平均浓度为 0.64～0.68,放煤时的瓦斯浓度大于割煤时的瓦斯浓度。在立柱间,工作面上部瓦斯浓度比较小,而下部较大,在同一断面,煤壁的瓦斯浓度大于前运输机上方及立柱间的瓦斯浓度。回风巷的平均瓦斯浓度为 0.54～0.56,尾巷的平均瓦斯浓度为 1.28～1.3。无联络巷时,回风巷的风量为 1002 m^3/min,而尾巷的风量为 620 m^3/min,有联络巷时,回风巷的风量为 865 m^3/min,而尾巷的风量为 613 m^3/min。可以明显看出,有联络巷时,瓦斯浓度高值点有所下降。

表 3-7　3308 风量瓦斯测点平均值(有联络巷)

机组割煤时下风侧 5 m 处		0.55		
放煤时下风侧 5 m 处		0.68		
工作面瓦斯情况		10 号架	65 号架	125 号架
	立柱间	0.14	0.24	0.32

工作面瓦斯情况	前溜道上方	0.16	0.27	0.38
	前溜道下方	0.18	0.29	0.39
	煤壁瓦斯	0.19	0.32	0.44
进风巷距煤壁 10 m 处		0.13	风量/m³·min⁻¹	
回风巷距煤壁 10 m 处		0.54	回风巷	865
距尾巷巷口 15 m 处		1.28	尾　巷	613

3.3 瓦斯爆炸及其预防

瓦斯爆炸是煤矿生产中最严重的灾害之一。我国最早关于煤矿瓦斯爆炸的文献记载见于山西省《高平县志》,万历三十一年(1603 年),山西省高平县唐安镇一煤井发生瓦斯爆炸事故,文中描述瓦斯爆炸时的情形为:火光满井,极为熏蒸,人急上之,身已焦烂而死,须臾雷震井中,火光上腾,高两丈余。国外文献记载的最早瓦斯爆炸事故,是 1675 年发生于英国茅斯汀煤矿的瓦斯爆炸。世界煤矿开采史上最大的伤亡事故,是 1942 年发生于辽宁本溪煤矿的瓦斯、煤尘爆炸,造成 1549 人死亡,146 人受伤。20 世纪 60 年代以来,由于大型高效通风机的投入使用,自动遥测监控装置的使用和采取了瓦斯抽放等一系列技术措施,瓦斯爆炸事故逐渐减少,但仍是煤矿的重大危险源。

3.3.1 瓦斯爆炸过程及其危害

3.3.1.1 瓦斯爆炸的化学反应过程

瓦斯爆炸是一定浓度的甲烷和空气中的氧气在高温热源的作用下发生激烈氧化反应的过程。最终的化学反应式为

$$CH_4 + 2O_2 = CO_2 + 2H_2O$$

如果煤矿井下 O_2 不足,反应的最终式为

$$CH_4 + O_2 = CO + H_2 + H_2O$$

矿井瓦斯爆炸是一种热链反应过程(也称连锁反应)。当爆炸

混合物吸收一定能量后,反应分子的链即行断裂,离解成两个或两个以上的游离基(也称自由基)。这类游离基具有很大的化学活性,成为反应连续进行的活化中心。在适合的条件下,每一个游离基又可以进一步分解,再产生两个或两个以上的游离基。这样循环不已,游离基越来越多,化学反应速度也越来越快,最后就可以发展为燃烧或爆炸式的氧化反应。

3.3.1.2 瓦斯爆炸的产生与传播过程

爆炸性的混合气体与高温火源同时存在,就将发生瓦斯的初燃(初爆),初燃产生以一定速度移动的焰面,焰面后的爆炸产物具有很高的温度,由于热量集中而使爆源气体产生高温和高压并急剧膨胀而形成冲击波。如果巷道顶板附近或冒落孔内积存着瓦斯,或者巷道中有沉落的煤尘,在冲击波的作用下,它们就能均匀分布,形成新的爆炸混合物,使爆炸过程得以继续下去。

爆炸时由于爆源附近气体高速向外冲击,在爆源附近形成气体稀薄的低压区,于是产生反向冲击波,使已遭破坏的区域再一次受到破坏。如果反向冲击波的空气中含有足够的 CH_4 和 O_2,而火源又未消失,就可以发生第二次爆炸。此外,瓦斯涌出较大的矿井,如果在火源熄灭前,瓦斯浓度又达到爆炸浓度,也能发生再次爆炸。

3.3.1.3 瓦斯爆炸的危害

矿内瓦斯爆炸的有害因素是,高温、冲击波和有害气体。焰面是巷道中运动着的化学反应区和高温气体,其速度大、温度高。从正常的燃烧速度 $(1\sim2.5\ \text{m/s})$ 到爆轰式传播速度$(2500\ \text{m/s})$。焰面温度可高达 $2150\sim2650\ ℃$。焰面经过之处,人被烧死或大面积烧伤,可燃物被点燃而发生火灾。

冲击波锋面压力由几个大气压到 20 个大气压,前向冲击波叠加和反射时可达 100 个大气压。其传播速度总是大于声速,所到之处造成人员伤亡、设备和通风设施损坏、巷道垮塌。瓦斯爆炸后生成大量有害气体,某些煤矿分析爆炸后的气体成分为 O_2:6%~10%,N_2:82%~88%,CO_2:4%~8%,CO:2%~4%。如果有煤尘参与爆炸,CO 的生成量更大,往往成为人员大量伤亡的主要原因。

3.3.2 瓦斯爆炸的主要参数

3.3.2.1 瓦斯的爆炸浓度

理论分析和试验研究表明:在正常的大气环境中,瓦斯只在一定的浓度范围内爆炸,这个浓度范围称瓦斯的爆炸界限,其最低浓度界限叫爆炸下限,其最高浓度界限叫爆炸上限,瓦斯在空气中的爆炸下限为 5% ~6%,上限为 14% ~16%。

瓦斯浓度低于爆炸下限时,遇高温火源并不爆炸,只能在火焰外围形成稳定的燃烧层。浓度高于爆炸上限时,在该混合气体内不会爆炸,也不燃烧。如有新鲜空气供给时,可以在混合气体与空气的接触面上进行燃烧。在正常空气中瓦斯浓度为 9.5% 时,化学反应最完全,产生的温度与压力也最大。瓦斯浓度 7% ~8% 时最容易爆炸,这个浓度称最优爆炸浓度。

必须强调指出,瓦斯爆炸界限不是固定不变的,它受到许多因素的影响,其中重要的有:

(1) 氧的浓度:正常大气压和常温时,瓦斯爆炸浓度与氧浓度关系,如图 3-15 所示为柯瓦德爆炸三角形,氧浓度降低时,爆炸下限变化不大(BE 线),爆炸上限则明显降低(CE 线)。当氧浓度低于 12% 时,混合气体就失去爆炸性。

爆炸三角形对火区封闭或启封时,以及惰性气体灭火时判断有无瓦斯爆炸危险,有一定的参考意义,我国已利用其原理研制出煤矿气体可爆性测定仪;

(2) 其他可燃气体:混合气体中有两种以上可燃气体同时存在时,其爆炸界限决定于各可燃气体的爆炸界限和它们的浓度。多种可燃气体同时存在的混合气体的爆炸界限,可由下式求出

$$N = 100/(c_1/N_1 + c_2/N_2 + \cdots + c_n/N_n)$$

式中　　　　　N——多种可燃气体同时存在时的混合气体爆炸上限或下限,%;

$c_1, c_2, c_3, \cdots, c_n$——分别为各可燃气体占可燃气体总的体积分
数,%,

$$c_1 + c_2 + c_3 + \cdots + c_n = 100\%$$

$N_1, N_2, N_3, \cdots, N_n$——分别为各可燃气体的爆炸上限或下限,%。

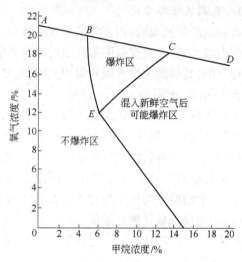

图 3-15　柯瓦德爆炸三角形

如果多种可燃气体浓度之和处于上式计算的爆炸上限、下限
之间,那么,这一混合的可燃气体就具有爆炸性。表 3-8 为煤矿内
常见可燃气体的爆炸上限和下限;

表 3-8　煤矿内常见可燃气体的爆炸上限和下限

气 体 名 称	化 学 符 号	爆炸下限/%	爆炸上限/%
甲　烷	CH_4	5.00	16.00
乙　烷	C_2H_6	3.22	12.45
丙　烷	C_3H_8	2.40	9.50
氢　气	H_2	4.00	74.2
一氧化碳	CO	12.50	75.00
硫化氢	H_2S	4.32	45.00
乙　烯	C_2H_4	2.75	28.6
戊　烷	C_5H_{12}	1.40	7.80

（3）煤尘：煤尘具有爆炸危险，300～400 ℃时就能从煤尘内挥发出多种可燃气体，形成混合的爆炸气体，使瓦斯的爆炸危险性增加；

（4）空气压力：爆炸前的初始压力对瓦斯爆炸上限有很大影响。可爆性气体压力增高，使其分子间距更为接近，碰撞几率增高。因此使燃烧反应易进行，爆炸极限范围扩大；

（5）惰性气体：惰性气体的混入，使氧气浓度降低，并阻碍活化中心的形成，可以降低瓦斯爆炸的危险性。

3.3.2.2 瓦斯的最低点燃温度和最小点燃能量

瓦斯的最低点燃温度和最小点燃能量决定于空气中的瓦斯浓度、初压和火源的能量及其放出强度和作用时间。瓦斯空气混合气体的最低点燃温度，绝热压缩时 565 ℃，其他情况时 650 ℃。最低点燃能量为 0.28 MJ。煤矿井下的明火、煤炭自燃、电弧（平均 4000 ℃）、电火花、赤热的金属表面以及撞击和摩擦火花，都能点燃瓦斯。此外，采空区内砂岩悬顶冒落时产生的碰撞火花，也能引起瓦斯的燃烧或爆炸。前苏联的研究认为，岩石脆性破裂时，它的裂隙内可以产生高压电场（达 108 V/cm），电场内电荷流动，也能导致瓦斯燃烧。

3.3.2.3 瓦斯的引火延迟性

瓦斯与高温热源接触后，不是立即燃烧或爆炸，而是要经过一个很短的间隔时间，这种现象叫引火延迟性，间隔的这段时间称感应期，感应期的长短与瓦斯的浓度、火源温度和火源性质有关，而且瓦斯燃烧的感应期总是小于爆炸的感应期，表 3-9 为瓦斯爆炸的感应期。由此可见，火源温度升高，感应期迅速下降，瓦斯浓度增加，感应期略有增加。

表 3-9　瓦斯爆炸的感应期

瓦斯浓度/%	火源温度/℃						
	775	825	875	925	975	1075	1175
	感应期/s						
6	1.08	0.58	0.35	0.20	0.12	0.039	

瓦斯浓度/%	火源温度/℃						
	775	825	875	925	975	1075	1175
	感应期/s						
7	1.15	0.6	0.36	0.21	0.13	0.041	0.01
8	1.25	0.62	0.37	0.22	0.14	0.042	0.012
9	1.3	0.65	0.39	0.23	0.14	0.044	0.015
10	1.4	0.68	0.41	0.24	0.15	0.049	0.018
12	1.64	0.74	0.44	0.25	0.16	0.055	0.02

瓦斯爆炸的感应期,对煤矿安全生产意义很大。在井下高温热源是不可避免的,但关键是控制其存在时间在感应期内。例如,使用安全炸药爆炸时,其初温能达到 2000℃ 左右,但高温存在时间只有 $16^{-6} \sim 10^{-7}$ s,都小于瓦斯的爆炸感应期,所以不会引起瓦斯爆炸。如果炸药质量不合格,炮泥充填不紧或放炮操作不当,就会延长高温存在时间,一旦时间超过感应期,就能发生瓦斯燃烧或爆炸事故。为了安全,井下电气设备必须采用安全火花型或隔爆型,将电火花存在的时间控制在 $16^{-2} \sim 10^{-5}$ s 内,电弧存在时间在 $16^{-4} \sim 1$ s 内。

3.3.3 煤矿井下瓦斯爆炸事故原因分析

根据国内外煤矿的瓦斯爆炸统计资料,影响瓦斯爆炸因素如下。

3.3.3.1 火源

井下的一切高温热源都可以引起瓦斯燃烧或爆炸,但主要火源是放炮和机电火花。

3.3.3.2 发生地点

煤矿任何地点都有发生爆炸的可能性,但大部分爆炸事故发生在采掘工作面。采煤工作面容易发生瓦斯爆炸的地点为工作面的上隅角。因为采空区内集存高浓度瓦斯,上隅角又往往是采空区漏风的出口,漏风将高浓度瓦斯带出;工作面出口风流直角转弯,上隅角形成涡流后,瓦斯不容易被风流带走,所以容易积聚瓦斯,能达到爆炸浓度。上隅角附近常设置回柱绞车等机电设备,工作面上出口附近的煤帮在集中应力作用下,变得比较疏松,自由面增多,放炮时容易发生虚炮,产生火源的机会多。

采煤工作面另一容易发生爆炸事故的地点,是采煤机工作时切割机附近。截槽内、截盘附近和机壳与工作面煤壁之间,瓦斯涌出量大,通风不好,容易积聚瓦斯。据英国一个综采工作面测定,截槽内瓦斯浓度有时高达75%,采煤机机械电气设备防爆性能不好,截齿与坚硬夹石(如黄铁矿)摩擦火花,是点燃瓦斯的火源。

掘进工作面较易发生瓦斯爆炸的原因,一方面是这些地点采用局部通风机通风,如果局部通风机停止运转、风筒末端距工作面较远、风筒漏风太大或局部通风机供风能力不够,以致风量不足或风速过低,瓦斯容易积聚。另一方面,放炮、掘进机械、局部通风机、电钻等的操作管理如不符合规定,则容易产生高温火源。

国内外的统计资料表明,低瓦斯矿井,由于通风、放炮和机电设备管理不严格,爆炸事故有可能比高瓦斯涌出量矿井严重。分析爆炸事故的原因还表明,绝大多数爆炸事故是管理期疏忽和人为违反安全规程,以及缺少应有的纪律与责任的结果。

3.3.4 预防瓦斯爆炸的措施

瓦斯爆炸必须同时具备三个条件:

(1)瓦斯浓度在爆炸范围内;

(2)高于最低点燃能量的热源存在的时间大于瓦斯的引火感应期;

(3)瓦斯—空气混合气体中的氧气浓度大于12%。

后一条件在生产井巷中是始终具备的,所以预防瓦斯爆炸的措施,就是防止瓦斯的积聚和杜绝或限制高温热源的出现。

3.3.4.1 防止瓦斯积聚

所谓瓦斯积聚是指瓦斯浓度超过2%,其体积超过 $0.5\ \mathrm{m}^3$ 的现象。

A 有效通风

有效地通风是防止瓦斯积聚的最基本最有效方法。瓦斯矿井必须做到风流稳定,有足够的风量和风速,避免循环风,局部通风机风筒末端要靠近工作面。放炮时间内也不能中断通风,向瓦斯积聚地点加大风量和提高风速等等。

B 及时处理局部积存的瓦斯

生产中容易积存瓦斯的地点有:采煤工作面上隅角,独头掘进工作面的巷道隅角,顶板冒落的空洞内,低风速巷道的顶板附近,停风的盲巷中,综放工作面放煤口及采空区边界处,以及采掘机械切割部分周围等等。及时处理局部积存的瓦斯,是矿井日常瓦斯管理的重要内容,也是预防瓦斯爆炸事故,搞好安全生产的关键工作。

a 采煤工作面上隅角瓦斯积聚的处理

我国煤矿处理采煤工作面上隅角瓦斯积聚的方法很多,大致可以分为以下几种:迫使一部分风流流经工作面上隅角,将该处积存的瓦斯冲淡排出。此法多用于工作面瓦斯涌出量不大(小于 $2 \sim 3\ \text{m}^3/\text{min}$),上隅角瓦斯浓度超限不多时。具体做法是在工作面上隅角附近设置木板隔墙或帆布风障,如图 3-16 所示。

全负压引排法。在瓦斯涌出量大、回风流瓦斯超限、煤炭无自燃发火危险而且上区段采空区之间无煤柱的情况下,可控制上阶段的已采区密闭墙漏风,如图 3-17 所示,改变采空区的漏风方向,将采空区的瓦斯直接排入回风道内。

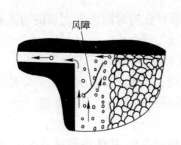

图 3-16 迫使风流经采煤工作面上隅角

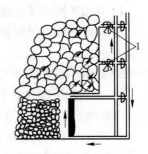

图 3-17 改变采空区漏风方向
1—打开的密闭墙

上隅角排放瓦斯。最简单的方法是每隔一段距离在上隅角设置木板隔墙（或风障），敷设铁管利用风压差，将上隅角积聚的瓦斯排放到回风口 50～100 m 处，如图 3-18 所示。如风筒两端压差太小，排放瓦斯不多时，可在风筒内设置高压水的或压气的引射器，提高排放效果。

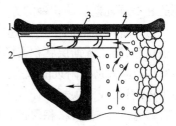

图 3-18　上隅角排放瓦斯
1—水管或压风管；2—风筒；
3—喷嘴；4—隔墙或风障

在工作面绝对瓦斯涌出量超过 5～6 m³/min 的情况下，单独采用上述方法，可能难以收到预期效果，必须进行邻近层或开采煤层的瓦斯抽放，以降低整个工作面的瓦斯涌出量。

b　综采工作面瓦斯积聚的处理

综采及综放工作面由于产量高，进度快，不但瓦斯涌出量大，而且容易发生回风流中瓦斯超限和机组附近瓦斯积聚。处理高瓦斯矿井综采工作面的瓦斯涌出和积聚，已成为提高工作面产量的重要任务之一。目前采用的措施有：

（1）加大工作面风量。扩大风巷断面与控顶宽度，改变工作面的通风系统，增加进风量；

（2）防止采煤机附近的瓦斯积聚。可采取下列措施：

1）增加工作面风速或采煤机附近风速。国外有些研究人员认为，只要采取有效的防尘措施，工作面最大允许风速可提高到 6 m/s。工作面风速不能防止采煤机附近瓦斯积聚时，应采用小型局部通风机或风、水引射器加大机器附近的风速。

2）采用下行风防止采煤机附近瓦斯积聚更容易。

c　顶板附近瓦斯层状积聚的处理

如果瓦斯涌出量较大，风速较低（小于 0.5 m/s），在巷道顶板附近就容易形成瓦斯层状积聚。层厚由几厘米到几十厘米，层长由几米到几十米。层内的瓦斯浓度由下向上逐渐增大。据统计英国和德国瓦斯燃烧事故的 2/3 发生在顶板瓦斯层状积聚的地点。

预防和处理瓦斯层状积聚的方法有：

(1) 加大巷道的平均风速，使瓦斯与空气充分地紊流混合。一般认为，防止瓦斯层状积聚的平均风速不得低于 0.5~1 m/s;

(2) 加大顶板附近的风速。如在顶梁下面加导风板将风流引向顶板附近，或沿顶板铺设风筒，每隔一段距离接一短管，或铺设接有短管的压气管，将积聚的瓦斯吹散。在集中瓦斯源附近装设引射器;

(3) 将瓦斯源封闭隔绝。如果集中瓦斯源的涌出量不大时，可采用木板和黏土将其填实隔绝，或注入砂浆等凝固材料，堵塞较大的裂隙。

d 顶板冒落孔洞内积存瓦斯的处理

常用的方法有，用砂土将冒落空间填实；用导风板或风筒接岔(俗称风袖)引入风流吹散瓦斯。

e 恢复有大量瓦斯积存的盲巷或打开密闭时的处理措施

对此要特别慎重，必须制定专门的排放瓦斯安全措施。

C 抽放瓦斯

这是瓦斯涌出量大的矿井或采区防止瓦斯积聚的有效措施。

D 经常检查瓦斯浓度和通风状况

这是及时发现和处理瓦斯积聚的前提。瓦斯燃烧和爆炸事故统计资料表明，大多数这类事故都是由于瓦斯检查员不负责，玩忽职守，没有认真执行有关瓦斯检查制度造成的。

3.3.4.2 防止瓦斯引燃

防止瓦斯引燃的原则，是对一切非生产必需的热源，要坚决禁绝。生产中可能发生的热源，必须严加管理和控制，防止它的发生或限定其引燃瓦斯的能力。《规程》规定，严禁携带烟草和点火工具下井；井下禁止使用电炉，禁止打开矿灯；井口房、抽放瓦斯泵房以及通风机房周围 20 m 内禁止使用明火；井下需要进行电焊、气焊和喷灯焊接时，应严格遵守有关规定，对井下火区必须加强管理；瓦斯检定灯的各个部件都必须符合规定等等。

采用防爆的电气设备。目前广泛采用的是隔爆外壳。即将电机、电器或变压器等能发生火花、电弧或赤热表面的部件或整体装在隔爆和耐爆的外壳里,即使壳内发生瓦斯的燃烧或爆炸,不致引起壳外瓦斯事故。对煤矿的弱电设施,根据安全火花的原理,采用低电流、低电压,限制火花的能量,使之不能点燃瓦斯。

供电闭锁装置和超前切断电源的控制设施,对于防止瓦斯爆炸有重要的作用。因此,局部通风机和掘进工作面内的电气设备,必须有延时的风电闭锁装置。高瓦斯矿井和煤(岩)与瓦斯突出矿井的煤层掘进工作面,串联通风进入串联工作面的风流中,综采工作面的回风道内,倾角大于12°并装有机电设备的采煤工作面下行风流的回风流中,以及回风流中的机电硐室内,都必须安装瓦斯自动检测报警断电装置。

在有瓦斯或煤尘爆炸危险的煤层中,采掘工作面只准使用煤矿安全炸药和瞬发雷管。如使用毫秒延期电雷管,最后一段的延期时间不得超过130 ms。在岩层中开凿井巷时,如果工作面中发现瓦斯,应停止使用非安全炸药和延期雷管。钻孔、放炮和封泥都必须符合有关规程的规定。必须严格禁止放糊炮、明火放炮和一次装药分次放炮。新近进行的炮掘工作面采用喷雾爆破技术防止瓦斯煤尘爆炸的试验已经取得了成功。其实质是在放炮前数分钟和爆破时,通过喷嘴使水雾化,在掘进工作面最前方形成一个水雾带,造成局部缺氧,降低煤尘浓度,隔绝火源,抑制瓦斯连锁反应,从而达到防止瓦斯、煤尘爆炸的目的。

防止机械摩擦火花,如截齿与坚硬夹石(如黄铁矿)摩擦,金属支架与顶板岩石(如砂岩)摩擦,金属部件本身的摩擦或冲击等等。国内外都在对这类问题进行广泛的研究,公认的措施有:禁止使用磨钝的截齿;截槽内喷雾洒水;禁止使用铝或铝合金制作的部件和仪器设备;在金属表面涂以各种涂料,如苯乙烯的醇酸或丙烯酸甲醛酯等,以防止摩擦火花的发生。

高分子聚合材料制品,如风筒,运输机皮带和抽放瓦斯管道等,由于其导电性能差,容易因摩擦而积聚静电,当其静电放电时就有可能引燃瓦斯、煤尘或发生火灾。因此,煤矿井下应该采用抗静电难燃的聚合材料制品,其内外两层的表面电阻都必须不大于$3\times10^8\,\Omega$,并应在使用中能保持此值。

激光在矿山测量中的使用,带来了一种新的点燃瓦斯的热源,如何防止这类高温热源,是煤矿生产中的新课题。

3.3.4.3 防止瓦斯爆炸灾害事故扩大的措施

万一发生爆炸,应使灾害波及范围局限在尽可能小的区域内,以减少损失,为此应该:

(1) 编制周密的预防和处理瓦斯爆炸事故计划,并对有关人员贯彻这个计划;

(2) 实行分区通风。各水平、各采区都必须布置单独的回风道,采掘工作面都应采用独立通风。这样一条通风系统的破坏将不致影响其他区域;

(3) 通风系统力求简单。应保证当发生瓦斯爆炸时入风流与回风流不会发生短路;

(4) 装有主要通风机的出风井口,应安装防爆门或防爆井盖,防止爆炸波冲毁通风机,影响救灾与恢复通风;

(5) 防止煤尘事故扩大的隔爆措施,同样也适用于防止瓦斯爆炸。我国新近研制出自动隔爆装置,其原理是传感器识别爆炸火焰,并向控制仪给出测速(火焰速度)信号,控制仪通过实时运算,在恰当的时候启动喷洒器快速喷洒消焰剂,将爆炸火焰扑灭,阻止爆炸传播。

3.4 煤(岩)与瓦斯突出机理与预防

煤(岩)与瓦斯突出是煤矿井下采掘过程中发生的一种煤(岩)和瓦斯的突然运动,其过程时间很短(几秒钟到几分钟)。在煤体内部应力及瓦斯的共同作用下,从煤层中以极快的速度向巷道或采掘空间喷出大量的煤(岩)和瓦斯。在煤体中形成特殊形状的孔洞,喷出物伴随着强大的冲击力。该冲击力能摧毁巷道设施,破坏通风系统,甚至使风流逆转充塞巷道或采掘空间,可能造成人员窒息、埋人、伤人甚至引发瓦斯爆炸等事故。《煤矿安全规程》规定,矿井在采掘过程中,只要发生过一次煤与瓦斯突出,该矿井即为突出矿井,发生突出的煤层即定为突出煤层。开采突出煤层的矿务局(公司)、矿都应设置专门机构,负责掌握突出的动态和规律,填写突出卡片,积累资料,总结经验教训,制定防治突出的措施。同时制定《防治煤与瓦斯突出细则》以规范突出矿井防治突出工作中的技术装备、管理措施以及开拓、开采、通风、机电等方面的技术措施。

3.4.1 煤(岩)与瓦斯突出的分类

3.4.1.1 突出

发生突出的力量是地应力和瓦斯压力的合力,其基本能源是煤中所积聚的瓦斯能。突出的危害性最大;突出的煤体因高压气体的破坏作用,有时会出现大量的极细的微尘;突出物被瓦斯流搬运至远处;突出的煤颗粒带有一定的分选性,堆积角远小于自然安息角;突出时伴随大量瓦斯喷出,喷出的大量瓦斯会造成 1 m 至数千米甚至全矿井的瓦斯逆流,能严重破坏矿井的通风系统和设施。

3.4.1.2 压出

实现压出的主要力量是地应力,其基本能源是煤中所积聚的弹性能。压出的煤体是大小不同的碎块,有抛掷迹象,堆积方向为原来的对面,堆积角小于自然安息角;有时是整体位移。压出时有大量瓦斯涌出,有时从裂缝喷出瓦斯,极少有瓦斯逆流现象,压出时可能推走设备,摧毁支架。

3.4.1.3 倾出

造成倾出的主要力量是地应力,其基本能源是煤的重力位能。倾出的煤体是不同的碎块,按重力方向堆积在原来位置的下方,堆积角基本为自然安息角;有时伴随着一定量的瓦斯涌出,极少有瓦斯逆流现象。

3.4.2 煤(岩)与瓦斯突出的原因

煤(岩)与瓦斯突出是地应力、瓦斯和煤的物理力学性质三个因素综合作用的结果。此外,突出还与生产技术条件有关。在突出的发生发展过程中,地应力(包括构造应力、自重应力、采掘应力等)在突出的发生阶段起决定作用,瓦斯梯度及瓦斯压缩能也参与发动突出。在突出发生后,瓦斯还起到破坏煤体、抛出碎煤并使之粉化、运移的作用。显然,煤的强度越大,抵抗突出的能力也越大,越不容易发生突出。煤(岩)体内应力高,且煤体强度低、煤层瓦斯含量大,由于采掘作用改变了煤体的应力状态,使应力重新分布,破坏了原来的平衡状态,在应力及瓦斯压力梯度作用下易发生突出。

地质构造区域因为有地质构造力的作用,使煤层的强度降低或结构复杂,造成不均质。这些区域还可能积蓄着地质构造力,也是瓦斯赋存与运移的异常区,如在向斜轴部区域;背斜局部隆起区域;向斜轴部与断层或褶曲交汇区域;火成岩侵入形成的变质煤与非变质煤的交混区域;煤层扭转变向、倾角突变区域;软分层煤层变厚区域;断层带附近等等。

3.4.3 煤(岩)与瓦斯突出的防治体系

根据《防治煤与瓦斯突出细则》的要求,在开采突出煤层时,必须采用以下综合措施:

(1) 突出危险性预测,是防治突出综合措施的第一个环节:预测的目的是确定突出危险的区域和地点,以便使防治突出措施的执行更加有的放矢。实践表明,突出呈区域分布。在突出煤层开采过程中,只有很少的区域(大致占整个开采区域的 10%~30%)或区段才发生突出。因此,突出矿井首先应当进行突出危险性预测,它包括区域突出危险性预测和工作面突出危险性预测。

(2) 防治突出措施:是防治突出综合措施的第二个环节,它是防止发生突出事故的第一道防线。防治突出措施仅在预测有突出危险的区域和区段应用,主要有区域性防治突出措施和局部防治突出措施两类。

(3) 防治突出措施的效果检验:是防治突出综合措施的第三个环节,其目的是在防治突出措施执行后,检验预测指标是否降低到突出危险值以下,以保证其防治突出效果。

(4) 安全防护措施:是防治突出综合措施的第四个环节,是防止发生突出事故的第二道防线。实践表明,各种防治突出措施,特别是局部防治突出措施,尽管试验证实防治突出是有效的,但在应用过程中,都无一例外地发生过多多少少的突出。即使在同一突出煤层,该措施在一些区域是有效的,但在有些区段则无效。防治突出措施失效的原因在于井下条件的复杂性,如煤层赋存条件的变化、地质构造条件的变化及采掘工艺方式的变化等。安全防护措施的目的在于突出预测失误或防治突出措施失效发生突出时,避免人身伤亡事故。

"四位一体"的防治突出综合措施实施系统如图 3-19 所示。按照该系统,首先经突出区域预测,把煤层划分为突出煤层和非突出煤层;再通过区域预测把突出煤层划分为突出危险区、威胁区和

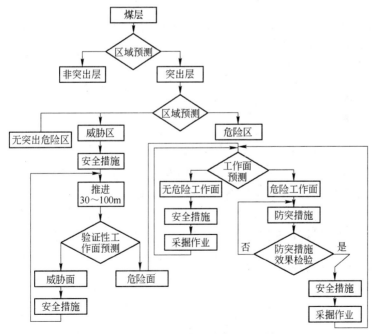

图 3-19 防治突出综合措施实施系统图

无突出危险区;最后通过工作面突出危险性预测,把工作面划分为突出危险和无突出危险工作面。只有在预测为突出危险的工作面才采用防治突出措施,且在措施执行后进行防治突出效果检验。在突出煤层的突出威胁区,仅采用安全防护措施,但应根据煤层的突出危险程度,采掘工作面每推进 30~100 m,应用工作面突出危险性预测方法连续进行不少于两次的验证性预测,其中任何一次验证为有突出危险时,该区域即改划为突出危险区。

3.4.4 防治突出措施的制定原则

防治突出措施的制定原则如下:

(1) 卸除煤层区域或采掘工作面前方煤体的应力,使煤体卸压并将集中应力区推移至煤体深部;

(2) 排放煤层区域或采掘工作面前方煤体中的瓦斯,降低瓦斯压力,减少工作面前方煤体中的瓦斯压力梯度;

(3) 增大工作面附近煤体的承载能力,提高煤体稳定性,使用金属骨架、超前支护等;

(4) 改变煤体性质,消除或减弱突出,如向煤层注水湿润后,煤体弹性减小,塑性增大,煤的放散瓦斯初速度降低,使突出不易发生;

(5) 改变采掘工艺,使采掘工作面前方煤体应力和瓦斯压力平缓变化,达到工作面自我卸压和排放瓦斯。如水平分层开采、间歇作业等。卸压和排放瓦斯是国内外绝大多数防治突出措施制定的主要依据,其主要措施有开采保护层、预抽瓦斯、超前钻孔、水力冲孔和冲刷、松动爆破等。此外,利用增大煤体稳定性的办法来防治小型突出特别是倾出是有效的,但对防止大型突出的效果不好。

3.4.5 突出危险性的预测

煤层突出危险性预测分为区域突出危险性预测(简称区域预测)和工作面(包括石门和竖、斜井揭煤工作面,煤巷掘进工作面和采煤工作面)突出危险性预测。区域预测应预测煤层和煤层区域的突出危险性,并应在地质勘探、新井建设、新水平和新采区开拓或准备时进行。工作面预测是预测工作面附近煤体的突出危险性,应在工作面推进过程中进行。

3.4.5.1 区域突出危险性的预测方法

A 瓦斯地质统计法

对煤(岩)与瓦斯突出地质条件的研究表明,突出分布的不均匀性受地质条件的控制,突出与构造的复杂程度、煤层围岩、煤变质程度有关,在所有突出地点都有地质构造带或构造作用形成的软煤带。对煤层瓦斯分布规律和煤(岩)与瓦斯突出地质规律的研究,形成了煤与瓦斯突出预测的地质方法,其基本原理是"瓦斯地质区划论"。

利用瓦斯地质统计法进行区域预测,是根据已开采区域确切掌握的煤层赋存条件和地质构造条件与突出分布的规律,划分出突出危险区域与突出威胁区域。

瓦斯地质图是瓦斯地质工作的成果反映,是分析瓦斯分布和突出分布特点、研究瓦斯分布规律、计算瓦斯储量和开展突出预测预报的基础图件。瓦斯地质图是在各种煤矿地质图的基础上编制的,一般选用矿井可采煤层底板等高线图作为底图,对于开采多煤层的矿井,要分煤层编制。图中包含瓦斯和地质两个方面的内容,瓦斯参数主要包括瓦斯含量、瓦斯压力和瓦斯涌出量等。瓦斯突出分布以瓦斯突出点为基础划分出严重瓦斯突出带、一般瓦斯突出带和非瓦斯突出带。地质指标有定性和定量指标,如煤层埋深、煤层厚度、煤的强度、构造变形系数、瓦斯成分中的重烃含量等为定量指标,而构造类型、构造力学性质、围岩性质、煤种、构造煤类型等为定性指标。

B 综合指标法

由于煤和瓦斯突出原因的复杂性和影响因素的多样性,突出预测没有一种绝对敏感的指标,多种指标的综合应用往往有更好的预测效果,因而,出现了突出预测综合指标法。该方法是对几种瓦斯突出预测指标进行不同的经验处理或数学计算,克服了单项

指标的片面性,能更好地反映发生突出的多因素特点。采用综合指标法对煤层进行区域预测的方法如下:

(1) 在岩石工作面向突出煤层至少打两个测压钻孔,测定煤层瓦斯压力;

(2) 在打测压钻孔的过程中,每米煤孔采取一个煤样。用该煤样测定煤的坚固性系数 f;

(3) 将两个测压钻孔所得的坚固性系数最小值加以平均作为煤层软分层的平均坚固性系数;

(4) 将坚固性系数最小的两个煤样混合,测定煤的瓦斯放散初速度 Δv。煤层区域突出危险性,按以下两个综合指标判断,其计算公式为

$$D = (0.075H/f - 3)(p - 0.74)$$
$$K = \Delta v/f$$

式中　D——煤层的突出危险性综合指标;

　　　K——煤层的突出危险性综合指标;

　　　H——开采深度,m;

　　　p——煤层瓦斯压力,取两个测压钻孔实测瓦斯压力的最大值,MPa;

　　　Δv——软分层煤的瓦斯放散初速度;

　　　f——软分层煤的平均坚固性系数。

综合指标 D、K 的突出临界指标值应根据本矿区实测数据确定。如无实测资料,可参照《防治煤与瓦斯突出细则》所列的临界值确定区域突出危险性。如果测压钻孔所取得的煤样粒度达不到测定值 f 所要求的粒度时,可采取粒度为 $1 \sim 3$ mm 的煤样进行测定。

3.4.5.2　局部突出危险性的预测方法

A　钻孔瓦斯涌出初速度法

在掘进工作面的软分层中,靠近巷道两帮,各打一个平行于巷道掘进方向,直径为 42 mm,深为 3.5 m 的钻孔;

用专门的封孔器封孔,封孔后测量段长度为 0.5 m;

钻孔瓦斯涌出初速度的测定必须在打完钻后 2 min 内完成。

判断突出危险性的钻孔瓦斯涌出初速度的临界值 q_m 应根据实测资料分析确定。如无实测资料时,可参照表 3-10 中的临界值 q_m。当实测的 q 值等于或大于临界值 q_m 时,煤巷掘进工作面应预测为突出危险工作面;实测值小于临界值 q_m 时,该工作面应预测为无突出危险工作面。但每预测循环应留 2 m 的预测超前距。

表 3-10　判断突出危险性的钻孔瓦斯涌出初速度临界值(q_m)

煤的挥发分 V_{def}/%	5～15	15～20	20～30	>30
q_m/L·min^{-1}	5.0	4.5	4.0	4.5

B　R 值指标法

在煤巷掘进工作面打 2 个(倾斜或急斜煤层)或 3 个(缓斜煤层)直径为 42 mm,深度为 5.5～6.5 m 的钻孔。钻孔应布置在软分层中,一个钻孔位于巷道工作面中部,并平行于掘进方向,其他钻孔的终孔点应位于巷道轮廓线外 2～4 m 处;

钻孔每打 1 m 就测定一次钻屑量和钻孔瓦斯涌出初速度。测定钻孔瓦斯涌出初速度时,测量段的长度为 1 m,根据每个钻孔的最大钻屑量和最大瓦斯涌出初速度确定钻孔的 R 值,其计算公式为

$$R = (S_{max} - 1.8)(q_{max} - 4)$$

式中　S_{max}——每个钻孔沿孔长最大钻屑量,L/m;

　　　　q_{max}——每个钻孔沿孔长最大瓦斯涌出初速度,L/(m·min)。

判断煤巷掘进工作面突出危险性的临界指标 R_m 应根据实测资料确定。如无实测资料时,取 $R_m = 6$。当任何一个钻孔中的 $R > R_m$ 时,该工作面预测为突出危险工作面;当 $R < R_m$ 时,该工作面预测为无突出危险工作面;当 R 为负值时,应用单项(取公式中的正值项)指标预测;

当预测无突出危险时,每预测循环应留有 2 m 的预测超前距。

C　钻屑指标法

在煤巷掘进工作面打 2 个(倾斜和急斜煤层)或 3 个(缓斜煤

层)直径为 42 mm,深度为 8～10 m 的钻孔;

钻孔每打 1 m 测定钻屑量一次,每隔 2 m 测定一次钻屑解吸指标。根据每个钻孔沿孔长每米的最大钻屑量 S_m 和钻屑解吸指标 K_1 或 Δh_2 预测工作面的突出危险性;

采用钻屑指标法预测工作面突出危险性时,各项指标的突出危险临界值,应根据现场测定的资料确定。如无实测资料时,可参照表 3-11 的数据确定工作面的突出危险性。实测得到的任一指标 S_{max} 值、K_1 值或 Δh_2 值等于或大于临界值时,该工作面预测为突出危险工作面;否则为无突出危险工作面;

表 3-11　用钻屑指标法预测煤巷掘进工作面突出危险性的临界值

Δh_2	最大钻屑量 S_{max}		K_1	危　险　性
/Pa	/kg·m^{-1}	/L·m^{-1}	/mL·g^{-1}·min$^{-1/2}$	
≥200	≥6	≥5.4	≥0.5	突出危险工作面
<200	<6	<5.4	<0.5	无突出危险工作面

当预测为无突出危险时,每预测循环应留 2 m 的预测超前距。

3.4.5.3　区域防治突出措施

区域防治突出措施的目的是消除煤层某一较大区域(如一个采区)的突出危险性,其措施包括开采保护层、大面积预抽煤层瓦斯和煤层注水等。区域防治突出措施的优点是在突出煤层开采前,预先采取防治突出措施,防治突出措施的施工与突出危险区的采掘作业互不干扰,并且其防治突出效果一般优于局部防治突出措施。故在采用防治突出措施时,应首先选用区域防治突出措施。

A　开采保护层

在突出矿井开采煤层群时必须首先开采保护层。开采保护层后,在被保护层中受到保护的地区按无突出煤层进行采掘工作;在未受到保护的地区,必须采取防治突出的措施。在开采保护层之前选择保护层是一项关键工作,一般应首先选择无突出危险的煤层作为保护。当煤层群中有几个煤层都可作为保护层时,应根据安全、技术和经济的合理性,综合比较分析,择优选定。当矿井中所有煤层都有突出危险时,应选择突出危险程度较小的煤层作为保护层。但在此保护层中进行采掘工作时,必须采取防治突出的措施。选择保护层时,应优先选择上保护层。条件不允许时,也可选择下保护层;但在开采下保护层时,不得破坏被保护层的开采条件。

开采下保护层时,上部被保护层不被破坏的最小层间距离应根据矿井开采实测资料确定。如无实测资料时,其最小层间距的确定公式为

当 $\alpha < 60°$ 时　　　　$H = KM\cos\alpha$

当 $\alpha > 60°$ 时　　　　$H = KM\sin(\alpha/2)$

式中　H——允许采用的最小层间距,m;

　　　M——保护层的开采厚度,m;

　　　α——煤层倾角,(°);

　　　K——顶板管理系数。冒落法管理顶板,K 采用 10;充填法管理顶板,K 采用 6。

划定保护层有效作用范围的有关参数,应根据矿井实测资料确定,对暂无实测资料的矿井,可参照以下方法确定:

(1) 保护层与被保护层之间的有效垂距,可参用下式或根据《防治煤与瓦斯突出细则》确定。

下保护层最大有效距离的计算公式为

$$s_{下} = s'_{下}\beta_1\beta_2$$

上保护层最大有效距离的计算公式为

$$s_{上} = s'_{上}\beta_1\beta_2$$

式中　$s'_{下}, s'_{上}$——下保护层和上保护层的理论有效间距(它与工作面长度 a 和开采深度 H 有关,当 $a > 0.3H$ 时,取 $a = 0.3H$,但 a 不得大于 250 m),m;

　　　β_1——保护层开采影响系数(当 $M \leqslant M_0$ 时,$\beta_1 = M/M_0$;当 $M > M_0$,$\beta_1 = 1$);

　　　M——保护层的开采厚度,m;

M_0——开采保护层的最小有效厚度,m;

β_2——层间硬岩(砂岩、石灰岩)含量系数(以 η 表示硬岩在层间岩石中所占有的百分比,$\eta \geqslant 50\%$ 时,$\beta_2 = 1 - 0.4(\eta \div 100)$;$\eta < 50\%$ 时,$\beta_2 = 1$)。

(2) 正在开采的保护层工作面,必须超前于被保护层的掘进工作面,其超前距离不得小于保护层与被保护层层间垂距的 2 倍,并不得小于 30 m;

(3) 对停采的保护层采煤工作面,停采时间超过 3 个月且卸压比较充分时,该采煤工作面的始采线、止采线及所留煤柱对被保护层沿走向的保护范围可暂按卸压角 56°~60°划定;

(4) 保护层沿倾斜的保护范围,按卸压角划定。卸压角的大小应采用矿井的实测数据。如无实测数据时,参照《防治煤与瓦斯突出细则》中的数据确定;

(5) 矿井首次开采保护层时,必须进行保护层保护效果及范围的实际考察,并不断积累、补充完善资料,以便尽快得出确定本矿保护层有效作用范围的参数。

开采保护层时,采空区内不得留有煤(岩)柱;特殊情况需留煤(岩)柱时,必须将煤(岩)柱的位置和尺寸准确地标在采掘平面图上。被保护层的瓦斯地质图上,应标出煤(岩)柱的影响范围。在这个范围内进行采掘工作时,必须采取防治突出的措施。

B 预抽煤层瓦斯

一个采煤工作面的瓦斯涌出量每分钟大于 5 m³ 时,或一个掘进工作面每分钟大于 3 m³,采用通风方法解决瓦斯问题不合理时,应采取抽放瓦斯措施。经验证明,预抽煤层瓦斯是一种有效的方法。矿井瓦斯抽放方法要根据矿井瓦斯来源、煤层地质和开采技术条件以及瓦斯基础参数确定。为提高抽放效果,可采用人为的卸压措施,如水力割缝、水力压裂、松动爆破和深孔控制卸压爆破等。

瓦斯抽放主要有本煤层瓦斯抽放、邻近层瓦斯抽放、采空区瓦斯抽放等方法。生产中根据矿井煤层瓦斯赋存状况及矿井条件,采用不同的方法进行瓦斯抽放。有时在一个抽放瓦斯工作面同时采用两种以上方法进行瓦斯抽放,即综合瓦斯抽放。

单一的突出危险煤层和无保护层可采的突出煤层群,可采用预抽煤层瓦斯防治突出的措施。预抽煤层瓦斯钻孔应控制整个预抽区域并均匀布置。预抽煤层瓦斯防治突出措施的有效性指标,应根据矿井实测资料确定。在未达到预抽有效性指标的区段进行采掘作业时,必须采取补充的防治突出措施。预抽煤层瓦斯钻孔可采用沿煤层或穿层布置方式。

采用预抽煤层瓦斯防治突出措施时,钻孔封堵必须严密。穿层钻孔的封孔深度应不小于 3 m,沿层钻孔的封孔深度应不小于 5 m。钻孔孔口抽放负压不应小于 13 kPa,并应使波动范围尽可能的降低。煤层瓦斯预抽效果的检验方法如下:

(1)预抽煤层瓦斯后,突出煤层残存瓦斯含量应小于该煤层始突深度的原始煤层瓦斯含量;

(2)煤层瓦斯预抽率应大于25%。煤层瓦斯预抽率应用钻孔控制范围内煤层瓦斯储量与抽出瓦斯量来计算。

达不到上述预抽指标的区域,在进行采掘工作时,都必须采取防治突出的补充措施。采用煤层瓦斯抽出率作为有效性指标的突出煤层,在进行采掘作业时,必须参照《防治煤与瓦斯突出细则》所规定的方法,并对预抽效果经常复查。

3.4.5.4 局部防治突出措施

局部防治突出措施的作用在于使工作面前方小范围煤体丧失突出危险性。局部防治突出措施仅适用于预测有突出危险的采掘工作面。

A 石门揭穿突出煤层的防治突出措施

石门揭穿突出煤层,即石门自底(顶)板岩柱穿过煤层进入顶(底)板的全部作业过程,都必须采取防治突出措施。在地质构造破坏带应尽量不布置石门。如果条件许可,石门应布置在被保护区或先掘出石门揭煤地点的煤层巷道,然后再用石门贯通。石门与突出煤层中已掘出的巷道贯通时,该巷道应超过石门贯通位置

5 m以上,并保持正常通风。

在揭穿突出煤层时,应按以下顺序进行:(1)探明石门(或揭煤巷道)工作面和煤层的相对位置;(2)在揭煤地点测定煤层瓦斯压力或预测石门工作面突出的危险性;(3)预测有突出危险时,采取防治突出措施;(4)实施防治突出措施效果检验;(5)用远距离放炮或振动放炮揭开或穿过煤层;(6)在巷道与煤层连接处加强支护;(7)穿透煤层进入顶(底)板岩石。

为防治石门揭煤发生突出,在石门揭穿突出煤层的设计中要求明确以下几点:(1)突出预测的方法及预测钻孔的布置、控制突出煤层的层位和测定煤层瓦斯压力钻孔的布置;(2)建立安全可靠的独立通风系统,并加强控制通风风流设施的措施。在建井初期矿井尚未构成全风压通风时,在石门揭穿突出煤层的全部作业过程中,与此石门有关的其他工作面都必须停止工作。振动放炮揭穿突出煤层时,与此石门通风系统有关地点的全部人员必须撤至地面,井下全部断电,井口附近地面20 m范围内严禁有任何火源;(3)制定揭穿突出煤层的防治突出措施;(4)准确确定安全岩柱厚度的措施;(5)安全防护措施。

在石门揭穿突出煤层前,必须对煤层突出危险性进行探测。石门揭穿突出煤层前,当预测为突出危险工作面时,必须采取防治突出措施,经效果检验有效后可用远距离放炮或振动放炮揭穿煤层;若检验无效,应采取补充防治突出措施,经措施效果检验有效后,用远距离放炮或振动放炮揭穿煤层。当预测为无突出危险时,可不采取防治突出措施,但必须采用振动放炮揭穿煤层。当石门揭穿厚度小于0.3 m的突出煤层时,可直接用振动放炮揭穿煤层。石门揭穿突出煤层的防治突出措施主要有以下几种:

(1) 预抽瓦斯措施:在石门揭煤时利用预抽瓦斯措施要选择煤层透气性较好,并有足够的抽放时间(一般不少于3个月)的巷道;抽放钻孔布置到石门周界外3~5 m的煤层内,抽放钻孔的直径为75~100 mm,钻孔孔底间距一般为2~3 m;在抽放钻孔控制范围内,如预测指标降到突出临界值以下,认为防治突出措施有效；

(2) 水力冲孔措施：当打钻时具有自喷(喷煤、喷瓦斯)现象，可采用水力冲孔措施进行石门揭穿突出煤层，水力冲孔的水压视煤层的软硬程度而定，一般应大于 3 MPa。钻孔应布置到石门周界外 3~5 m 的煤层内，冲孔顺序一般是先冲对角孔后冲边上孔，最后冲中间孔。石门冲出的总煤量不得少于煤层厚度 20 倍的煤量。如冲出的煤量较少时，应在该孔周围补孔；

(3) 排放钻孔措施：当煤层透气性较好，并有足够的排放时间时，可采用钻孔排放措施。排放钻孔应布置到石门周界外 3~5 m 的煤层内，排放钻孔的直径为 75~100 mm，钻孔间距根据实测的有效排放半径而定，一般孔底间距不大于 2 m；在排放钻孔的控制范围内，如果预测指标降到突出临界值以下，该措施才有效。对于缓斜厚煤层，当钻孔不能一次打穿煤层全厚时，可采取分段打钻，但第一次所打钻孔穿煤长度不得小于 15 m，进入煤层掘进时必须留 5 m 的最小超前距离；掘进到煤层顶(底)板时，不受此限制；

(4) 金属骨架措施：金属骨架措施主要用于石门与煤层层面交角较大或具有软煤和软围岩的薄及中厚突出煤层。该措施是在石门上部和两侧周边外 0.5~1.0 m 范围内布置骨架钻孔；骨架钻孔穿过煤层并进入煤层顶(底)板至少 0.5 m，钻孔间距不得大于 0.3 m；对于软煤要架两排金属骨架，钻孔间距应小于 0.2 m。骨架材料可选用 8 kg/m 的钢轨、型钢或直径不小于 50 mm 的钢管，其伸出孔外端用金属框架支撑或砌入碹内。揭开煤层后，严禁拆除金属骨架，而且金属骨架防治突出措施应与抽放瓦斯、水力冲孔或排放钻孔等措施配合使用。

B 煤巷掘进工作面的防治突出措施

在突出危险煤层中掘进平巷时，应采用超前钻孔、松动爆破、前探支架、水力冲孔或其他经试验证实有效的防治突出措施。在第一次执行上述措施或无措施超前距时，必须采用浅孔排放或其他防治突出措施，在工作面前方形成 5 m 执行措施的安全屏障后，方可进入正常防治突出措施施工，确保执行措施的安全。

a 超前钻孔措施

超前钻孔防治突出措施适用于煤层透气性较好、煤质较硬的突出煤层中,超前钻孔直径应根据煤层赋存条件和突出情况确定,一般为75～120 mm,地质条件变化剧烈地带也可采用直径为42 mm的钻孔。钻孔超前于掘进工作面的距离不得小于5m;若当超前钻孔直径超过120 mm时,必须采用专门的钻进设备和制定专门的施工安全措施;超前钻孔应尽量布置在煤层的软分层中;其控制范围应控制到巷道断面(包括巷道断面内的煤层)轮廓线外2～4 m。超前钻孔孔数应根据钻孔的有效排放半径确定。钻孔的有效排放半径必须经实测确定。煤层赋存状态发生变化时,应及时探明情况,重新确定超前钻孔的参数。必须对超前钻孔进行效果检验,若措施无效,必须补打钻孔或采取其他补充措施。超前钻孔施工前应加强工作面支护,打好迎面支架,背好工作面。

b 深孔松动爆破措施

深孔松动爆破措施适用于煤质较硬、突出强度较小的煤层。深孔松动爆破的孔径为42 mm,孔深不得小于8 m。深孔松动爆破应控制到巷道轮廓线外1.5～2 m的范围。孔数应根据松动爆破有效半径确定。采用深孔松动爆破防治突出措施,在掘进时必须留有不小于5 m的超前距。深孔松动爆破的有效影响半径应进行实测,深孔松动爆破孔的装药长度为孔长减去5.5～6 m,每个药卷(特制药卷)长度为1 m,每个药卷装入一个雷管。装药必须装到孔底。装药后,应装入不小于0.4 m的水炮泥,水炮泥外侧还应充填长度不小于2 m的封口炮泥,在装药和充填炮泥时,应防止折断电雷管的脚线。深孔松动爆破后,必须按照规定进行措施效果检验。如果措施无效,必须采取补救措施。深孔松动爆破时,必须执行撤人、停电、设警戒、远距离放炮、反向风门等安全措施。

在地质构造破坏带或煤层赋存条件急剧变化处不能按原措施要求实施时,必须打钻孔查明煤层赋存条件,然后采用直径为42～75 mm的钻孔进行排放,经措施效果检验有效后,方可采取安全防护措施施工。

c 水力冲孔措施

水力冲孔适用于有自喷现象的严重突出危险煤层。在厚度3 m左右和小于3 m的突出煤层,按扇形布置3个钻孔,在地质构造破坏带或煤层较厚时,应适当增加孔数,孔底间距控制在5 m左右,孔深通常为20~25 m,冲孔钻孔超前掘进工作面的距离不得小于5 m,冲孔孔道应沿软分层前进。冲孔前掘进工作面必须架设迎面支架,并用木板和立柱背紧背牢,对冲孔地点的巷道支架必须检查和加固。冲孔后和交接班前都必须退出钻杆,并将导管内的煤冲洗出来,防止煤、水、瓦斯突然喷出伤人。冲孔后必须进行效果检验,经检验有效后,方可采取安全措施施工。若措施无效必须采取补充措施。

C 采煤工作面的防治突出措施

当急斜突出煤层厚度大于0.8 m时,应优先采用伪倾斜正台阶或掩护支架采煤法。急倾斜突出煤层倒台阶采煤工作面,各个台阶高度应尽量加大,台阶宽度应尽量缩小,每个台阶的底脚必须背紧背严,落煤后必须及时紧贴煤壁支护,必须及时维修突出煤层采煤工作面的进、回风道,保持风流畅通。

有突出危险的采煤工作面可采用松动爆破、注水湿润煤体、超前钻孔、预抽瓦斯等防治突出措施,并尽量采用刨煤机或小截深采煤机采煤。

采煤工作面的松动爆破防治突出措施,适用于煤质较硬、围岩稳定性较好的煤层。松动爆破孔沿采煤工作面每隔2~3 m打一个,孔深不小于3 m,炮泥封孔长度不得小于1 m。措施实施后,必须经措施效果检验有效,方可进行采煤。采用松动爆破防治突出措施的超前距离不得小于2 m。采煤工作面浅孔注水湿润煤体防治突出措施,可用于煤质较硬的突出煤层。注水孔沿工作面每隔2~3 m打一个,孔深不小于3 m,向煤体注水压力不得低于8 MPa。发现水由煤壁或相邻注水钻孔中流出时,即可停止注水。注水后必须经措施效果检验有效后,方可进行采煤。注水孔超前工作面的距离不得小于2 m。

3.4.5.5 安全防护措施

A 振动放炮

振动放炮是通过多钻孔、一次放大炮以对煤体及岩层造成强烈的振动,在人员撤到安全地点的条件下诱导突出,以保证作业的安全。因此,振动放炮要求全断面一次揭开岩柱,爆破后巷道基本成型,不再进行刷大、卧底工作。

对石门揭穿突出煤层采用振动放炮有严格规定:(1)工作面必须有独立可靠的回风系统,必须保证回风系统中风流畅通,并严禁人员通行和作业;(2)在其进风侧的巷道中应设置两道坚固的反向风门,与该系统相连的风门、密闭、风桥等通风设施必须坚固可靠,防止突出后的瓦斯涌入其他区域;(3)凿岩爆破参数、放炮地点、反向风门位置、避灾路线及停电、撤人、警戒范围等,必须有明确规定;(4)振动放炮要有统一指挥,并由矿山救护队在指定地点值班,放炮后至少经 30 min,由矿山救护队人员进入工作面检查。根据检查结果,确定采取的恢复送电、通风及排除瓦斯等具体措施;(5)为降低振动放炮时诱发突出的强度,应采用挡栏设施。挡栏可用金属、岩石或木垛等构成;(6)揭开煤层后,在石门附近 30 m 范围内掘进煤巷时,必须加强支护,严格采取防治突出措施。

B 反向风门

反向风门是防止突出时瓦斯逆流进入进风道而安设的风门。反向风门在平时是敞开的,在放炮时关闭;放炮后,矿山救护队和有关人员进入检查时,必须把风门打开顶牢。

反向风门安设在掘进工作面的进风侧,以控制突出时的瓦斯能沿回风道进入回风系统。

一组反向风门须设两道,其间距不小于 4 m。反向风门距工作面的距离和反向风门的组数,应根据揭穿突出煤层时预计的突出强度确定。反向风门由墙垛、门框、风门和安设在穿过墙垛铁风筒中的防逆流装置组成。

C 井下避难所及压风自救系统

井下避难所要求设在采掘工作面附近和爆破人员操纵放炮的

地点。避难所必须设置向外开启的隔离门,室内净高不得低于2 m,长度和宽度应根据同时避难的最多人数确定,但每人使用面积不得少于 0.5 m²。避难所内支护必须保持良好,并设有与矿(井)调度室直通的电话,有供给空气的设施,每人供风量不得少于0.3 m³/min。如果用压缩空气供风时,应有减压装置和带有阀门控制的呼吸嘴。避难所内应根据避难最多人数,配备足够数量的自救器。

压风自救系统要求安设在井下压缩空气管路上,应设置在距采掘工作面 25～40 m 的巷道内、放炮地点、撤离人员与警戒人员所在的位置以及回风道有人作业处。长距离的掘进巷道中,应每隔 50 m 设置一组压风自救系统,每组压风自救系统一般可供 5～8 人用,压缩空气供给量,每人不得少于 0.1 m³/min。

4 矿 井 水 灾

　　凡影响生产、威胁采掘工作面或矿井安全、增加吨煤成本和使矿井局部或全部被淹没的矿井涌水事故,都称为矿井水灾(也称为矿井水害)。矿井水灾是煤矿五大灾害之一。煤矿在建设和生产过程中,常常受到水的危害,轻则影响生产,给管理带来困难,重则淹井伤人,给国家财产造成巨大损失。因此,煤矿职工有必要了解矿井水灾的发生及其防治方法,杜绝水患事故的发生。

4.1 矿井水灾的发生

4.1.1 矿井水灾的概念

　　矿区内的大气降水、地表水、地下水通过各种通道涌入井下,称为矿井涌水。当矿井涌水量超过矿井正常的排水能力时,就将发生水灾。形成矿井水灾的基本条件,一是必须有充水水源,二是必须有充水通道。两者缺一不可,所以说要避免矿井水灾的发生,只需切断上述两个条件或其中一个条件即可。

4.1.2 煤矿常见的水源

　　煤矿建设和生产中常见的水源有大气降水、地表水、地下水(潜水、承压水、老空小窑水、断层水等),如图 4-1 所示。

　　4.1.2.1 大气降水

　　从天空降到地面的雨和雪、冰、雹等溶化的水,称为大气降水。大气降水,一部分再蒸发上升到天空;另一部分流入地下,即形成地下水;剩下的部分留在地面,即为地表水。大气降水、地表水、地下水,实为互相补充,互为来源。形成自然界中水的循环,如图 4-2所示。

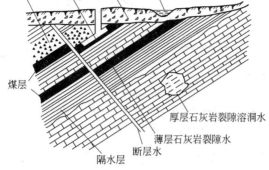

图 4-1 煤矿常见的水源

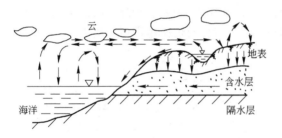

图 4-2 自然界中水的循环

4.1.2.2 地表水

地球表面江、湖、河、海、水池、水库等处的水均为地表水,它的主要来源是大气降水,也有的来自地下水。

煤矿在开采浅部煤层时,地表水经过有关通道会进入煤矿井下,形成水患,给生产和建设带来灾害。

4.1.2.3 潜水

埋藏在地表以下第一个隔水层以上的地下水,如图 4-3 所示,称为潜水。潜水一般分布在地下浅部第四纪松散沉积层的孔隙和出露地表的岩石裂隙中。潜水主要由大气降水和地表水补给。潜水不承受压力,只能在重力作用下由高处往低处流动。但潜水进入井下,也可能形成水患。

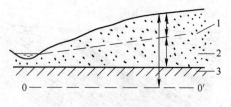

图 4-3 潜水

1—潜水面;2—潜水层;3—第一隔水层;

0—0′—基准面(测量高程水准面)

4.1.2.4 承压水

处于两个隔水层中间的地下水,称为承压水(或称流水),如图 4-4 所示。承压水具有压力,能自喷。自流井和喷泉都是承压水形成的。煤矿地层中,石灰岩裂隙及溶洞中的水为承压水,它具有很大的压力和水量,对煤矿生产威胁极大。

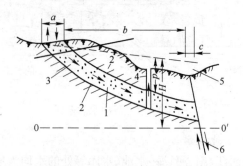

图 4-4 承压水

1—含水层;2—隔水层;3—地下水流向;4—自流井;5—喷泉;6—断层;

a—补给区;b—承压区(分布区);c—排泄区;0—0′—基准面

(测量水准面);H—静止水位;p—承压水头

4.1.2.5 老空积水

已经采掘过的采空区和废弃的旧巷道或溶洞,由于长期停止排水而积存的地下水,称为老空积水。它很像一个"地下的水库",一旦巷道或回采工作面接近或沟通了积水老空区,则会发生水灾。老空积水往往带有酸臭味。因此,在井下遇到酸臭味涌水时,要警惕老空积水的危害。

4.1.2.6 断层水

处于断层带(岩石错动形成)中的水,称为断层水。断层带往往是许多含水层的通道,因此,断层水往往水源充足,对矿井的威胁极大。1960年峰峰一矿,由于断层煤柱尺寸太小,断层水大量涌出,涌水量达150 m³/min,淹没全矿,直到1970年才恢复生产。

4.1.3 矿井水灾的通道

水源与煤矿井下巷道等工作场所的通道是多种多样的,主要有:

(1)煤矿的井筒:地表水直接流入井筒,造成淹井事故。地下水穿透井巷壁进入井下,也能给煤矿建设和生产造成重大灾害;

(2)断层裂隙:断层带往往是许多地下含水层的通道,有时断层带也与地表水相通,将地表水引入井下;

(3)采后塌陷坑冒落柱:煤层开采后,使上覆岩层产生裂隙,地表发生沉陷,所造成的裂隙可成为大气降水或地表水渗入矿井的良好通道。此外,煤层顶板岩石在回采前为隔水层,但在开采后产生塌陷裂隙,则可成为透水层。这种变化必须引起充分的注意;

(4)石灰岩溶洞陷落柱:石灰岩溶洞顶部岩石破碎垮落,往往形成竖直的通道,当采掘工作接近到此处时,常发生突水事故,造成重大损失,开滦范各庄矿特大透水事故就是此类通道所致;

(5)古井老塘及封堵不严的钻孔:历史上采掘遗留下的废弃的井筒和巷道以及地质勘探过程中没封或封得质量不好的钻孔,不但可以形成地下水源,而且可以成为地下水流入矿井的良好通道,将地下水或地表水引入井下巷道中。

4.1.4 造成矿井水灾的原因

造成矿井水灾的原因如下:

(1)地面防洪、防水设施不当;

(2)缺乏调查研究,水文地质情况不清,对老空水、陷落柱、钻孔等没搞清楚,在施工中造成水害事故;

（3）没有执行"有疑必探，先探后掘"的探放水原则，或者探放水措施不严密，盲目施工造成突水淹井事故；

（4）乱采乱挖破坏了防水煤柱或岩柱造成透水；

（5）出现透水征兆未被察觉，或未被重视，或处理方法不当而造成透水；

（6）测量工作有失误，导致巷道穿透积水区而造成透水；

（7）在水文地质条件复杂，有突水淹井危险的矿井，在需要安设而未安设防水闸门或防水闸门安设不合格以及年久失修关闭不严而造成淹井；

（8）排水设备失修，水仓不按时清挖，突水时，排水设备失效而淹井；

（9）钻孔封闭不合格或没有封孔，成为各水体之间的垂直联络通道。当采掘工作面和这些钻孔相遇时，便发生透水事故。

4.2　矿井水灾的防治

防治矿井水灾的原则，就是在保证矿井安全生产的前提下，以防为主，防治结合，井上井下结合。矿井水灾的防治方法很多，概括起来可分为：地面防治水和井下防治水。

4.2.1　地面防治水

地面防治水是防止或减少地表水流入矿井的重要措施，是防止矿井水灾的第一道防线。特别是对以大气降水和地表水为主要水源的矿井，更有重要意义。地面防治水工作，首先要有齐全、详细的矿区水文地质资料。要搞清矿区地貌，地质构造，地面水情况、降雨量、融雪量及山洪分流分布和最高洪水位等，并标在地形地质图上。然后，根据掌握的资料，有针对性地采取措施，主要有：慎重选择井口位置；修筑防洪堤和挖防洪沟；河流改道，铺设人工河床；填堵漏水区，修筑防水沟及排涝等。

4.2.1.1　慎重选择井口位置

在设计中选择井口和工业广场标高时，应按《规程》规定，高于当地历年最高洪水位,保证在任何情况下不至于被洪水淹没。井口与主要建筑物安全超高见表 4-1。

表 4-1　井口与主要建筑物安全超高

防 护 类 型		安全超高/m
煤矿井口	平原地区	0.5
	丘陵、山区	1.0
工业广场及居民区		0.5

在特殊条件下,确难找到较高的位置或需要在山坡上建筑井筒时,则必须修筑坚实的高台或在井口附近修筑可靠的防洪堤(如图 4-5 所示)和防洪沟(如图 4-6 所示)等,防止洪水灌入矿井。

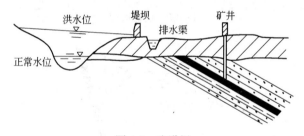

图 4-5　防洪堤

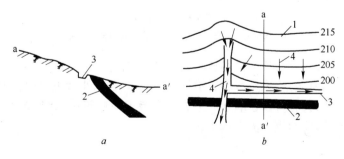

图 4-6　防洪沟
a—剖面图;*b*—平面图
1—地形等高线;2—煤层;3—防洪沟;4—水的流向

4.2.1.2 河流改道及铺人工河床

当有河流经过矿区,对矿井有影响时,可以将河改道,把地表水引出矿区,如图 4-7 所示。但河流改道,往往工程量大,投资多。如受客观条件限制无法改道时,可以在矿井漏水地段用黏土、混凝土等铺设人工河床,如图 4-8 所示,防止河水渗入井下。

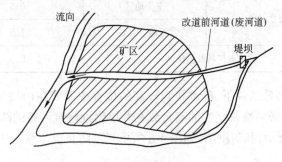

图 4-7 河流改道

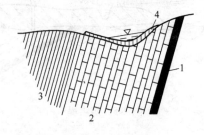

图 4-8 人工河床

1—煤层;2—石灰岩含水层;3—页岩层;4—人工河床

4.2.1.3 填堵漏水区及修筑排水沟

当有老窑、采空区和岩溶塌陷等漏水区时,小者可以用黏土填堵夯实,大者可以在漏水区上方迎水流方向修筑排水沟,如图 4-9 所示,防止地表水流入漏水区。

4.2.1.4 疏导排水

对矿区内大面积积水,可开掘疏水沟或安设水泵将积水排走。修筑排水沟时,要避开煤层露头,裂隙和透水层,严防地表水渗入井下(俗称"两挖一让路")。

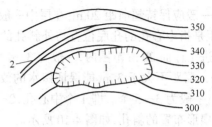

图 4-9　塌陷区上方排水沟

1—塌陷区;2—排水沟

4.2.2　井下防治水

井下防治水工作是一项十分艰巨细致的工作,在开采的各个环节都要防治井下水。通常要掌握地质水文资料。

4.2.2.1　掌握矿井的水文地质资料

水文地质资料是制定防水措施的依据。因此,必须掌握井田范围内冲积层的含水透水情况,含水层和老空水的情况,可能出水的断层和裂隙分布位置,采动后顶板破碎及地表陷落情况。将上述有关资料标注在采掘工程平面图上,划定出安全开采范围。

4.2.2.2　探放水

当采掘工作面接近含水层、被淹井巷、断层、溶洞、老空积水等地点,或遇到可疑水源以及打开隔水煤柱放水时,都必须贯彻"有疑必探,先探后掘"的原则。

A　探水的起点

由于积水范围不可能掌握得很准确,探水的起点至可疑水源必须留出适当的安全距离。我国一些煤矿的经验,必须在离可疑水源 75～150 m 以外开始打探水钻,有时甚至在 200 m 以外就开始打钻。

B　探水钻孔的布置

采用边探边掘时,总是钻孔钻进一定距离后,才掘进巷道,且钻孔的终止位置对巷道的终止位置始终保持一段超前距离,这样就留有相当厚的矿柱,以确保掘进工作的安全。

在煤层中一般应保持超前距 20 m;在层中一般应保持超前距
5~10 m。帮距是指中心孔的孔底位置与外斜孔的孔底之间的距离。在超前掘进工作面 20 m 范围内,一般为 3 m。因为老塘巷道宽度一般为 3 m,帮距不大于 3 m,能保证探水的效果。密度是指探水孔的个数,一般为 3~5 个。即 1 个中心孔,2~4 个与中心孔成一定角度以扇形布置的斜孔,如图 4-10 所示。

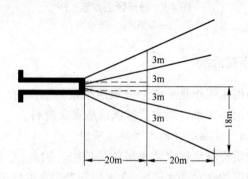

图 4-10　超前探水钻孔布置示意图

探水钻孔布置应考虑地质条件,如:煤层走向的变化及夹石分布规律,以免判断错误。钻孔布置应考虑矿井排水能力,巷道坡度及断面等因素。探水孔的直径,应根据水量大小而定,一般为
75 mm。若水量很大,需放水时间很长,可以适当加大孔径或增加孔数。

C　探水时注意事项

(1)探水地点要与相邻地区的工作地点保持联系,一旦出水要马上通知受水害威胁地区的工作人员撤到安全地点。若不能保证相邻地区工作人员的安全,可以暂时停止受威胁地区的工作;

(2)打钻探水时,要时刻观察钻孔情况,发现煤层疏松,钻杆推进突然感到轻松,或顺着钻杆有水流出来(超过供水量),都要特别注意。这些都是接近或钻入积水地点的征兆。遇到这种情况要立即停止钻进,进行检查并由有经验的同志监视钻孔和水情变化。这时还不要随意移动或拔出钻杆,因为移动钻杆,高压水可能把钻

杆顶出来,碰伤人员;拔出钻杆,钻孔即为积水流出的通道,钻孔会越冲越大,造成透水事故。如果水量水压较大,喷射较远,必须马上固定钻杆,背紧工作面,加固煤壁及顶底板;

（3）当在钻孔内发现有害气体放出时,要停止钻进,切断电源,撤出人员,采取通风措施冲淡有害气体。

D　放水时注意事项

（1）放水前必须估计积水量,并要根据矿井排水能力和水仓容量控制放水眼数量及放水眼的流量;

（2）放水时,要经常观测钻孔中水量变化情况,特别是放老空积水,当水量变小或无水时,应反复多次下钻至原孔孔底或超过孔底,以防钻孔被堵塞,造成放干积水的假象,避免掘进时发生事故。

（3）放水过程中,应经常检查孔内放出的瓦斯及其他有害气体的含量,以便采取措施。

4.2.2.3　隔离水源

隔离水源措施包括留设防水煤(岩)柱和隔水帷幕带。

A　留设防水煤(岩)柱

在开采时遇到煤层直接被冲积层覆盖,煤层直接与含水丰富的含水层接触,邻近有充水断层或老窑采空积水区等情况时,如果不预先进行疏干,则应留设防水煤(岩)柱,如图 4-11 所示,使工作面与水源隔开。防水煤(岩)柱起增加巷道岩层抵抗水压力的作用,防止在水压或矿压作用下形成通道使水进入矿井。因此,煤(岩)柱留设的尺寸,应以能抵抗破坏为原则。既不能小(小了不起作用),也不能大(大了影响资源回收,造成浪费)。通常采用的尺寸为:矿界煤柱(同一煤层),以 40 m 为宜,若以断层为矿界,则煤柱尺寸以 60 m 为宜;煤上部边界煤柱尺寸,以 80 m 为宜;矿井内断层两侧要留设煤柱,其尺寸一般以 30~40 m 为宜。确定既安全又经济的煤柱尺寸,必须通过实践的考验,针对具体条件才能作到。

B　隔水帷幕带

隔水帷幕带就是将预先制好的浆液(水泥、水玻璃等)通过在井巷前方所打的具有一定角度的钻孔压入岩层的裂隙。浆液在空隙中渗透和扩散,经凝固、硬化后形成隔水帷幕带,起到隔离水源的作用。

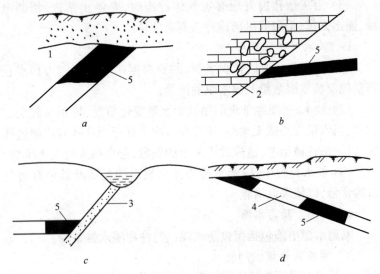

图 4-11 留设防水煤(岩)柱示意图
a—煤层直接被疏松含水层覆盖;b—煤层直接与含水丰富的含水层接触;
c—邻近有充水断层;d—邻近有老窑采空积水区
1—含水砂岩层;2—岩溶含水层;3—充水的断层;
4—老窑积水区;5—防水煤柱

由于注浆工艺过程和使用设备都比较简单,而且效果又好,因此,目前国内外均认为它是防治矿井水灾的有效方法之一。通常在下述条件下可以采用注浆建立隔水帷幕带:

(1) 老空水或被淹井巷的水与强大水源有密切联系,单纯采用排积水的办法不行或很不经济;

(2) 井巷必须穿过一个或若干个含水丰富的含水层或充水断层,若不隔离水源就无法掘进;

(3) 涌水量大的矿井,为了减少矿井的涌水量而采用隔水帷幕带。为了取得注浆隔水的预期效果,必须首先查明水源的存在状况等。

4.2.2.4 堵截

井下涌水为预防采掘过程中突然涌水而造成波及全矿的淹井事故,通常在巷道穿过有足够强度的隔水层的适当地段上设置防水闸门和防水墙。

A 防水闸门

防水闸门一般设置在可能发生涌水,需要堵截,而平时仍需运输和行人的巷道内。例如:在井底场,井下水泵房和变电所的出入口以及有涌水互相影响的区之间,都必须设置防水闸门。一旦发生水患,立即关闭闸门,将水堵截,把水患限制在局部地区。

B 水闸墙

在需要永久截水而平时无运输、行人的地点设置水闸墙。水闸墙有临时和永久两种。临时水闸墙一般用木料或砖料砌筑;永久性水闸墙,通常采用混凝土或钢筋混凝土浇灌。构筑水闸墙地点应选在坚硬岩石处和断面小的巷道中,水闸墙的截槽只能用风镐或手镐挖掘。修筑水闸墙时要预留灌浆孔,建成后向四壁灌入水泥浆,使墙与岩壁结成一体,以防漏水。水闸墙下都要安设放水管。

4.2.2.5 治理地下暗河

被水溶蚀的石灰岩层,可形成很深的洞穴或忽隐忽现的地下暗河,地质学上称此现象为喀斯特地形。我国西南地区多见,在雨季充水,对矿井是一个很大的威胁。地下暗河的治理,首先是查明分布,然后针对实际情况,采取有效措施,一般采取以下措施:

(1)堵塞暗河突水孔:在采掘工作中,遇到暗河突水孔,当孔不大时,设法用麻袋装的快干水泥等物堵孔,然后砌实,堵塞暗河突水孔;

(2)绕过暗河:在掘进工作中如果遇到许多充满河砂无水溶洞,可能有暗河;掘进头炮眼往外喷水,水中夹杂着河砂及小卵石,可以基本肯定前方有暗河,要测水压、范围。若封堵有困难,可以设法绕过暗河,保证掘进工作的安全进行;

（3）截断暗河：弄清暗河位置，可以将暗河截流，把暗河水引走，通常可以采用开凿泄水巷道的办法引流。

（4）断绝暗河水源：若暗河水源为地面水体或其他水体，可以将其水源断绝。

4.2.2.6 疏放地下水

疏放地下水是消除水源威胁的措施。具体的方法，可以在地表打疏水钻孔，把地下水直接排到地表，也可以在井下开拓疏水巷道，如图 4-12 所示，或打放水钻孔，如图 4-13 所示，把地下水放出，然后再通过排水设备排出地表。

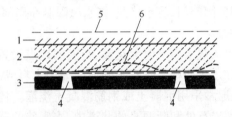

图 4-12　疏水巷道放水

1—隔水层；2—顶板含水层；3—煤层；4—疏水巷道；

5—静水水位；6—疏放后水位

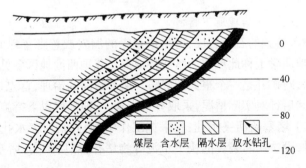

图 4-13　顶板钻孔放水

此外，在疏放地下水的过程中还有这样的情况，即在煤层上下都有含水层，此时若下含水层的水位低于煤层底板很多，而下含水层的吸水能力大于上含水层的泄水量，可以利用打钻的办法将上含水层的水放到下含水层中去。这是一项省钱、省力又安全的措施。我国西北高原地区,太原群煤层下部含水层(奥陶纪石灰岩)水位低于煤层很多,可以容纳煤层上部含水层的泄水。因此,人们利用打钻放水,取得了既便宜又安全的治水效果。

4.3 矿井透水事故的处理

4.3.1 透水预兆

采掘工作面透水前,一般有如下预兆:

(1) 煤壁发潮,发暗;

(2) 煤壁或巷道壁"挂汗";

(3) 巷道中气温降低;

(4) 顶板来压,顶板淋水加大或底板鼓起有渗水;

(5) 出现压力水线,这是离水源很近的现象;

(6) 有水声,一种是受挤压发出的"嘶嘶"声,另一种是空洞泄水声,这都是离水体很近的预兆;

(7) 有硫化氢(H_2S)或二氧化碳(CO_2)气体出现。

当发现工作面有透水预兆时,说明已接近水体,此时应停止作业,并报告矿调度室,采取有效措施,以防止透水事故的发生。

4.3.2 透水时的措施

井下发生透水时,在现场的工作人员,报告调度室的同时,应就地取材积极封堵透水孔,加固工作面支护,防止事故继续扩大。如果情况紧急,来不及进行加固工作,现场人员应按避灾路线撤退到上一水平进风巷或地面,切勿进入独头的下山巷道。如万一无法或来不及撤至上水平,可暂时找一独头上山避难待救。遇难人员要保持镇静,避免消耗体力过度。

矿领导接到透水报告后,应立即报告上级有关部门和矿山救护队,同时通知受透水事故威胁的人员撤离危险区,关闭有关水闸门,开动井下排水设备,积极组织力量,进行抢险救灾,营救遇难人员。

4.3.3 被淹井巷的恢复

被淹井巷的恢复工作,大致可分为:查清水源,堵水排水,初整巷道,恢复通风以及进一步整修巷道恢复生产等步骤。由于井巷被淹没,水量必然很大,为了使恢复工作顺利进行,堵水或排水前,必须对水源、水量及涌水通道进行周密的调查研究,然后再采取措施进行恢复工作。恢复方法包括直接排干法和先堵后排法,前者适用于水量不大或水源有限或与其他水源无通道联系的被淹井巷;后者适用于涌水量特别大,单纯采用排水法无法恢复的巷道。

4.4 底板泄水巷在古汉山矿的应用

4.4.1 基本情况

古汉山矿 1991 年开工建设,2003 年 11 月 1 日正式投产,第一水平标高为 -450 m。矿井设计年生产能力 120 万 t,服务年限 53.8 年。

古汉山井田地层自老至新有奥陶系、石炭系、二迭系、三迭系及第三、四系,下二迭统山西组为主要含煤建造,由砂岩、砂质泥岩、泥岩和本井田主要可采煤层二$_1$煤组成。二$_1$煤位于山西组下部,厚度 1.88～7.57 m,平均厚度 5 m。煤层下距 L_8 灰岩 26.5～49.0 m,平均 35 m;底板为灰黑色泥岩及砂质泥岩,致密细腻,含有丰富的植物化石,含炭质较高,并有星点状黄铁矿,有时有炭质泥岩作为煤层的直接底板。

古汉山矿井位于焦作煤田的东北部,基本构造轮廓为一向南东缓倾的单斜构造,地层产状大致走向为北东或北东东,倾角为 12°～17°,构造形式以断裂为主,局部出现小的挠曲。

矿井地下水有以下几个含水层组:

Ⅰ 第三、第四系砂、砾石(砾岩)含水层,在构造破碎带与下伏 L_8 灰岩有水力联系。

Ⅱ 二迭系砂岩孔隙承压水——含水性弱,对矿井充水影响不大。

Ⅲ 石炭系太原群岩溶承压含水层,太原群上部岩溶承压水主要为 L_8 灰岩,厚度 $5.07 \sim 10.071$ m,平均 8.30 m,裂隙溶洞发育,含水性强,上与煤层间由泥岩、砂质泥岩隔水层和坚硬的砂岩组成,为二$_1$煤突水的主要威胁;太原群下部承压岩溶含水层主要为 L_2 灰岩层,厚 $5.90 \sim 21.62$ m,平均 12.57 m,裂隙溶洞发育,含水性强。

Ⅳ 奥陶系灰岩岩溶承压含水层 O_2,厚度 $400 \sim 600$ m,裂隙溶洞发育,广泛出露于太行山,含水性强,以上含水层由于露头风化带与下伏含水层接触或构造破碎带造成各层之间互相补给。

古汉山矿自建井以来采区上山及矿井回风巷因地层条件和矿压因素影响失修严重,工作面上下风道维护困难;已开采的工作面均不同程度的有突水发生,11071 工作面于 2002 年 11 月曾发生 7 m^3/min 的突水,11082 工作面于 2004 年 7~10 月曾发生多次突水,最大突水量达到 10 m^3/min;在工作面开采前曾实施过底板注浆改造工程,由于矿压较大,巷道变形严重,煤层下部的软弱分层和底板泥岩遇水后易膨胀,钻孔孔口套管固结成为一个难题,错位、断裂事故频频发生,钻孔施工困难重重,导致工作面底板注浆改造未达到预期效果,在煤巷内实施煤层底板注浆改造工作比较困难。同时工作面突水对回采造成严重影响,安全生产和经济效益受到制约,如果在古汉山矿施工煤层底板泄水巷将突水进行导流,可以有效地解决工作面突水对生产的影响,还可以利用泄水巷对工作面进行底板注浆改造和封堵突水点。

4.4.2 泄水巷施工情况

一一采区东、西泄水巷布置在煤层底板下,距煤层 5 m,巷道断面形状为半圆拱,规格:直墙高 1.3 m,宽 2.6 m,支护形式为锚网喷,局部地段用工钢棚加强支护。底板泄水巷布置平面图如图 4-14 所示。

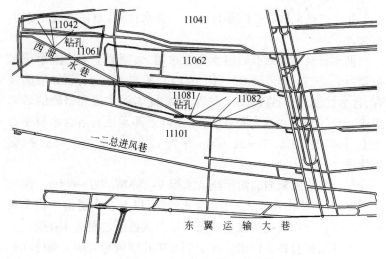

图 4-14　——采区西泄水巷布置

由于底板泄水巷都布置在煤层底板砂岩层位中,所以有效地解决了古汉山矿由于矿压大而巷道支护困难的问题。巷道一般采用锚网喷支护形式,对于有些地段由于受回采工作面动压影响较大,无法再用锚网喷支护时,就采用拱形工钢对棚支护,施工方便,平均月进 90 m。

4.4.3　应用情况

4.4.3.1　堵水

2003 年 11 月 11071 工作面下安全口底板有少许渗水,随后上安全口底板突水,水量 0.8 m³/min,随着工作面的推进水量不断增加,水量为 7.0 m³/min 后逐渐稳定。为减少突水对回采的影响,提出了动水条件堵水的要求。从地面施工钻孔,深度大、成本高,且准确性差,堵水成功率难以保证,而东泄水巷距离突水点只有 90 m,因此选择在井下施工钻孔进行堵水这一方案。在泄水巷内施工一个 4 m×4 m 的钻场,钻孔设计为沿断层线布置 3～5 个导水钻孔,在已知的突水点下方布置钻孔,注入骨料或"水玻璃 +

水泥浆"双液浆对突水点进行封堵,突水点水量明显减少后再利用导水钻孔对断层进行加固。2004年9月14日开始施工,2004年12月30日突水点断流,经检验孔检验,突水封堵成功,堵水率100%。

4.4.3.2 煤层底板巷道泄水

11082工作面在回采时于2004年7月发生底板突水,为了减少突水对回采的影响,从西泄水巷施工两条斜巷与11082工作面下风道贯通,利用泄水巷进行疏水,避免水流冲刷下风道,极大地改善了工作面作业环境。

为改变突水水流向,在泄水巷布置钻场向工作面内施工泄水钻孔,设计钻孔终孔位置位于煤层底板下0.5～1.5 m,充分利用采后矿压对煤层底板造成的裂隙,将突水导向泄水钻孔,并且针对突水点位置随着工作面的推进而移动及时调整钻孔参数,保证泄水钻孔能够很好地连通因采煤产生的底板裂隙,减少工作面突水水量,改善作业环境。西泄水巷在八个钻场内共施工钻孔113个,总长度9033.8 m,东泄水巷在四个钻场内共施工钻孔35个,总长度3811.5 m。

5 煤矿事故及安全管理

5.1 安全技术理论

安全技术的产生要追溯到远古时代,原始人为了提高劳动效率和抵御猛兽的袭击,利用石器和木器制造了作为狩猎(即生产)和自卫(即安全)的工具。可以说这是最原始的"安全技术"措施。随着手工业生产的出现和发展,生产技术提高和生产规模逐步扩大,生产过程中的安全问题随之突出。因此,安全防护器械也随着工具的进步而发生了质的飞跃。例如,我国古代的青铜冶铸及其安全防护技术都已达到了相当高的水平。从湖北铜绿山出土的古矿冶遗址来看,当时在开采铜矿的作业中就采用了自然通风、排水、提升、照明以及框架式支护等一系列安全技术措施。1637年,宋应星编著的《天工开物》一书中,详尽地记载了处理矿内顶板的安全技术:采煤时,"其上支板,以防压崩耳。凡煤炭取空以后,以土填实其井"。从某种意义上说,这就是现在的"矿业安全工程"的雏形。公元989年,北宋建筑学家喻皓主持建造了杭州梵天寺塔和汗京开宝寺灵威木塔。木塔高11层,每层在塔体周围置一层帐幕加以遮挡,起了安全网的作用,保证安全施工。北宋孔平促在《谈苑》一书中记载了镀金人水银中毒,头手俱颤的现象。明代李时珍《本草纲目》记载有采铅人中毒现象:"钻空山穴石间,其气毒人,若连日不出,则皮肤萎黄,腹胀不能依,多致疾而死",这说明在当时对工业生产中的职业中毒等危害因素已有了一定认识。

16世纪,西方国家开始进入资本主义社会。到了18世纪中叶,蒸汽机的发明给人类发展提供了新的动力,使人类从繁重的手工劳动中解脱出来,劳动生产率空前提高。但是,劳动者在自己创造的机器面前致死、致伤、致病、致残的事故与手工业时期相比也显著增多。工伤事故的频繁发生,促使人们不得不重视安全工作。因此,人们开始认识到需要在技术上、设备上进行研究,采取措施,防止危害工人的人身安全,保证生产的顺利进行。于是相继发明了各种防护装置、保险设施、信号系统以及预防性机械强度检验方法等。这些伴随新的生产工具和生产技术发展而产生的安全技术为防止工伤事故的发生、改善生产条件创造了前提。与此同时,根据安全工作的需要,许多国家制定了一些有关劳动安全方面的法律、改善劳动条件的有关规定。

20世纪初,随着工业的不断发展,人们除了注意对工业卫生和职业病的防治外,还开始从设备和劳动者的生理、心理因素两方面来考虑组织生产的安全工作。并出现了人和机器、环境的关系的人机工程学。近几十年来,随着工业技术的高速发展,工业生产过程日益连续化,工业生产规模日益大型化,安全问题也越来越引起社会的重视。这是因为许多大型企业,特别是像煤炭开采、石油化工、冶金、交通、航空、核电站等,一旦发生事故,将会造成巨大的灾难。随着社会文明的进步,人们对于安全的要求越来越高。

5.1.1 基本概念

安全:脱离不可接受的伤害危险。安全是相对的概念。对于一个组织,经过危险评价,确定了不可接受的危险,那么它就要采取措施将不可接受危险降低至可允许的程度,使得人们避免遭受到不可接受危险的伤害。因而说,避免人员伤害、财产损失发生的过程和结果为安全。随着组织可允许危险标准的提高,安全的相对程度也在提高。

事故:造成死亡、职业病、伤害、损失或其他损失的意外事件。伤亡事故,根据国务院1991年颁布的《企业职工伤亡事故报告和处理规定》,是指职工在作业过程发生的人身伤害、急性中毒事故。即指职工在本岗位作业,或虽不是在本岗位作业,但由于企业的设备和设施不安全、作业条件和作业环境不良,所发生的轻伤、重伤、死亡事故。

职业病：是指职工在生产环境中由于工业毒物、不良气象条件、生物因素、不合理的作业组织以及一般卫生条件恶劣的职业性毒害而引起的疾病。例如煤矿开采、翻砂造型、玻璃等作业的工作，因长期接触含二氧化硅粉尘而得矽肺，从事铅冶炼、蓄电池、铸铅字等工人，因接触铅烟、尘而患铅中毒等等。

事件：造成事故或可能造成事故的事件。事件的发生可能造成事故，也可能并未造成任何损失，对于没有造成职业病、死亡、伤害、财产损失或其他损失的事件可称之为"虚惊事件"，事件包括虚惊事件。

危害：可能造成人员伤害或职业病、财产损失、工作环境破坏或其组合的根源或状态。危害通俗地讲就是危险源。危害可认为是潜在的伤害，可能造成致伤、致命、中毒、设备或财产损失等损害。其本质有两个方面：

（1）存在能量、有害物质——这是危险产生的内在因素；

（2）能量、有害物质失去控制而导致的意外释放或有害物质的泄露、散发——这是危险产生的外部条件。

危险：特定危害事件发生的可能性与后果的结合。危险具有两个特性，即可能性和严重性，可能性是指导致事故发生的难易程度，严重性是指事故发生后能给组织带来多大的人员伤亡或财产损失。如果其中任一个不存在，则认为这种危险不存在。如电击危险，如果能保证在有电击可能性的地方，不许人员进入或人员不能进入，就可认为这个危险并不存在。

危险评价：估计危险程度并确定危险是否可允许的全过程。也称为安全评价。评价危险程度需研究分析存在的危害因素导致事故的可能性与事故后果的严重度。通常可将危险评价划分为两个部分，事故易发性评价和事故后果严重度评价。事故易发性评价是在建立事故易发性指标的基础上，采用合理的数学方法进行处理，最后得出一个综合指标来实现。事故后果严重程度要通过工程学的方法分析获得。确定危险是否允许或可接受，需根据相关的知识，如法律、法规及组织具体情况加以确定，一般说来，这个标准或界限值不是一成不变的。

系统安全:所谓系统安全,是在系统寿命期间内,应用系统安全工程和管理方法,辨识系统中的危险,并采取控制措施使其危险性最小,从而使系统在规定的性能时间和成本范围内达到最佳的安全程度。

安全管理:对劳动生产过程中的事故和防治事故发生的管理。

5.1.2 事故致因理论

防止事故,首先必须弄清事故发生原理。事故致因理论是一定生产力发展水平的产物。在生产力发展的不同阶段,生产过程中存在的安全问题不同,特别是随着生产形式的变化,人在工业生产过程中所处地位的变化,引起人们安全观念的变化,使新的事故致因理论相继出现。概括地讲,事故致因理论的发展经历了三个阶段:以海因里希因果连锁论为代表的早期事故致因理论,以能量意外释放论为主要代表的二次世界大战后的事故致因理论,现代的系统安全理论。

5.1.2.1 事故因果连锁论

1931年海因里希(W. H. Heinrich)首先提出了事故因果连锁论。该理论认为,事故的发生不是一个孤立的事件,尽管事故发生可能在某一瞬间,却是一系列互为因果的原因事件相继发生的结果。在事故因果连锁论中,以事故为中心,事故的原因概括为三个层次:直接原因,间接原因,基本原因。海因里希最初提出的事故因果连锁过程包括五个因素:遗传及社会环境、人的缺点、人的不安全行为或物的不安全状态、事故、伤害。人们用多米诺骨牌来形象的描述这种事故因果连锁关系,如图5-1所示,在多米诺骨牌系列中,一颗骨牌被碰倒了,则将发生连锁反应,其余的几颗骨牌相继被碰倒。如果移去连锁中的一颗骨牌,则连锁被破坏,事故过程被中止。海因里希认为,企业事故预防工作的中心就是防止人的不安全行为,消除机械的或物质的不安全状态,中断事故连锁的进程而避免事故的发生。

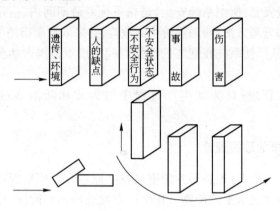

图 5-1　海因里希事故因果连锁关系示意图

　　海因里希的事故因果连锁论,提出了人的不安全行为和物的不安全状态是导致事故的直接原因这个工业安全中最重要、最基本的问题。但是,海因里希理论把大多数工业事故的责任都归因于人的缺点等,表现出时代的局限性。

5.1.2.2　事故统计分析用因果连锁模型

　　在事故原因的统计分析中,当前世界各国普遍采用如图 5-2 所示的因果连锁模型。该模型着重于伤亡事故的直接原因——人的不安全行为和物的不安全状态,以及其背后的深层原因——管理失误。我国的国家标准《企业职工伤亡事故分类》就是基于这种事故因果连锁模型制定的。

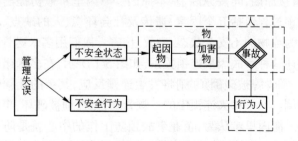

图 5-2　事故统计分析因果连锁模型

5.1.2.3 能量观点的事故因果连锁

1961 年吉布森(Gibson)、1966 年哈登(Haddon)等人提出了解释事故发生物理本质的能量意外释放论。人类利用各种形式的能量做功以实现预定的目的,人类在利用能量的时候必须采取措施控制能量,使能量按照人们的意图产生、转换和做功。从能量在系统中流动的角度,应该控制能量按照规定的能量流通渠道流动。如果由于某种原因失去了对能量的控制,就会发生能量违背人的意愿的意外释放或逸出,使进行中的活动中止而发生事故。如果事故时意外释放的能量作用于人体,并且能量的作用超过人体的承受能力,则将造成人员伤害;如果意外释放的能量作用于设备、建筑物、物体等,并且能量的作用超过它们的抵抗能力,则将造成设备、建筑物、物体的损坏。

伤亡事故调查发现,大多数伤亡事故都是因为过量的能量,或干扰人体与外界正常能量交换的危险物质的意外释放引起的,并且这种过量能量或危险物质的释放都是由于人的不安全行为或物的不安全状态造成的。美国矿山局的札别塔基斯(Michael Zabetakis)依据能量意外释放理论,建立了新的事故因果连锁模型,如图 5-3 所示。

5.1.2.4 系统安全观点的事故因果连锁

系统安全理论认为,系统中存在的危险源是事故发生的根本原因,防止事故就是消除、控制系统中的危险源。根据危险源在事故发生、发展中的作用,把危险源划分为两大类,即第一类危险源和第二类危险源。系统中存在的、可能发生意外释放的能量或危险物质称做第一类危险源;导致约束、限制能量措施失效或破坏的各种不安全因素称为第二类危险源,第二类危险源主要包括人、物、环境三方面的问题。一起事故的发生是两类危险源共同作用的结果。第一类危险源的存在是事故发生的前提,第二类危险源的出现是第一类危险源导致事故的必要条件。在事故的发生、发展过程中,两类危险源相互依存、相辅相成。第一类危险源在事故时释放出的能量是导致人员伤害或财物损坏的能量主体,决定事故后果的严重程度;第二类危险源出现的难易决定事故发生的可能性大小,两类危险源共同决定危险源的危险性。图 5-4 所示为系统安全观点的事故因果连锁。

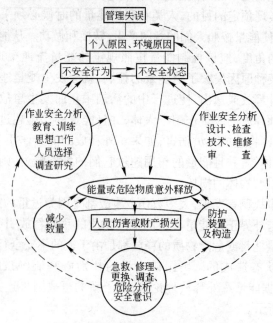

图 5-3　能量观点的事故因果连锁

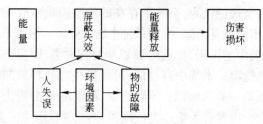

图 5-4　系统安全观点的事故因果连锁

5.2　人因劳动特性

5.2.1　人体能量代谢

人在作业过程中所需要的能量,是分别由三种不同的能源系统

——ATP-CP(三磷酸腺苷—磷酸肌酸)系统、乳酸能系统和有氧氧化系统提供的。这三个系统的供能状况与体力劳动的关系见表5-1。

表 5-1 供能状况与体力劳动的关系

名　称	代谢需氧状况	供能速度	能源物质	产生 ATP 的量	体力劳动类型
ATP-CP 系统	无氧代谢	非常迅速	CP	很少	劳动之初和极短时间内的极强体力劳动的供能
乳酸能系统	无氧代谢	迅速	糖原	有限	短时间内强度大体力劳动的供能
有氧氧化系统	有氧代谢	较慢	糖原、脂肪、蛋白质	几乎不受限制	持续时间长、强度小的各种劳动供能

人体能量的产生和消耗称为能量代谢。能量代谢的测定方法有直接法和间接法两种。目前一般采用间接法,其基本原理是,能量代谢可通过人体的氧耗量反映出来,因此,首先测得单位时间内糖、脂肪等能源物质在体内氧化时的氧耗量和二氧化碳的排出量,求得两者之比(呼吸商),由此再推算某一时间或某项作业所消耗的能量。

通常能耗量以千卡(kcal)表示。氧耗量有两种表示方法。一种是以每分钟所消耗的氧气的容积表示,即每分钟耗氧多少升(L/min);另一种是以人每公斤体重每分钟消耗多少立方厘米氧气表示$[cm^3/(kg \cdot min)]$。这两种表示方法可以通过下列公式换算

$$1 \text{ L/min} = W \times 10^{-3} \text{ cm}^3/(kg \cdot min)$$

式中　W——体重,kg。

从事劳动所需要的能量,最终来源于糖、脂肪、蛋白质的氧化分解。在能源物质的氧化分解过程中,人体必须不断地吸入氧,并不断地排出二氧化碳。不同的能源物质在体内氧化时,其呼吸商是不同的。同时,各种能源物质在体内氧化时,每消耗 1 L 氧所产生的热量(氧热价)也是不同的。

人体代谢所产生的能量等于消耗于体外做功的能量和在体内直接、间接转化为热的能量的总和。在不对外做功的条件下,体内所产生的能量等于由身体发散出的能量,从而使体温维持在相对恒定的水平上。

能量代谢分为三种,即基础代谢、安静代谢和活动代谢。

人体代谢的速率,随人所处的条件不同而异。生理学将人清醒、静卧、空腹(食后 10 h 以上)、室温在 20℃ 左右这一条件定为基础条件。人体在基础条件下的能量代谢称为基础代谢。单位时间内的基础代谢量称为基础代谢量。它反映单位时间内人体维持最基本的生命活动所消耗的最低限度的能量。通常以每小时每平方米体表面积消耗的热量来表示,记作 $kcal/(h \cdot m^2)$。

安静代谢是作业或劳动开始之前,仅仅为了保持身体各部位的平衡及某种姿势条件下的能量代谢。安静代谢量包括基础代谢量。测定安静代谢量,一般是在作业前或作业后,被测者坐在椅子上并保持安静状态,通过呼气取样采用呼气分析法进行的。安静状态可通过呼吸次数或脉搏数判断。通常也可以常温下基础代谢量的 120% 作为安静代谢量。

活动代谢亦称为劳动代谢、作业代谢或工作代谢。它是人在从事特定活动过程中所进行的能量代谢。体力劳动是使能量代谢亢进的最主要的原因。因为在实际活动中所测得的能量代谢率,不仅包括活动代谢,也包括基础代谢与安静代谢,所以活动代谢应为

活动代谢率＝实际代谢率－安静代谢率

活动代谢率用每分钟内每平方米体表面积所消耗的能量表示,记作 $kcal/(min \cdot m^2)$。活动代谢与体力劳动强度有直接对应关系。它对于劳动管理、劳动卫生具有极为重要的意义,是计算劳动者一天中所消耗的能量以及计算需要营养补给的热量的依据,也是评价劳动负荷合理性的重要指标。

体力劳动强度不同,所消耗的能量不同。由于劳动者性别、年龄、体力与体质方面存在差异,从事同等强度的体力劳动,消耗的

· 216 ·

能量亦不同。为了消除劳动者个体之间的差异因素,常用活动代谢率与基础代谢率之比,即相对能量代谢率来衡量劳动强度的大小。相对能量代谢率 RMR 为

RMR ＝活动代谢率/基础代谢率

＝(作业时实际代谢率－安静代谢率)/基础代谢率

用 RMR 衡量劳动强度比较准确,目前在日本已被广泛使用。

除利用实测方法之外,还可用简易方法近似计算人在一个工作日(8 h)中的能量消耗,其计算公式如下

总代谢率＝安静代谢率＋活动代谢率

＝1.2×基础代谢率＋RMR×基础代谢率

＝基础代谢率×(1.2＋RMR)

总能耗(kcal)＝(1.2＋RMR)×基础代谢率×体表面积×

活动时间

影响人体作业时能量代谢的因素很多,如作业类型、作业方法、作业姿势、作业速度等。

5.2.2 劳动强度

劳动强度是以作业过程中人体的能耗量、氧耗量、心率、直肠温度、排汗率或相对代谢率等作为指标分级的。由于最紧张的脑力劳动的能量消耗一般不超过基础代谢的 10%,而体力劳动的能量消耗可高达基础代谢的 10～25 倍,因此,以能量消耗或相对代谢率作为指标制订的劳动强度分级,只适用于以体力劳动为主的作业。

5.2.2.1 国外的劳动强度分级

国外常用的克里斯坦森(Christensen)标准是以能耗量和氧耗量作为分级标准来划分不同劳动强度的,见表 5-2。该标准所依据的为欧美人的平均值,即体重 70 kg、体表面积 1.84 m^2。所分等级为轻、中等、强、极强、过强共五级。对于我国,该标准显得过高。因此,有人建议将该标准按我国人体表面积减去 5%～20%,作为标准。

表 5-2　按能耗和氧耗分级的劳动强度指标

劳动强度级	轻	中　等	强	极　强	过　强
能耗下限/kcal·min^{-1}	2.5(10.5)	5.0(20.9)	7.5(31.4)	10.0(41.9)	12.5(52.3)
氧耗量下限/L·min^{-1}	0.5	1.0	1.5	2.0	2.5

除此之外,国际劳工局、日本劳动科学研究所也各有标准,其中,由于我国人体素质与日本比较接近,故有较大的参考价值。具体请参考其他书籍。日本通常是以能量代谢率 *RMR* 作为评价劳动强度标准的。

5.2.2.2　我国的劳动强度分级

我国于 1983 年制定了按劳动强度指数划分的《体力劳动强度分级》国家标准(GB3869—83),见表 5-3。该标准是以劳动时间率和工作日平均能量代谢率为标准制订的,能比较全面地反映作业时人体负荷的大小。劳动强度指数的计算公式如下

$$I = 3T + 7M$$

式中　I——劳动强度指数;

　　　T——劳动时间率;

　　　M——8 h 工作日能量代谢率;

　　　3——劳动时间率计算系数;

　　　7——能量代谢率计算系数。

表 5-3 中各级别的 8h 工作日平均能耗值分别为:Ⅰ级——850 kcal/人,相当于轻劳动;Ⅱ级——1328 kcal/人,相当于中等强度劳动;Ⅲ级——1746 kcal/人,相当于重强度劳动;Ⅳ级——2700 kcal/人,相当于很重强度劳动。

表 5-3　体力劳动强度分级

劳 动 强 度 级 别	劳 动 强 度 指 数
Ⅰ	≤15
Ⅱ	约 20
Ⅲ	约 25
Ⅳ	>25

劳动时间率为一个工作日内净劳动时间(即除休息和工作时间持续 1 min 以上的暂停时间外的全部活动时间)与工作日总时间的比,以百分比表示,即工作日内净劳动时间/工作日总工时(%)。可通过抽样测定,取其平均值。

能量代谢率 M 的计算方法是:将某工种一个工作日内各种活动和休息加以归类,求出各项活动与休息时的能量代谢率,分别乘以相应的累计时间,最后得出一个工作日各种活动和休息时的合计能量消耗总值,再除以工作日总工时,即得出工作日平均能量代谢率。各项活动与休息时的能量代谢率应用下列公式计算

$$\lg Y_e = 0.0945X - 0.53794$$

$$\lg(13.26 - Y_e) = 1.1648 - 0.0125X$$

式中　Y_e——能量代谢率,kcal/(min·m²);

　　　X——每平方米体表面积每分钟呼气量,L/(min·m²)。

当每分钟肺通气量 3.0~7.3 L 时采用上式;每分钟肺通气量 8.0~30.9 L 时采用下式;每分钟肺通气量 7.3~8.0 L 时则采用两式的平均值。

5.2.3　最大能量消耗界限

单位时间内人体承受的体力活动工作量(体力工作负荷)必须处在一定的范围之内。负荷过小,不利于劳动者工作潜能的发挥和作业效率的提高,将造成人力的浪费,但负荷过大,超过了人的生理负荷能力和供能能力的限度,又会损害劳动者的健康,导致不安全事故的发生。

一般,人体的最佳工作负荷是指在正常情景中,人体工作8 h不产生过度疲劳的最大工作负荷值。最大工作负荷值通常是以能量消耗界限、心率界限以及最大摄氧量的百分数表示。国外一般认为,能量消耗 20.9 kJ(5 kcal/min)、心率 110~115 次/min、吸氧量为最大摄氧量的 33% 左右时的工作负荷为最佳工作负荷。中国医学科学院卫生研究所也曾对我国具有代表性行业中的 262 个工种的劳动时间和能量代谢进行了调查研究,提出了如下能量消

耗界限,即一个工作日(8 h)的总能量消耗应在 5852～6688 kJ (1400～1600 kcal)之间,最多不超过 8360 kJ(2000 kcal)。若在不良劳动环境中进行作业,上述能耗量还应降低 20%。根据我国工人目前食物摄入水平,这一能耗界限是比较合理的。日本学者斋藤一和入江俊二对作业中的最佳能耗范围也进行了研究,他们认为,8 h 工作适宜能耗应为 5852～6270 kJ(1400～1500 kcal),不宜超过 7524 kJ(1800 kcal)。

对于重强度劳动和极重(很重)强度劳动,只有增加工间休息时间即通过劳动时间率来调整工作日中的总能耗,使 8h 的能耗量不超过最佳能耗界限。

对于在一个工作日中,劳动时间与休息时间各为多少以及两者如何合理配置,德国学者 E. A. 米勒研究后认为,一般人连续劳动 480 min 而中间不休息的最大能量消耗界限为 4 kcal/min,这一能量消耗水率也被称为耐力水平。如果作业时的能耗超过这一界限,劳动者就必须使用体内的能量贮备。为了补充体内的能量贮备,就必须在作业过程中,插入必要的休息时间。米勒假定标准能量贮备为 24 kcal,要避免疲劳积累,则工作时间加上休息时间的平均能量消耗不能超过 4 kcal/min。据此,可将能量消耗水平与劳动持续时间以及休息时间的关系通过下式表达。

设作业时增加的能耗量为 M、工作日总工时为 T,其中实际劳动时间为 $T_劳$,休息时间为 $T_休$,则

$$T = T_劳 + T_休$$

$$T_r = T_休 / T_劳$$

$$T_w = T_劳 / T$$

式中　T_r——休息率,%;

T_w——劳动时间率,%。

由于实际劳动时间为 24 kcal 能量贮备被耗尽的时间,所以

$$T_劳 = 24 / (M - 4)$$

由于要求总的能量消耗满足平均能量消耗不超过 4 kcal/min,所以

$$T_劳 M = (T_劳 + T_休) \times 4$$

$$T_休 = (M/4 - 1) T_劳$$

$$T_r = T_休 / T_劳 = M/4 - 1$$

$$T_w = T_劳 / T = T_劳 / (T_劳 + T_休) = 1/(1 + T_r)$$

例 已知作业时能量消耗量为 35.53 kJ/min(8.5 kcal/min)，安静时能量消耗量为 6.27 kJ/min(1.5 kcal/min)，求作业与休息时间及劳动时间率。

作业时增加的能耗量 $M = 8.5 - 1.5 = 29.26$ kJ/min(7 kcal/min)

劳动时间 $T_劳 = 24/(7 - 4) = 8$ min

休息时间 $T_休 = (7/4 - 1) \times 8 = 6$ min

休息率 $T_r = (7/4 - 1) \times 100\% = 75\%$

劳动时间率 $T_w = [1/(1 + 0.75)] \times 100\% = 57\%$

由以上计算可知，在从事该项作业的过程中，每劳动 8 min 后，应安排 6 min 的工间休息时间，即休息时间为实际劳动时间的 75%，换言之劳动时间率为 57%。

目前有许多重体力作业，其能量消耗均已超过最大能耗界限，如铲煤作业，能量消耗为 41.8 kJ/min(10 kcal/min)；拉钢锭工，能量消耗为 36.37 kJ/min(8.7 kcal/min)。对于此类作业，必须根据作业时的能量代谢率，合理安排工间休息，以保证 8 h 的总能耗不超过最佳能耗界限。工间休息时间的长短、次数和时刻，应根据劳动强度、作业性质、紧张程度、作业环境等因素确定。如在高温或强热辐射环境中劳动的钢铁冶炼工人、锻工等，不仅需要较多的休息次数，而且每次工间休息时间也应长些(20~30 min)。其劳动时间率一般为 40%。一般情况下，工作日开始阶段的休息时间应比前半日的中间阶段多一些，以消除开始积累的轻度疲劳，保证后一段时间作业能力的发挥。工作日的后半日特别是结束阶段休息次数应多一些。

5.2.4 人体的忍耐力

5.2.4.1 疲劳的概念

疲劳是指在劳动生产过程中,作业能力出现明显下降,或由于厌倦而不愿意继续工作的一种状态。这种状态是相当复杂的,并非由一种明确的单一的因素构成。

通常把疲劳分为两种,即肌肉疲劳(或称体力疲劳)和精神疲劳(或称全身疲劳、脑力疲劳)。肌肉疲劳是指过度紧张的肌肉局部出现酸痛现象,一般只涉及大脑皮层的局部区域;精神疲劳则与中枢神经活动有关,它是一种弥散的、不愿意再作任何活动和懒惰的感觉,意味着机体迫切需要休息。出现这两种疲劳的生理过程完全不同,有必要分别加以讨论。

5.2.4.2 肌肉疲劳

A 生理学实验

用电流刺激一块离体的蛙腿肌肉,肌肉受电流刺激后,发生收缩而肌肉上抬。这种现象称之为肌肉做功。几分钟后,出现下述现象:(1)肌肉上抬的高度降低;(2)肌肉的收缩和松弛均变慢;(3)潜伏期(电流刺激和肌肉开始收缩的时间间隔)变长,随着肌肉处于紧张状态,肌肉做功减少,最后,即使继续给予刺激,肌肉亦不再引起反应,如图5-5所示。

人类的神经或肌肉(随意肌或非随意肌)在受到电刺激后,也会出现同样的现象。在生理学上,把肌肉应激(即处于紧张状态)后做功减少的现象称为肌肉疲劳。肌肉出现疲劳,不但做功减少,而且运动速度也减慢,肌肉运动不协调,易出差错。

B 肌肉疲劳的生化改变

肌肉活动所需的能量是由肌细胞中的三磷酸腺苷(ATP)分解提供的。ATP在酶的作用下,迅速分解为二磷酸腺苷(ADP)和磷酸,同时放出能量供肌肉完成机械活动。但肌肉的ATP储备量很少,必须边分解边合成才能使肌肉活动持续下去,所以实际上ATP一被分解,就立即从其他物质再合成。当ATP消耗过多,以致ADP增多时,肌肉中的另一种高能磷酸化合物——磷酸肌酸(CP)立即分解为磷酸和肌酸,放出能量供ADP再合成ATP,但肌肉中的磷酸肌酸的含量也很有限,只能供肌肉收缩活动短时间之用。体内真正的储能分子是糖、脂肪和蛋白质,它们不断分解,放出能量供ATP的再合成,以维持肌肉继续活动。糖、脂肪和蛋白质的分解代谢取决于劳动时机体的供氧情况。当供氧充足时(中等强度肌肉活动时),糖和脂肪是通过氧化、磷酸化过程提供能量来合成ATP的;当供氧不足时(大强度活动时),则主要通过糖的无氧酵解提供的能量来合成ATP,同时生成大量乳酸。在工作的肌肉内便存在着一个能量释放消耗和贮存的动态平衡的过程。如果对能量的需求大大超过合成能力,这个动态平衡便会受到破坏,使糖原大量迅速消耗,乳酸积聚过多,从而引起肌肉疲劳,甚至不能继续工作。

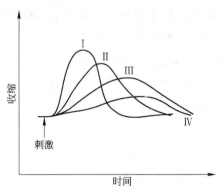

图 5-5　离体蛙腿肌肉的疲劳表现

Ⅰ—新鲜肌肉的收缩和松弛;Ⅱ—同一块肌肉,中等刺激后;

Ⅲ—同一块肌肉,强刺激后;Ⅳ—同一块肌肉很强刺激后

C　肌肉疲劳的电生理现象

许多研究资料指出,反复收缩的随意肌在衰竭后,仍可能对通

过皮肤的电刺激作出应答,表明肌肉疲劳是中枢神经系统的一种现象,而不单是肌肉本身的现象。

D 肌肉疲劳的肌电图

一些生理学家推测,在疲劳早期阶段,中枢神经系统的活动可有代偿地增加。当肌肉被反复刺激处于疲劳时,若肌肉收缩仍维持在同样水平,则必需有更多的肌肉纤维被刺激而进入活动状态,故在肌肉收缩不变的情况下,随着疲劳程度的增加,肌电图所见的电活动亦必然增加。正如依罗(Yllo)所观察到的,在卡片上打孔60~80 min 后,所有受试者前臂及肩膀肌肉的肌电图电活动均有所增加。这就说明,在工业生产过程中出现肌肉疲劳时,若需维持原有的工作效能,中枢神经系统的活动势必要加强。

E 肌肉疲劳学说

肌肉疲劳学说目前大体有两种,即化学学说和中枢神经系统学说。前者认为,肌肉疲劳主要是化学过程(产生能量的物质过度消耗和代谢废物过度积聚)的结果,其次才是神经及肌肉之电现象。后者认为,化学过程本身只不过是产生刺激而引起感觉神经冲动而已,冲动沿神经传递至大脑和大脑皮层,因此,肌肉疲劳本身即可引起全身的疲倦感觉;加之向心的冲动抑制了运动中枢,所以,沿运动神经传递的冲动,其数量和频率势必随之减少,因而便依次出现了肌肉疲劳的外在信号(即肌力减少和肌肉有节律运动时其位移缩短和受阻)。

目前,这两种学说对肌肉疲劳的本质都不能作出完满的解释。可以这样说:中枢神经系统现象和肌肉的化学过程必然和肌肉疲劳有一定关系,而且中枢神经系统对与疲劳有关的各种化学过程必将起主导作用。

5.2.4.3 精神疲劳

精神疲劳主要是指第二信号系统活动能力减退,表现为全身乏力、头晕、思睡或失眠、心情压抑、思维能力减弱及活动减少。若得不到休息,会感到非常苦恼。这种感觉和口渴、饥饿一样,都是人类的一种保护性反应。

机体在任何时刻都处于一种特定的机能状态,即处于从熟睡状态到警戒状态中的某一种状态。从熟睡状态到警戒状态,依大脑皮层活动水平不同,大约可分为熟睡、浅睡、思睡、疲倦、发呆、懈怠、静止、新鲜、机敏、机灵、兴奋和警戒等不同的状态,而精神疲劳一般认为是处于从懈怠到睡眠间的一种状态。

精神现象和大脑皮层的活动状态有关。而大脑皮层的活动状态则取决于活动和抑制两种系统的均衡。如活动系统占优势,则机体处于对刺激准备应答增高状态,其生理表现为对周围事物和工作感到新鲜、兴趣浓厚和非常清醒;如若抑制系统的影响占优势,则大脑皮层活动大为减少,机体对刺激准备应答能力减弱,其生理表现为疲倦和思睡,思维活动减少。因此,一个人任何特定瞬间的功能状态,均取决于这两种系统的活动水平。

5.2.4.4 疲劳的特点

A 疲劳的原因

一般,当机体出现疲劳时,主观上必有疲倦、厌烦等感觉,但有时这种感觉和疲劳状态不同时发生,这在很大程度上取决于劳动者的精神心理状况。例如,当对工作缺乏责任感或无兴趣时,劳动过程中便很容易出现疲倦感,而机体实际上尚未进入疲劳状态;反之,尽管机体已达到疲劳状态,但由于高度责任感、有浓厚兴趣和爱好,或处于危险中的应急状态等,机体可暂时忘却疲倦感,维持一定工效。可见,产生疲劳的原因是相当复杂的。

超过生理负荷的激烈动作和持久的体力或脑力劳动,作业环境中不良的气象条件和环境条件(如照度不足、噪声和振动、毒物和粉尘、重复的节律),单调乏味的工作,长期劳逸安排不当,不良的精神因素(如遭受强烈的刺激、焦虑情绪、矛盾的心情、缺乏工作责任感),机体状况不好(如营养不良、疾病、疼痛、睡眠不足、体质欠佳)等,均是发生疲劳的原因。此外,从人机工程学的观点来看促使疲劳过早出现的原因还有:劳动时不能维持良好的劳动姿势,不按生物力学的原理合理使用体力,不能把有用的力用于做功,工作空间过小,机具或控制器(手柄、按钮、脚踏板等)的形状、大小、质量、高低、远近设计不合理,未考虑到人体的生理功能、解剖结构和生物力学的原理,仪表面板的设计未能考虑人体生理功能,使视觉通道负荷过重,信号显示系统不符合人体生理和心理特点,机床、作业台、控制台、司机的位置等未按适当的人体身高或坐高和身体活动范围设计,座椅不符合人体解剖结构特点等等。

休息是一种解除疲劳,恢复工作能力的过程。这主要靠夜间的睡眠,但白天的业余时间和工间休息也起一定的作用。作为生理现象的疲劳,必须在24h周期内得到完全的解除,以保持平衡。若长期得不到完全解除,势必造成疲劳的累积,即过度疲劳(简称过劳)。

B 过度疲劳

过度疲劳时,在睡眠醒来后仍有疲倦的感觉,在工作开始前已感到疲倦。这样的人,常因情绪不好对工作感到厌恶,易怒,适应性差,身体衰弱,对疾病抵抗力低下,还可能出现一系列功能失调,如头晕、头痛、睡眠障碍、心律不齐、多汗、食欲不振和引起消化道疾患等,这种失调常使短时间病休率增高。有各种精神和心理因素的人(如对职业不热爱,对分配的工作或工作地点不满,对工作和环境不适应等),更易出现过劳现象。但事实上,要分辨是精神因素还是超过生理负荷所引起的过劳,往往是很困难的。

此外,精神心理因素还会出现"厌烦"。厌烦也是一种生理功能状态。疲劳和厌烦两者常同时出现,难以区分,它们都是大脑皮层活动水平低下的结果。

5.2.4.5 疲劳的测定方法

测量疲劳的目的是研究疲劳—劳动产值之间的关系,测定人体对不同紧张水平的反应,以满足发展生产和改善劳动条件的需要。

迄今为止,尚无法直接对疲劳进行测量,所有的实验工作都是测定某些与疲劳有关的指标。间接地对疲劳进行定量测量的评价指标是对一个受试者在工前、工中、工后多次进行测量,然后将前后测得的值进行比较的结果。因此,研究疲劳的测定方法,尤其是研究疲劳定量测量的方法,是人机工程学中亟待解决的一个问题。

测定疲劳的方法,除测量劳动者身体状况(如脉搏、血压、能量代谢、尿中肾上腺素、17-羟皮质类固醇等)的变化以外,在人机工程中常用的方法有下列几种。

A 观察产品的质量和数量

劳动生产率和疲劳有一定关系,但不能直接作为疲劳指标,因为劳动生产率和许多因素(如生产目的、社会因素、对工作的态度等)有关。不过对于产品的质量下降或操作的错误额度增加,也必须考虑到疲劳这个因素。

B 记录受试者的感觉

采用主观感觉询问表,记录受试者工作前后的感觉。主观感觉询问表有许多种,如 Haider1961 年及 Croll1965 年使用的"双极询问表",表内列出了两种截然相反的状态(如对工作感兴趣—对工作感到厌烦,想打瞌睡—十分清醒,精力充沛—感到疲倦等),让受试者作出记号以表明在特定瞬间他们的主观感觉;此外,还有 Peason 等在 1965 年用的比较程序表、苏尔特等 1975 年提出的统计表及日本产业卫生学会和产业疲劳研究会 1970 年提出的疲劳自我感觉调查表等。

C 分析脑电图

利用脑电图仪可把机体处于不同机能状态时,大脑部位脑电波的变化记录下来,观察脑电波的周期(波率)、振幅(波幅)和相位以及波形、分布、对称性、节律性等。常见的脑电波有 α、β、γ、δ 和 θ 五种波形。α 波主要与皮层的枕叶、额叶活动有关。正常成年

人的脑电图应以 α 波为主，尤以枕、额叶明显，其波率为 $8\sim13$ 周/s，电位较高，波幅在 $25\sim100\ \mu V$ 之间，平均为 $50\sim70\ \mu V$。β 波波率较快，为 $18\sim30$ 周/s，波幅一般为 $20\sim50\ \mu V$，主要分布在额颞区。正常人清醒状态下可见此波，但较 α 波为少。γ 波波率更快，为 $35\sim45$ 周/s，波幅 $10\sim15\ \mu V$，主要在额区和中央前区出现，意义现尚不明。δ 波波率最低，波率为 $0.5\sim3$ 周/s，波幅不超过 $20\ \mu V$（$10\sim20\ \mu V$），此波在深睡时出现。θ 波波率 $4\sim7$ 周/s，波幅为 $25\sim50\ \mu V$，正常人在颞顶部可见到。通常把 α 波、θ 波增加，β 波减少，作为疲倦和思睡的指标。

D　测定闪频值（CFF）

对于工作期间精神一直处于高度紧张状态的工种（如电话员、机场调度员）、视力高度紧张的工种及枯燥无味重复单调的工种，其工作前后的闪频值（可分辨最快光闪的频率）可有不同程度的变化（$0.5\sim6$ Hz）；而体力劳动、精神不太紧张或可以自由走动的工作，工作前后该指标的变化就很小。

E　智能测验

智能测验包括理解能力、判断能力和运动反应等功能测验。常使用下列测验。

a　反应时

反应时是一种时间测量值，又称反应潜伏期，指刺激和反应之间的时间距离。它包含以下几个时相：第一相，刺激使感受器产生兴奋，其冲动传递到感觉神经元的时间；第二相，神经冲动经感觉神经传到大脑皮层的感觉中枢和运动中枢，经运动神经、执行器官的时间；第三相，执行器官接受冲动后引起操作活动的时间。这三个时间的总和即为反应时。

反应时可分为简单反应时和复杂（选择分化）反应。简单反应时的测量是给予受试者以单一的刺激，要求受试者作出反应。如给被试者一个红色灯光信号（刺激），要求受试者当灯光一亮即按下电键,经记时装置读出该受试者的反应时。最初测得的反应时可能长达 0.5 s,多次练习后会降到 0.2～0.25 s,再后可能会降到 0.2 s 以下,但无论怎样练习都不能减至 0.15 s 以下。为防止出现受试者的"假反应",可在实验中插入"侦察实验",例如,实验的程序是每名受试者做 20 次,在 20 次刺激中插入 1 或 2 次干扰信号(如给绿色灯光刺激),若受试者上了当,就说明受试者"抢步",这 20 次实验都要作废重做。

复杂反应时的测量是给予受试者以不同的刺激,要求作出不同的反应。例如,作为刺激的光有两种,一为红光,一为绿光,主试者规定受试者看见红光就按电键,看见绿光不按,红光与绿光随机地出现,但出现几率相等。也可使用声光复合刺激,规定看见指定的灯光信号或听到声音后,才开始按键等。复杂反应时的测量比简单反应时测量所需的时间长,但可以克服简单反应时测量中的"假反应"或"抢步",因此复杂反应时作为疲劳的测试指标更为合适。在疲劳时,反应时间(尤其是复杂反应)明显延长。

b 轻敲测验和在方格内打点的测验

在规定时间内,让受试者用铅笔尽快地在纸上打点子(或在有格子的纸上将点子打在格内),计算单位时间打点子数。这种试验又称为手动频率试验,目的是测定运动的反应功能。疲劳时,运动反应功能有所下降。

c 握力和肌耐力

这亦是测定运动反应功能的一种方法,若全身乏力、疲倦,握力和肌耐力则有所下降。

d 技能测验

例如,观察车工单位时间内产品的产量和质量,这些可反映受试者的判断能力和运动反应等功能。

e 模拟条件下驾车试验

在实验室内模拟行车情况驾车,可反映受试者精神集中程度、判断和综合能力、思维活动情况及运动反应等功能。

　　f　快速智力测验

　　例如,要求受试者说出两样东西有什么相似之处,以检查一般智力和言语概念联想能力(相似性测验);要求受试者顺背和倒背数字,以检查其对数字记忆的广度(数字广度测验);要求受试者根据每个数字配有的不同符号,在90 s内尽快地将符号填在相应的数字下面,用以测验眼手协调、视觉感知和学习能力(数字符号测验);用4块或9块全红全白或半红半白的方积木,按主试者的要求在规定时间内摆成图案,测验视觉和分析空间关系的能力(木块图测验)等。在疲劳时,这些测验中的相应功能均有所下降。智能测验不足之处在于这种试验本身常常对受试者要求很高,因而增加了受试者大脑活动的水平。这种试验至少在理论上可能掩盖一部分疲劳时将会出现的某些信号。

　　F　精神测验

　　精神测验主要是测定受试者精神集中程度(大脑皮层所处的机能状态)、视觉感知的准确性和运动反应的速度等,通常可用下列方法。

　　a　简单的算术加法

　　观察完成时间和正确率。对有一定文化程度的受试者,可给予一定难度的数学试题(工前、工后应使用难易程度相当的不同试题)。

　　b　勾销试验

　　例如,勾销字母表测验,要求在排列无规律的英文字母表中划去某个字母,计算完成时间和正确率;划字测验,要求在排列无规律的数字表上划去某一数字或接连出现的相同的数等。

　　c　跟踪试验

　　测定对运动物体的反应,如光螺旋跟踪试验。

　　d　估计试验

常用的是时间估计,即主试者呈现一定时距的时间信号,让受试者估计这一时距的长短。例如,先发出一个声音,经过一段时间再发出第二个声音,让受试者估计两个声音相隔多少时间(空白时间估计);让受试者听一段优美的音乐,当音乐停止时,让受试者估计听音乐的时间(情绪状态时间估计);让受试者听到第一个声音时就尽快地出声背诵乘法口诀,当听到第二个声音时就停止背诵,让受试者估计背了多少时间(智力活动时间估计);让受试者听到第一个声音时即用铅笔尽快地在纸上打点子,当听到第二个声音时就停止动作,让受试者估计打点子的时间(运动状态时间估计)。实验程序可定为:每种时间估计有两种时距,每种时距测量 3 次,全部试验需做 24 次。测验完毕,可将实际时间与受试者估计的时间加以核对,算出误差时间及误差的百分比。疲劳时,误差时间及误差百分比均有所增加。

e 记忆测验

常用短时记忆(对信息保持到几秒直至一分钟左右的记忆)测验。大多数人的短时记忆广度是 7 ± 2 个不相连的项目,但人的记忆广度还依赖于对材料的组织。例如,假定有一个电话号码是9034293311,其数字项目已超过 9 个,若让受试者按顺序阅读一遍后即要正确地回忆出这个号码,这是比较困难的,但如果受试者懂得电话号码的编排,把这个电话号码分为 903(地区代号)、429(电话分局代号)和 3311(用户编号)三个部分,就比较容易掌握了。短时记忆测验目的是测定短时记忆的广度,测验的方法有多种,如给受试者呈现 5 组 5 位数字,每组数字呈现时间为 5 s,要求被试者将呈现过的数字按原来顺序背诵出来,每个数字 4 分,据此统计被试者的正确率。

f 联想测验

主要测定人们的思维能力。当疲劳时,思维能力亦随之降低。联想测验有多种方法,如 50 个联想刺激词表法就是其中常用的一种。这种方法是先在短时间内向受试者呈现 50 个词,其中有 28 个具体的物体名词、14 个抽象词和 8 个概括词,每词一卡,混合排列;然后再逐一呈现卡片,每当呈现一个词后,即让受试者自由联想刚才看过的一个词,记录时间和内容。

疲劳时,联想时间延长,回答内容多为一般性或低质量回答。

必须强调的是,精神测验本身可使受试者兴奋,因而可抵消某些疲劳信号。此外,精神测验和智能测验一样,测验结果将受受试者的文化程度及练习的熟练程度等因素的影响,并且当测验时间拖得太长时,测验本身就会带来疲劳。

G 研究人体动作的变化

将一个发光物体固定在人的肢体上,连续拍摄人在劳动时的影像,随着疲劳增长,可看出人的多余动作增多,动作速度减慢,动作幅度增大,动作周期性的准确程度降低。采用这种方法能够对各种不同疲劳程度进行准确的测定。

5.2.5 大脑的觉醒水平

人的大脑觉醒水平的高低表示人的头脑清醒程度。是模糊、清醒,还是过度紧张,可以反映人的各种生理状态,而且这种生理状态受太阳等外界影响,而有规律的变化,即所谓生理节奏(亦称生物节律)。研究大脑的觉醒水平和人体的生理节奏,对提高工作效率、确保工作中人机系统安全有着十分重要的意义。

日本大学桥本帮卫教授将大脑的觉醒水平划分为五个等级,见表 5-4。比较表中Ⅰ与Ⅲ,两个觉醒等级的作业可靠度可以看出,状态Ⅲ的可靠度较状态Ⅰ要高得多,即Ⅲ级觉醒水平是最佳觉醒状态,工作能力最强,但这种状态只能维持 15 min 左右。在超常态(Ⅳ级)下,由于过度紧张,造成官神恐慌,失误率也会明显增高。

表 5-4　大脑觉醒水平划分

等级	觉醒状态	注意能力	生理状态	工作能力	可靠度
0	无意识失神	无	真睡、似睡、发呆	无	0
I	常态以下，意识模糊	不注意	疲劳、单调、困倦、轻醉	易失误,易出事故	0.9 以下
II	常态但松懈	消极注意	休息、反射性活动	可作熟练操作；可作常规性操作	0.99～0.99999
III	常态而清醒	积极注意	精力充沛	有随机处理能力；有准确决策能力	0.999999 以上
IV	超常态,过度紧张	注意力过分集中一点	惊慌失措,思考分裂	易失误,易出事故	0.9 以下

由上可见,过低或过高的觉醒水平都会导致工作效能和工作效率的下降,如图 5-6 所示。所以,应该尽量使操作者保持在 II 和 III 级觉醒状态,避免 I 和 IV 级觉醒状态。低觉醒水平是产生失误、厌烦、反应迟钝、导致事故发生的重要原因之一。例如节假日后的第一天上班,往往事故较多就是因为人们还停留在 I 级觉醒阶段的缘故。

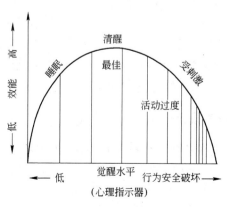

图 5-6　人的效能与觉醒水平的关系

人们在进入车间时一般的觉醒水平为Ⅰ级,但一旦出现异常紧急情况时,人们凭借良好的愿望所出现的紧张和兴奋,有可能出色地完成平时办不到的事,这就是Ⅲ级觉醒水平。

在异常情况发生之前,无论人体的状态处于Ⅰ级还是Ⅱ级觉醒水平,只要一意识到情况异常或故障,就立即会紧张起来,能超越间隔,使觉醒水平提高到Ⅲ级。

影响人的觉醒水平的因素很多,疲劳,单调重复的刺激,使注意力涣散,精神不集中,会导致觉醒水平降低;而新奇的刺激,有兴趣的刺激,有一定难度的刺激等均可以提高觉醒水平。

觉醒水平的高低,可以通过分析脑电波、诱发电位、眼球单位时间的运动次数等生理指标的变化体现出来。

5.3 人因失误与事故

煤矿生产过程中的不安全因素,包括人、机、环境三方面,人是这三个因素中最活跃的因素,也是煤矿安全生产的主导因素。人的不安全行为和物的不安全状态会导致事故的发生,而物的不安全状态往往也是人的因素造成的。有资料报道,当今世界上所有系统失效中,约有70%～90%直接或间接源于人的失误。我国淮北矿务局历年死亡事故中90%以上由人的失误引起。根据开滦集团公司对1990～2000年间所发生的181起死亡事故原因分析,因个人违章造成90多起,占50%以上,严格地讲在181起事故中,都有人的因素。因此,要想实现煤矿的本质安全化,就必须首先研究人的行为对安全的影响,研究人的失误及其控制措施,从而采取有效措施,预防事故的发生,提高煤矿生产系统的安全性。

5.3.1 人的行为原理

行为是指人在社会活动和日常生活中所表现的一切动作。从心理学角度来讲,行为起源于脑神经的辐射,形成精神状态,即意识。由意识表现于动作时,便产生了行为。心理学家莱文(K.Le win)认为,人的行为是人与环境交互作用的函数,是人的内在需要和环

境影响的结果。他提出了一个著名的公式

$$B = f(P, E)$$

式中　B——行为(Behavior);

　　　P——个人(Person),指内在的心理因素;

　　　E——环境(Environment);

　　　f——函数符号。即,人的行为乃是变量"人"和"环境"的
　　　　　函数。值得注意的是,这里的变量"人"和"环境"不
　　　　　是相互独立的,而是相互关联的两个变量。

　　行为科学认为:人的行为是由动机决定的,而动机又是由需要
引起的。即:需要引起动机,动机支配行为。当外部条件不变时,
内在的需要是一个人产生动机的根本原因。需要使一个人产生欲
望和驱动力,这种驱动力就是动机,是推动人们去从事某种活动的
内在动力,它导致行为的产生。

　　关于行为的改变,心理学和行为科学都进行过不少研究。布
莱查德(Blanchard)在《行为管理学》一书中提到,知识、态度、个人
行为以及群体行为的改变所需时间和困难度各不相同。一个人,
知识上的改变,比较容易达成,态度上的改变,因受感情的影响,比
知识要困难些,历时也长些;行为的改变,比前两者更困难,也更费
时;组织、群体行为的改变,则最难达成,并且费时最久,如图 5-7
所示。

图 5-7　行为的改变

5.3.2　人的失误

　　按系统安全的观点,人也是构成系统的一种元素,当人作为一

种系统元素发挥功能时,会发生失误。人的失误是指人在规定的条件下,未能完成或未能及时完成规定的功能,从而使系统中的人、机或环境受到一定程度的损失。人的失误是人、机械、环境、技术和管理等诸多因素相互作用的结果。人的不安全行为是操作者在生产过程中发生的、直接导致事故的人的失误,是人失误的特例。按照人的失误原因,人的失误可分为随机失误、系统失误、偶发失误等三类。按人失误的性质可分为遗漏或遗忘、做错。按失误的主体,人的失误又可分为个人失误、组织失误等两大类。组织失误归根到底也是一种人的失误。人是作为组织中的一员而存在的,任何个人造成的失误或对失误的防范都是在该组织综合管理下实现的,组织管理对个人的行为有着重要影响。对复杂系统而言,组织失误是对其安全性最大的潜在威胁。典型的组织失误包括管理制度缺陷、不充分的培训、管理者的错误决策等。

拉姆齐(Ramsay)提出的一个人的失误导致事故的顺序模型,如图 5-8 所示。这个分析图是采用顺序流程跟踪的方法,在可能发生危险的条件下个人所进行的努力。首先,是对出现的危险状况的觉察和识别,如果出现的危险状况没有被觉察和识别,则事故发生的可能性必然增加。如果已被觉察和识别,下一步就是做出决策,根据个人的见解和具有的知识才能,判断是否避免危险的出现。个人对危险的出现不作避免的决策,往往是带有一定的冒险性的。如果个人做出要避免危险出现的决策,则下一步就取决于个人做这项工作的才能。实现这个顺序流程分析,可以减少或避免事故的出现。但不能保证完全避免事故。从图中可以看出,因为在 4 个阶段的任何时候人出现失误都可以导致事故的发生。

为预防人的失误,组织建立了许多措施,例如:标准、程序、安全设计等。由于失误或违规,措施失效,从而导致事故,这称为现行失效。而那些组织中已经存在的导致失误或违规的原因,导致防护措施不完善的不恰当管理决策,称为潜在失效。现行失效指出了事故的表面原因,潜在失效则指出了如何和为什么发生事故。Reason 借用医学观点,将组织比拟为机体,潜在失误恰如"病原",

没有潜在失效的组织是不存在的。系统越复杂,越不透明,各种潜在失效就越多。但是,正如病原没有机体其他条件的变化不会致病一样,潜在失效没有操作行为错误或技术失效作为触发器也不会直接引发事故。一个健康的组织并非能超脱于潜在失效,而是能不断致力于找出潜在失效并随时消除它们,组织失误是诱发系统失效最根本的潜在原因,如图5-9所示。

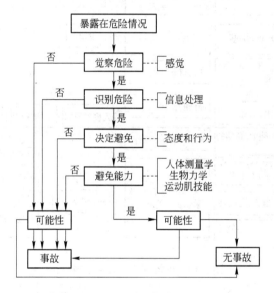

图 5-8　发生事故的顺序模型

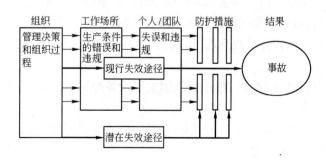

图 5-9　组织的事故原因模型图

5.3.3 人因失误的原因分析及控制

不同学者对造成人失误的原因提出了不同的看法,比较著名的是皮特森(Petersen)人失误致因分析。皮特森认为过负荷、人机学方面的问题和决策错误是造成人失误的原因,如图 5-10 所示。

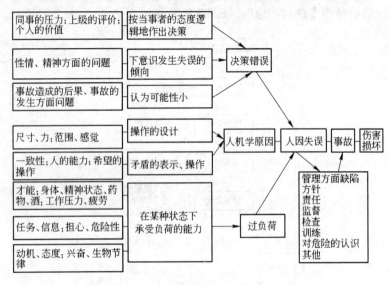

图 5-10 皮特森的人失误致因分析

人失误是引发事故的主要因素,是制约煤矿安全生产的一大隐患。由于任何人都会出现失误,所以,在掌握人的失误原因的基础上,就可以采取一定的措施来减少人的失误,控制人的失误发展成事故。从预防事故角度,可以从三个阶段采取措施防止人因的失误:

(1) 控制、减少可能引起人因失误的各种原因因素,防止出现人因失误;

(2) 在一旦发生了人因失误的场合,使失误不至于引起事故,即,使失误无害化;

(3) 在人因失误引起了事故的情况下,限制事故的发展,减小事故损失。

由于人因失误的复杂性,对人因事故的防范与管理必须从技术和管理措施两方面着手,建立一个"纵深防御"系统。

纵深防御的含义是指多层重叠设置安全防护系统,从而构成多道防线,使得即使某一防线失效也能被其他防线弥补或纠正。一般地,技术措施比管理措施更有效,但技术手段必须与组织手段、文化手段相结合。从管理决策、组织、技术、事故分析、评审等过程和层面构建主动型人因失误的纵深防御系统。

建立、健全安全技术措施,是防止和消除人因的失误的必要手段。把人机工程学原理应用在所有新的设计和重要的人机界面的改造中,使煤矿的机械设备、工作环境适应人的生理、心理特征,才能使人员操作简便准确、失误少、工作效率高。主要包括控制装置和信息显示的设计和布置、操作规程和指令的设计以及员工培训等方面。

技术措施并不能防止和消除组织所有的人因的失误,不能抑制所有"病原体",因此,技术措施需要通过管理途径来支持补充,利用企业的文化氛围促使作业者在任何时候都能严格遵守规程和规定,否则,高质量的安全技术措施及规程都可能是无效的。首先,倡导企业安全文化。企业安全文化是企业文化的重要组成部分,它强调人的价值与生产价值的统一,安全价值与经济效益、社会效益的一致性。对煤矿而言,建设企业安全文化,就是用安全文化加强矿工心理素质的培养,加强矿工的安全意识,树立良好的企业风气,建立和谐的人际关系,积极为矿工营造一个良好的社会环境,和睦的家庭环境,舒适的工作环境,和谐的行为环境。使得在这种安全文化氛围中的每一个矿工,其行为自觉地规范在这种安全价值取向和安全行为准则之中。

其次,建立以人为中心的安全管理体制。在人—机—环境系统中,人是主体,是决定因素。因此,在各种管理活动中,应坚持人本原则,以人为中心,以人为本,以调动人的主观能动性和创造性为前提,把人的因素放在第一位,实现从重点管物向重点管人的转变。组织矿工参加各种安全管理活动,鼓励矿工提出安全建议,尽量满足矿工的各种安全需要。合理安排工作任务,防止发生疲劳。实行标准化作业,改善工作环境。

安全教育与培训是防止职工产生失误的重要手段。安全教育与培训可以提高煤矿企业领导和广大职工搞好安全生产的责任感和自觉性。安全技术知识的普及和提高,可以使广大职工掌握煤矿伤害事故发生发展的客观规律,掌握安全检测技术和控制技术的科学知识,提高安全技术操作水平,保护好自身和他人的安全健康。

5.4 煤矿事故的影响因素及其控制

煤矿井下是一种典型的人—机—环境系统。系统中的"人"是井下所有的职工;"机"指包括采煤机、运输机械等在内的所有机械和设备;"环境"指矿井下特殊的环境,如:粉尘、瓦斯、潮湿、有限空间等。矿工在人为开拓的作业空间内,操纵机械进行采煤活动,顶板、水、火、瓦斯、矿尘、噪声、冷热、潮湿等环境因素影响着井下的安全和健康,同时也会影响机器设备的正常运行。人员的情绪、行为和设备运转状态、环境变化状态形成有机的整体。为了确保煤矿生产的安全、高效进行,必须对煤矿井下特殊的人—机—环境系统进行分析和优化,使系统满足"安全、高效、经济"等综合效能。

煤矿井下是一个复杂多变的人—机—环境系统。它具有一般系统的特征,但也有自己的特殊性,归纳起来主要有如下三点:

(1) 矿井环境条件恶劣、多变。随着开采过程不断进行,井下的工作环境也在不断改变和恶化。一是工作空间封闭而狭窄,视觉环境差,强制性通风,矿尘与噪声污染严重,不少矿井还存在着温度高、湿度大的危害;二是煤矿上的一些恶性事故(如瓦斯爆炸、煤与瓦斯突出、火灾、煤尘爆炸等)也给矿工的精神上造成一种压抑感和恐惧感。矿井环境条件恶劣以及多变的固有属性是引起煤矿事故多发的潜在危险因素;

(2) 矿井职工素质低、安全意识差。在人—机—环境系统中,人是最主要的,又是最脆弱的。由于矿工所从事的作业环境差,劳动强度大,这就难以吸收和稳定文化、技术素质较高的工人安心在煤矿井下长期工作,因而不得不招收大量的农民轮换工、合同工和临时工,这些工人的文化及素质都比较低,安全意识差,加上短期行为,给改善安全环境带来了更大的困难,从而导致安全工作的恶性循环。职工素质低、安全意识差是引起煤矿多发事故的重要因素之一;

(3)煤矿机械化程度低、安全装置差。一般机械的可靠性高于人的可靠性,人受主客观因素的影响很大。所以,用机械化、自动化代替手工操作可提高安全、降低误操作的概率。目前,我国煤矿的机械化,自动化程度还很低,就国有煤矿而言,其采掘机械化程度还达不到70%,地方和乡镇煤矿就更差,绝大部分工序还是靠笨重的手工操作,加上其他物质条件的不安全性,形成了事故多发的又一潜在因素。

在煤矿的生产过程中,导致事故的原因是多方面的,包括人、设备和环境因素,如人的误判断、误操作,违章指挥及违章作业,设备缺陷,安全装置失效,防护器具的缺陷,作业方法和作业环境的缺陷等,都可能导致事故的发生。所有这些因素又涉及到设计、施工、操作、维修、储存、运输以及管理等许多方面,因此,煤矿安全与生产过程中的许多环节和条件发生联系,并受其制约,不考虑这些联系和制约关系,只是孤立的从个别环节或在某一局部范围内分析和研究安全措施,是难以奏效的。

煤矿安全是以人、机、环境为对象的系统工程,事故是由于人、机、环境异常接触造成的,其直接原因是人的不安全行为和物的不安全状态,背景原因是管理的缺陷,所有的事故中都涉及到一系列的管理缺陷,这些管理缺陷使得不安全行为和不安全状态得以存在和发展。控制人、机、环境的异常接触是安全管理的实质。

5.4.1 安全文化

5.4.1.1 企业文化

企业文化是指企业在长期的生存和发展中所形成的,为企业多数成员所共同遵循的最高目标、基本信念、价值标准和行为规范。是理念文化、物质文化和制度形态文化的复合体。安全管理蕴涵着管理的范畴，那么既然是管理，就要受到企业文化的制约与影响。

多数的企业都已经形成了自己独特的，可描述的企业文化。这种文化在许多方面有所反映。比如在企业的价值观、行为准则、信仰、期望上；在企业的政策、程序上；在对上下级关系的观点上以及其他方面，企业文化常常会对项目产生直接的影响。比如：在一个开拓型的企业中，工作组所提出的非常规性的或高风险性的建议更容易被采纳。在一个等级制度严格的企业中，一个高度民主的项目经理可能容易遇到麻烦，而在一个很民主的企业中，一个注重等级的项目经理同样也会受到挑战。

5.4.1.2 企业安全文化的内涵

安全文化首先出现在核工业领域。1986 年 IAEA 国际核安全咨询组在《切尔诺贝利核电站事故后评审会议总结报告》中总结了切尔诺贝利核电站事故在安全管理和人员安全素养方面的经验教训，并首次使用安全文化（Safety Culture）一词。而后，核安全文化作为一种现代安全管理理念被推广到一般工业企业的安全管理，出现了安全文化建设的高潮。

安全文化是企业文化整体的一个有机组成部分，是指企业职工的安全价值观和安全行为准则的总和，安全价值观是企业安全文化的核心，安全行为准则是人在企业安全文化活动中的具体表现。安全文化建设具有的内涵，既包容安全科学、安全教育、安全管理、安全法制等精神领域，同时也包含安全技术、安全工程等物质领域。因此，安全文化建设更具有系统性、全面性和可操作性。

安全文化是本质的、有效的事故预防机制，是安全管理科学的发展和提高，是对科学管理的补充与升华。企业的安全文化就是要实现人的价值和生产价值的统一。安全文化的目的就是建立"安全至高无上"的观念，从每一个人做起，形成群体的观念，牢固树立"安全第一"的思想，做到不伤害自己，不伤害他人，不被他人所伤害。安全文化的实质就是使每个人的安全行为由不自觉渐变到自觉,由"强制执行"到"自觉遵守",进而发展到"主动接受、自我监督",实现由"要我安全"到"我要安全"的质的变化。安全文化以"人"为本,以文化为载体,通过文化的渗透提高人的安全价值观和规范人的行为,用一种文化氛围去影响职工,改变落后的安全意识和不良的作业习惯,旨在形成安全的价值观念、思维方式、职业行为规范、舆论、习惯和传统等。一个企业的安全文化是个人和群体的价值观念、态度、认识、能力和行为方式的产物,这些因素决定了对安全卫生管理的承诺和安全卫生管理的方式和水平。建立了积极的安全文化的企业会体现出:基于相互信任的沟通,对安全的重要性的共识和对预防措施效能的确信。具有良好安全文化的企业的危险警觉性应始终保持比较高的水平,不应随事故的发生而动荡,如图 5-11 所示。

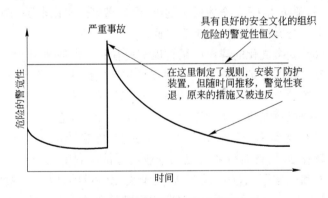

图 5-11 危险的警觉性随时间的变化

5.4.1.3 煤矿安全文化的建设

煤矿要实现安全生产,不仅仅要靠科技、装备和管理,重要的在于生产中最活跃的因素——"人",在于人的安全价值观念和安全行为意识。企业安全文化建设是预防事故的"人因工程",以提高企业全员的安全素质为最主要任务,因而具有保障安全生产的基础性意义。

企业安全文化建设通过创造一种良好的安全人文氛围和协调的人、机、环境关系，对人的观念、意识、态度、行为等形成从无形到有形的影响，从而对人的不安全行为产生控制作用，以达到减少人因事故的效果。企业安全文化建设是预防事故的一种"软"对策，具有长远的战略性意义。

在开滦集团的事故总结报告中就提出，加强安全培训，全面增强职工安全文化理念，提高安全文化素质是预防事故的关键。安全大检查、停产整顿、抓"三违"处罚等手段，在安全上虽然取得非常好的作用和效果，但并非上策，不能长久，一旦松懈，安全状况就会发生反弹。虽然遏制伤亡事故面临三大难题：安全管理机制、安全科技支持、全员安全文化素质，但全员安全文化素质是关键。在1990～2000年间发生的181起死亡事故，因个人违章造成90多起，占50％以上。严格地讲在181起事故中，都有人的因素。"安全第一、预防为主"是全体员工的事，没有高安全文化素质的职工，企业也不会有稳定的安全生产局面。

煤矿安全文化的建设应结合煤矿现有的工作基础和企业的实际情况。我国煤矿企业在长期的安全生产实践中，已经形成了一套有效的安全生产的思想模式、行为规范、传统和习惯等，并制定了一系列规章制度。如"安全第一、预防为主、综合治理、总体推进"和"安全、装备、管理、培训并重"的指导思想，始终开展的安全宣传教育活动，针对行业特点和企业实际情况制定的安全生产管理制度和标准等，这些都是煤矿安全文化建设的基础，但整体上说，煤矿还未形成系统性、全面性的积极的企业安全文化，还未把安全生产提高到安全文化的高度来认识。

安全文化建设的关键在于企业的领导层。一个企业的安全文化程度的高低取决于企业决策层对安全文化的重视程度。煤矿安全文化的建设需要煤矿领导的积极倡导，需要全矿职工积极参与。安全文化不是自然形成的，需要积极的引导，提高与普及相结合。安全文化建设需要自上而下循序渐进。"安全至高无上"的观念的形成、安全文化气氛的造就，都要通过每一个人去实现，这样才能最大限度地调动每一个人的积极性。

安全文化建设的基础是煤矿全体职工。职工既是安全工作的主体,也是安全文化的创造者和承担者,实现煤矿安全意识的自我飞跃,需要广泛地发动群众,依靠群众,全员的积极参与。可以通过多种多样的安全文化活动,如安全报告会、事故分析会、安全交流会、安全表彰会等会议的形式,也可以用安全演讲、安全图片展览等寓教于乐的方式,让广大职工真正参与,形成职工认同的企业安全价值观。充分调动职工的安全积极性、自豪感、责任感,使每一个职工感受到煤矿的安全离不开自身的努力,促使所有的员工都密切关注安全。积极开展安全教育和培训活动,普及安全知识,提高全员的安全素质。通过对职工进行安全思想教育,为职工生活和工作的环境创造一个浓厚的安全文化氛围,利用党、政、工、团的安全教育优势,充分利用各种宣传手段,如广播、电视、文艺、黑板报等,使职工牢固树立"安全第一"的思想意识。

建立安全文化的核心是完善煤矿安全管理体系。不安全行为和不安全状态是事故发生最重要的原因,但它们不过是管理失误的表面现象。在实际工作中,如果只抓住了作为表面现象的直接原因而不追究其背后潜在的深层原因,就永远不能从根本上杜绝事故的发生。因此,预防事故必须从加强管理入手,充分利用管理的控制机能控制各种不安全因素,保证生产活动的顺利进行。

煤矿是一个社会技术开放系统,根据社会技术开放系统理论,要使煤矿安全、高效地生产,需要煤矿的技术系统和社会系统的联合优化,而不是使技术系统最优化,让社会系统适应它。煤矿的安全文化建设过程就是社会系统的优化过程,建立与煤矿的安全技术系统相适应的安全社会系统的过程。

煤矿企业安全文化的建设要持之以恒,逐步深化,是一个长期的、渐进的过程。

5.4.2 危险管理

系统安全理论认为,系统中存在的危险源(Hazard)是事故发生的根本原因。危险管理是通过辨识系统中的危险源、评估危险、分析危险,并在此基础上有效地控制危险,用最经济、最合理的办法来处置危险,以实现最大安全保障的活动。

危险源辨识(Hazard Identification)、危险评价(Risk Assessment)、危险控制(Risk Control)构成危险管理的基本内容。危险源辨识是危险评价和控制的基础,它们相互关联和渗透。

5.4.2.1 危险源辨识

危险源是可能造成人员伤害、患病、财产损失、环境破坏或其组合之根源或状态。按其在事故发生发展过程中的作用,危险源可划分为两类。

根据事故的能量意外释放理论,能量或危险物质的意外释放是伤亡事故发生的物理本质。因此,把生产过程中存在的,可能发生意外释放的能量或危险物质称作第一类危险源。

正常情况下,生产过程中能量或危险物质受到约束或限制,不会发生意外释放,即不会发生事故。但是,一旦这些约束或限制量或危险物质的措施受到破坏或失效(故障),则将发生事故。导致约束、限制能量或危险物质按照人的意图流动、转换和做功的措施失效或破坏的各种不安全因素称作第二类危险源。第二类危险源主要包括物的故障、人的失误和环境因素。

在我国的安全管理实践中,往往用"事故隐患"来描述物的不安全状态,用"三违(违章操作、违章指挥、违反劳动纪律)"来描述人的不安全行为。但这些只是一些表面现象,属于第二类危险源中的一部分,或控制方面出了问题的第一类危险源。根据现代安全管理的理念,把对"事故隐患"和"三违"的表面、局部的认识上升到对"危险源"的本质、整体的认识,从而实现对事故发生机理认识的重要飞跃。

第二类危险源往往是一些围绕第一类危险源随机发生的现象,它们出现的情况决定事故发生的可能性。第二类危险源出现得越频繁,发生事故的可能性越大。在事故发生发展过程中,第一类危险源在事故发生时释放出的能量是导致人员伤害或财物损坏的能量主体,决定事故后果的严重程度,第二类危险源的出现决定事故发生可能性的大小。两类危险源相互关联、相互依存,第一类危险源的存在是第二类危险源出现的前提,第二类危险源的出现是第一类危险源导致事故的必要条件。

常用的危险辨识方法大致可分为两大类。

A 直观经验法

适用于有可供参考先例、有以往经验可以借鉴的危害辨识过程,不能应用在没有可供参考先例的新系统中。主要有对照、经验法和类比方法等。对照、经验法就是对照有关标准、法规、检查表或依靠分析人员的观察分析能力,借助于经验和判断能力直观地评价对象危害性的方法。对照、经验法是危险源辨识中常用的方法,其优点是简便、易行,其缺点是受辨识人员知识、经验和占有资料的限制,可能出现遗漏。为弥补个人判断的不足,常采取专家会议的方式来相互启发、交换意见、集思广益,使危险、危害因素的辨识更加细致、具体。

类比方法是利用相同或相似系统或作业条件的经验和职业安全卫生的统计资料来类推、分析评价对象的危险、危害因素。多用于危害因素和作业条件危险因素的辨识过程。

B 系统安全分析方法

即应用系统安全工程评价方法的部分方法进行危害辨识。系统安全分析方法常用于复杂系统、没有事故经验的新开发系统。常用的系统安全分析方法有安全检查表、事件树、事故树等。常和危险评价方法一起使用。

5.4.2.2 危险评价

危险评价也称为安全评价或风险评价,是对系统存在的危险性进行定性和定量分析,得出系统发生危险的可能性及其后果严重程度的评价,通过评价寻求最低事故率、最少的损失和最优的安全投资效益。常用危险事件的发生频率和后果严重度来表示危险性大小。按评价结果类型可将危险评价方法分为定性评价、定量评价和综合评价。

A 定性评价

定性评价是指根据人的经验和判断能力对生产工艺、设备、环境、人员、管理等方面的状况进行定性的评价。安全检查表是一种常用的定性评价方法。定性评价方法的主要优点是简单、直观、容易掌握,并且可以清楚地表达出设备、设施或系统的当前状态。其缺点是评价结果不能量化,评价结果取决于评价人员的经验。对同一评价对象,不同的评价人员可能得出不同的评价结果。该方法的另一个缺点是需要确定大量的评价依据,因为必须根据已经设定的评价依据,评定人员才能对设备、设施或系统的当前状态给出定性评价结果。

B 定量评价

定量评价是用设备、设施或系统的事故发生概率和事故严重程度进行评价的方法。其中包括半定量评价,半定量评价是指用一种或几种可直接或间接反映物质和系统危险性的指数(指标)来评价系统的危险性大小,如物质特性指数、人员素质指标等。定量评价是在定性评价的基础上进行的。

C 综合评价

综合评价是在定性和定量评价方法的基础上,综合考虑影响系统安全的所有因素,从系统的整体出发,对系统的人员、设备、环境、管理等进行的综合危险评价。例如,模糊综合评判法。危险评价的内容相当丰富,评价的目的和对象不同,具体的评价内容和指标也不相同。目前常用的评价方法有安全检查表、预先危险性分析、事故树、作业条件危险性评价法、故障类型和影响分析法等。

5.4.2.3 危险控制

A 危险控制原则

根据危害辨识、危险评价的结果,结合煤矿企业的实际情况,确定哪些风险是不可接受的,哪些风险需要优先采取措施降低。依据危险性的大小,危险的分布一般呈三角形,即危险性越高,其数量越少。危险水平示意如图 5-12 所示。

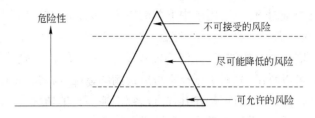

危险性

不可接受的风险

尽可能降低的风险

可允许的风险

图 5-12　危险水平示意图

根据危险程度,危险的控制原则见表 5-5:

表 5-5　危险的控制原则

危险程度	措　　　施
可忽略的	无须采取措施且不必保持记录
可容许的	不需另外的控制措施,需要监测来确保控制措施得以维持
中度的	努力降低危险,但要符合成本—有效性原则
重大的	紧急行动降低危险
不可接受的	只有当危险已降低时,才能开始或继续工作,为降低危险不限成本。若即使以无限资源投入也不能降低危险,禁止工作

B　危险控制措施的选择

危险控制措施包括消除危险源、降低和限制危险、使用个体防护装置等。控制措施选择优先顺序可用图 5-13 来表示,在选择危

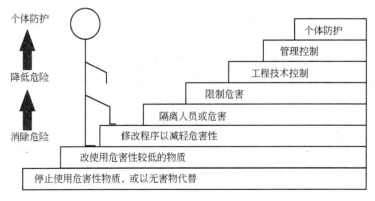

图 5-13　危险控制措施选择优先顺序图

险控制措施时,优先选用图中下部的措施,只有下面的措施不能使用,或在考虑了企业的技术、经营、管理、资金等实际情况后,选用下部的措施企业的技术、经济不能承受时,才选用较上面的措施。从图中可以看出,只要工程技术可以控制的危险,就避免使用管理的方法控制,个体防护是在其他方法都不能实行的情况下,或实行成本过高时,才采用的最后的危险控制措施。

5.4.3　安全管理

日本的工业安全专家从安全系统工程学的角度出发,提出了被实践证明对预防事故行之有效的 3E 原则,即预防事故的三大措施:教育(Education)、制度管理(Enforcement)和工程技术(Engineering),并形象的称其为"中国鼎"。三大措施即是"中国鼎"的三只脚,三者缺一不可。安全管理作为其重要的支柱,由此可见其重要性。

现代安全管理是现代企业管理的一个组成部分,它是为实现系统安全目标而进行的有关决策、计划、企业和控制等方面的活动。因而它遵循现代企业管理的基本原理和原则,并且具有现代企业管理的共同特征。现代安全管理是相对于传统安全管理而言。现代安全管理的一个重要特征是强调以人为核心的安全管理,把安全管理的重点放在激励职工的士气和发挥其能动作用方面,把保障职工生命安全当作预防事故的首要任务,充分调动每个职工的主观能动性和创造性,让职工人人参与安全管理。现代安全管理的另一个重要特征是强调系统的安全管理。就是从企业的全局考虑,把管理重点放在整体效应上,实行全员、全过程、全方位的安全管理,使企业达到最佳的安全状态。

安全管理的核心是要制定预防事故发生的管理制度,包括人员培训制度、安全工作制度、"三违"管理制度、隐患排查与举报制度、安全检查制度、安检员检查制度、职业安全健康管理体系制度、安全技术制度等。

5.4.4 以技术为基础的安全管理

煤矿井下的许多不安全因素都是由于煤矿开采方法引起的,这些开采方法,如果严格按照现代文明的要求,是不可行性,而这些开采方法是几十年来或者上百年所延续使用的,人们已经认可。正是因为这些技术方法,给现代煤矿开采带来了巨大的灾难,事故频出,甚至造成了有些事故的不可控制性。那么人们为什么不能采用技术措施来减少煤矿井下很多的不安全因素,在科学发展的今天,在未来,人们一定能采用新的技术来减少或者消灭这些由于技术问题带来的不安全。造成煤矿井下最大的不安全因素就是瓦斯事故,要根本解决瓦斯灾害就必须采用先进的技术手段对瓦斯进行采前处理。瓦斯作为一种能源,本来就有开采价值,在煤层开采前,首先对瓦斯进行开采,采用高新技术,比如我们前面第三章介绍的煤层气开采,在经济效益的基础上减小了瓦斯灾害的影响。在煤层开采的同时,也要对瓦斯进行根本性的处理,或者引导性的处理。所谓瓦斯的根本性处理就是:研究瓦斯的化学物理特性,对瓦斯的亲和物进行研究,可采用三种方法来处理。一是改变空气的成分结构,也就是改变瓦斯爆炸的引发条件;二是使瓦斯与特定的物质结合并产生爆炸惰性或者改变其物质结构从空中降落;三是阻止瓦斯从煤体中的有效释放,减小瓦斯涌出浓度。引导性处理就是研究通风设备,利用通风风流稀释,并使瓦斯均匀分布,用风流掺物法来控制瓦斯的流动与分布,并用具有调风功能的采煤机来减小瓦斯局部积聚的危险。也可采用新的技术进行火源的隔绝。

我们同时还要进行新的开采方法的研究,比如充填式开采,采用充填式开采后,消除了采空区,瓦斯的流动更易于控制,只要加强通风就能解决问题的大部分。比如采用局部封闭的开采方法,或者实现无人自动化开采技术,即使发生了事故也不会造成对人的伤害。

瓦斯爆炸的条件是空气构成、瓦斯浓度及火源,这就是说在瓦斯浓度与火源共同存在时,才有可能发生爆炸,可以用科学的手段对瓦斯浓度进行全面监测,比如将瓦斯浓度转化为可视化,在火源形成前对其进行科学处理。

5.5 古汉山矿安全管理"三字经"

入井人员"三字经"

要下井	有人领	烟和火	禁随行
化纤衣	不能穿	入井前	酒不沾
安全帽	要戴好	自救器	不能少
大巷走	多留神	防机车	不撞人
扒蹬跳	不能干	盲巷里	莫乱钻
过风门	要知道	开一道	关一道
同打开	风跑了	被抓住	定不饶
要干活	审顶板	空顶下	不要站
见电器	不要摸	井下水	不能喝
斜坡道	过车多	红灯亮	快点躲
要行人	不开车	高兴下	平安上
全家人	喜洋洋		

值班安全责任制"三字经"

值班人	要牢记	包安全	包纪律
接班前	下井看	心有数	不蛮干
要严人	先律己	不喝酒	讲道理
忠职守	不乱走	请个假	不害怕
值班期	出问题	追责任	是自己
一罚款	二撤职	不光荣	还可耻
三字经	经常念	抓安全	当模范
班组长	切注意	队要求	要牢记
撞好钟	念好经	抓安全	不放松
当班长	想一想	大责任	在肩上

把安全	看成天	不安全	不生产
管好线	抓好片	质量好	多挣钱
按规矩	去办事	不违章	不违纪
马里虎	出事故	一罚款	二敲碗

区队长安全"三字经"

区队长	在一线	第一责	管安全
第二责	是生产	规与章	先学懂
教工人	身先行	瞎指挥	可不中
危险处	要跟班	现场看	心才安
抓质量	是根本	达了标	安全牢
抓培训	很重要	素质高	安全好
先要命	再要钱	这关系	别弄反
工人命	干部管	出了事	紧相连
愿大家	都平安	挣大钱	当模范

安检员"三字经"

检查科	责任大	抓重点	在井下
反"三违"	抓违章	不讲情	坚如钢
掘进头	工作面	放专人	管好片
抓瓦斯	手不软	抓质量	不护短
见隐患	立即停	处理好	再放行
坐躺卧	三种人	教育好	触灵魂
勤检查	不偷懒	大胆抓	大胆管
无工伤	无事故	宁听骂	不听哭
过风门	要知道	开一道	关一道
同打开	风跑了	被抓住	定不饶

采煤工人自主保安"三字经"

采煤工	真光荣	在一线	立大功

想挣钱　讲安全
空顶上　有隐患
防倒绳　要拴紧
底板软　是问题
联网时　要铺平
梁成对　照煤墙
初撑力　必须够
安全口　要超前
机组工　不轻松
槽要直　底要平
滚筒转　前后看
歪扭棚　不验收
柱排距　要整齐
有迎山　有锨度
移槽时　用顶缸
槽头尾　强支护
老塘边　顶不落
深钻孔　少装药
戴帽柱　不能少
立即换　不能停
回头煤　及时清
多钻研　不糊弄
高度够　讲卫生
开一道　关一道
被抓住　定不饶
常温习　不间断
全家人　都拍手

不违章　不蛮干
快打柱　莫迟延
万一倒　不伤人
穿柱鞋　要及时
联牢固　无窟窿
上下摆　不原谅
升紧停　不含糊
进出入　才方便
不挖底　不割顶
留伞沿　可不行
不超高　护电缆
追责任　把工丢
左右看　一条线
柱吃劲　不马虎
用柱顶　是违章
替换棚　打点柱
深钻孔　少装药
切顶线　支护好
梁裂缝　柱变形
开槽工　神集中
要上岗　须有证
回风道　要畅通
过风门　要知道
同打开　风跑了
班前念　经常看
高兴来　安全去

掘进工"三字经"

掘进工　先锋官　　　　讲安全　不蛮干

防倒器	要用好	放炮后	棚不倒
前探梁	要会用	拴结实	要放正
掘进头	停了风	快撤人	不能停
瓦斯大	先停干	不推车	不打钻
绝火源	保安全	放炮时	人撤净
风门外	耐心等	瓦斯降	再复工
突出头	要注意	放炮时	不麻痹
反向门	关严实	溜槽眼	要堵好
作业前	要牢记	先敲帮	后问顶
没问题	才能进	棚架正	顶褙牢
等压棚	不能要	空顶下	最危险
支护好	才能干	圆对棚	抗压好
抓质量	是首要	组装时	要对号
棚向正	四周牢	打撑竿	不能少
螺丝松	经常拧	点压力	及时松
推车工	过风门	不猛撞	多留神
护风筒	不坐片	班组长	抓好线
过风门	要知道	开一道	关一道
同打开	风跑了	被抓住	定不饶
抓安全	抓质量	达上标	受表扬

机电科"三字经"

机电工	身轻松	技术活	责任重
风机房	把好关	懂技术	不吸烟
主副井	绞车房	责任心	要加强
当司机	心要细	守岗位	不远离
配电房	最重要	勤观察	不睡觉
机厂工	搞修理	认真修	不性急
每台件	要修好	下井用	呱呱叫
安装队	紧松活	组织好	不出错

电气焊　真平常　　　　按措施　莫违章
开泵工　懂原理　　　　会操作　摸脾气
维护工　责任重　　　　上井架　不蹬空
查罐道　练硬功　　　　保险带　要管用
勤检修　不出病　　　　小隐患　要看清
大小事　有人管　　　　尽到心　保运转
变电所　线路多　　　　会看图　会操作
停送电　要仔细　　　　不脱岗　不远离
过风门　要知道　　　　开一道　关一道
同打开　风跑了　　　　被抓住　定不饶
矿灯房　上班忙　　　　勤修理　责任强
勤充液　保灯亮　　　　收发灯　不要慌
灯和牌　要对上　　　　无瞎灯　无红灯
保安全　立新功　　　　配件库　采购员
搞节约　多省钱　　　　劣质品　不采购
购回来　不验收

井下电工"三字经"

在井下　当电工　　　　责任活　担子重
学技术　要求精　　　　要上岗　须有证
三知道　四会干　　　　常温习　记心间
电缆线　小电器　　　　检修时　要心细
先停电　再修理　　　　瓦斯矿　要知道
无失爆　最重要　　　　一疏忽　出大错
瓦斯爆　伤人多　　　　机电工　练硬功
标准活　记心中　　　　管硐室　照标准
挂电缆　按规定　　　　刮板机　平直顺
槽头尾　要压紧　　　　双风机　双电源
有闭锁　会倒台　　　　小绞车　安装好
有四压　二戗要　　　　打结实　要牢靠

管皮带	不跑偏	六保护	都齐全
煤电钻	溜煤槽	负荷大	电流高
立即停	原因找	整定值	仔细算
严禁止	打过线	交接班	要三严
无事故	保安全	过风门	要知道
开一道	关一道	同打开	风跑了
被抓住	定不饶		

运输区"三字经"

运输区	任务大	从矿山	到井下
各关口	要人把	人心齐	泰山移
想搞好	也容易	煤翻罗	翻煤矸
有水煤	不能翻	有杂物	经常捡
大车底	经常清	车皮净	讲卫生
副井口	信号工	打信号	神集中
上人物	要分清	栅栏门	要关好
忠职守	不乱跑	稳罐工	要牢记
上下人	要留神	验身制	要坚持
带烟火	喝酒多	不客气	检查科
一八五	绞车房	提重车	多思量
掉了道	要知道	送空车	要平稳
观察绳	紧不紧	有问题	是自身
挂钩工	最重要	每钩车	要连好
有了事	车不跑	按要求	去操作
安全好	乐呵呵		

通风区"三字经"

鱼和水	井下风	离开了	都不中
回风道	要畅通	高度够	要卫生
风定产	记心中	超能力	可不行

风门事　要看重　　　　一包边　二严口
不透光　不漏风　　　　门前后　五米长
无积水　像个样　　　　过风门　要知道
开一道　关一道　　　　同打开　风跑了
被抓住　定不饶　　　　管局风　练硬功
吊挂直　不漏风　　　　局部风　要管严
无破口　无循环　　　　断电仪　要管用
吊挂点　按规定　　　　对探头　经常校
瓦斯超　早知道　　　　瓦检员　责任重
大家命　在手中　　　　不空班　不漏检
认真干　认真管　　　　无事故　保安全

放炮员"三字经"

爆破工　不轻松　　　　放好炮　责任重
电雷管　炸药卷　　　　分开存　长心眼
做炮时　要认真　　　　严禁止　用铁棍
放炮时　查瓦斯　　　　撤人距　要牢记
连锁制　要坚持　　　　站好岗　不要慌
装药时　心要细　　　　装药量　要适宜
用黄土　要捣实　　　　拉炮时　多留神
想周到　不崩人　　　　过风门　要知道
开一道　关一道　　　　同打开　风跑了
被抓住　定不饶

安全区"三字经"

安全区　搞安全　　　　抓根本　治根源
突出区　有瓦斯　　　　多打钻　不能迟
大钻机　大钻孔　　　　大管子　大抽泵
管理好　是水平　　　　封好孔　不漏气
抽放量　要上去　　　　打钻时　要心细
有退路　有距离　　　　紧提防　衣袖口

钻机转　拧进去
角度好　无偏差
开一道　关一道
被抓住　定不饶

皮带工"三字经"

皮带工　不轻松
要想叫　皮带转
尽职守　不乱走
勤清煤　勤加油
注意力　要集中
皮带开　去睡觉
带拉扯　电机烧
一检查　二罚款
螺丝松　经常拧
装煤时　错不了
追责任　是自己
经常堵　出问题
速度快　要麻利
看看绳　松不松
提到位　不过卷
上下时　讲安全
安全下　平安上
打信号　神集中
放专人　分段管
水沟堵　经常挖
线去掉　呱呱叫
要文明　讲卫生
开一道　关一道
被抓住　定不饶

深打孔　高负压
过风门　要知道
同打开　风跑了

多出煤　有大功
出大力　流大汗
勤检查　勤维修
两眼看　两耳听
有异常　及时停
睡着了　不知道
被抓住　定不饶
浮煤多　抓紧清
机斗下　先看好
装错煤　出问题
振动筛　给煤机
派专人　去处理
主井口　信号工
看机斗　满不满
主井底　信号员
手抓紧　脚蹬稳
要细心　不慌张
二部带　可不短
皮带尾　重点抓
滚不转　缠了线
交接班　煤清净
过风门　要知道
同打开　风跑了

驾驶员"三字经"

驾驶员　要牢记　　　服务好　是本职
讲奉献　不索取　　　搞团结　顾大局
忠职守　莫乱走　　　不喝酒　严律己
有理想　遵法纪　　　降费用　爱集体
搞节约　促效益　　　学技术　懂原理
排故障　手麻利　　　工作好　创业绩
三知道　四会干　　　常温习　记心里
讲文明　树正气　　　严要求　切注意
行夜车　不麻痹　　　过路口　看仔细
"英雄"车　不能开　　行车时　躲障碍
遇好路　不疏忽　　　有人时　要减速
包安全　包纪律　　　车况好　心要细
行车中　出问题　　　追责任　是自己
一罚款　二敲碗　　　不光荣　还丢脸
交通法　经常念　　　开好车　当模范

生活科"三字经"

生活科　管吃喝　　　不浪费　要节约
质量好　花样多　　　馍蒸白　要熟透
二两八　数量够　　　炸油条　面和好
颜色正　虚泡泡　　　做稀饭　要熬到
不稀稠　吃正好　　　选好菜　要洗净
工人吃　不生病　　　刀功巧　菜炒好
色香味　都达到　　　卫生法　常学习
讲卫生　要牢记　　　不腐烂　不变质
让工人　放心吃　　　生熟食　要分离
工作衣　经常洗　　　灭苍蝇　灭老鼠
流行病　要根除　　　搞服务　不容易

努力干　心要齐	售饭口　带微笑
让大家　都吃好	高兴来　满意去
让职工　都满意	

5.6　某矿"安全类三违章"标准

顶板

凡属下列情况之一者,为轻微"三违"。

(1) 综采工作面液压支架架间空顶距离超过 0.2 m 或液压支架距煤帮距离超 0.5 m,没有采取支护措施者;

(2) 工作面调架时不按规定支护顶板者;

(3) 摩擦支柱在支设时不使用液压升柱器者;液压支柱漏液而不及时更换或缺两个爪继续使用者;

(4) 架棚操作时卡缆反锁、缺少板销、背板松动或缺少的责任者;

(5) 联网不符合规程要求者;

(6) 割煤过程中,将网割破造成漏矸者;

(7) 超作业规程规定,未及时移扒煤机、扒矸机者;

(8) 未按作业规程进行支护者;

(9) 其他认为性质轻微的"三违"者。

凡属下列情况之一者,为一般"三违"。

(10) 摩擦柱、单体液压柱支设时,未设防倒装置者;

(11) 回采工作面超前支护的距离达不到规程规定要求的责任者;

(12) 采掘工作面出现一架失效支架,不能有效地支撑顶板,又未采取临时措施按期处理者;

(13) 回采工作面两个安全出口的宽、高达不到安全规程的要求,不采取措施处理继续生产者;

(14) 除机组插刀外,工作面出现伞沿不及时处理或未按规定处理继续开工者;

(15) 采掘工作面遇到特殊情况,如地质构造、老空、老窑、小窑透水预兆等不按专门措施执行者;

（16）没有采取有效支护措施进入煤壁区作业者；

（17）仓房工作面安全出口不符合作业规程要求；不采取措施进行处理而继续作业者；

（18）开掘工作面开口、贯通不按措施执行者；

（19）处理冒顶、维修失效巷道不按措施执行者，或无措施强行施工者；

（20）工作面有冒顶危险而不采取措施强行作业者；

（21）损坏巷道支护未及时修复者；

（22）工作面采高有三处不符合作业规程要求的责任者；

（23）炮掘架棚工作面无防崩倒装置的责任者；

（24）工作面出现三根漏液或失效的液压支柱而不及时更换继续使用者；

（25）超前回棚、回柱的作业者；

（26）放顶不按规程规定操作者；

（27）开掘工作面临时支护距离超过规程规定而没有及时改为永久支护者；

（28）未闭锁溜子进入煤帮作业者；

（29）转载机未停机闭锁，而在其上处理大块炭、矸者；

（30）未停机而在工作面端头回棚作业者；

（31）发现锚杆拉力达不到设计要求而不采取措施者；

（32）没有配备锚杆拉力计或没有做锚杆拉力试验的责任者；

（33）未按规定向有关单位和部门提供：采区、工作面设计、采掘作业规程、编制详细的水文地质资料者；

（34）对可能造成水害或因水妨碍正常生产而未按措施作业者；

（35）发现透水预兆未及时向调度室汇报者；

（36）没有制定探放水措施的责任者；

（37）没有按照设计或措施要求打探眼而弄虚作假者；

（38）没有混凝土检测报告者；

（39）大样图不按要求进行布置的责任者；

（40）耙岩机没有装挡绳栏的作业者；

（41）规程考试不合格而上岗者；

（42）采掘工作面施工前10天,规程未下发到有关单位的责任者；

（43）采掘工作面未生产,未按规定设专人看巷的责任者；

（44）其他认为性质一般的"三违"者。

凡属下列情况之一者,为严重"三违"。

（45）回采工作面初采初放、末采末放无专门措施的责任者；

（46）掘进工作面贯通无措施或未按措施执行者；

（47）进入冒顶区或煤帮构顶未设专人观山的责任者；

（48）在工作的扒煤机、扒矸机、倒装车进入其作业范围内的；

（49）随意进入老塘、老空或没有任何支护的空顶下作业者；

（50）拆碹、挑顶、开口等作业无措施或未按措施执行者；

（51）发现透水征兆,未积极采取措施者；

（52）采掘工作面过地质构造等特殊条件无措施或未按措施执行者；

（53）未执行"有疑必探,先探后掘"的探放水措施的责任者；

（54）处理冒顶、维修失修巷道无措施或未按措施执行者；

（55）采掘工作面空顶或超控顶作业者；

（56）开掘工作面未使用前探梁临时支护者；

（57）开掘工作面永久支护与临时支护的距离超规定继续生产者；

（58）采掘工作面安全出口不畅通继续生产者；

（59）综采工作面未停机时,从机头靠工作面侧进入工作面者；

（60）锚杆、锚索、超前锚杆施工不合格,又不按规定及时处理者；

（61）其他认为性质严重的"三违"者。

通风

凡属下列情况之一者,为轻微"三违"。

（62）携带不完好的仪表上岗者；

（63）机组喷嘴堵塞或喷雾不雾化未及时处理者；

（64）架间喷雾、放煤喷雾不正常使用或不雾化者；

（65）火药箱存放点不符合规定者；

（66）井下存放有火药、雷管的箱未上锁者；

（67）各转载点工作时不使用防尘设施者；

（68）采煤机、综掘机在割煤时不洒水防尘者；停机不停水的责任者；

（69）井下配有便携式沼气报警仪而下井不随身携带者；

（70）局扇供风地点，风筒距工作面的距离超过作业规程规定而继续作业者；

（71）无证放炮者；

（72）井下火药库火工品未按规定放置者；

（73）未按规定进行运送火工品者；

（74）携带矿灯进入火药库者；

（75）违反火工品领退制度者；

（76）违反规定装配引药者；

（77）最小抵抗线不符合规定强行放炮者；

（78）放炮母线、脚线的连接点未按规定悬空者；

（79）喷浆、搅拌灰沙未佩戴防尘口罩者；

（80）其他认为性质轻微的"三违"者。

凡属下列情况之一者，为一般"三违"。

（81）随意拆卸防尘除尘设施者；

（82）火工品发放员脱岗者；

（83）放顶煤工作面后部溜子堵塞责任者；

（84）瓦检员未在指定地点交接班者；

（85）未执行雷管专人专号者；

（86）采掘工作面干打眼者；

（87）瓦斯监测探头安装位置不符合规定者；

（88）瓦斯检查员未做到"三对照"者；

（89）瓦斯超限未及时采取措施或未向有关部门汇报者；

（90）扩散通风超过规程规定而继续作业者；

（91）不按措施用放炮方法处理煤（矸）仓卡仓者；

（92）放炮母线同电缆、信号线挂在同一帮且距离小于0.3 m者；

（93）装药量超作业规程规定者；

（94）凡按要求需防火的地点，而未制定专门消防措施；没按要求配齐消防器材的责任者或消防器材失效未及时更换者；

（95）入井人员不随身携带自救器者；

（96）放炮员没有最后离开工作面；

（97）放炮员的放炮钥匙没有随身携带者；

（98）放炮时，没有执行放炮牌制度者；

（99）放炮时未按规定使用炮泥、水炮泥者；

（100）未按规定线路检查瓦斯者；

（101）违反火工品管理规定，乱扔、乱放火工品者；

（102）下井应佩戴便携仪人员未正常使用者；

（103）未按规定使用抽风机者；

（104）风筒多处漏风，拒绝处理从事其他工作者；

（105）未按规定派专人看护风机者；

（106）其他认为性质一般的"三违"者。

凡属下列情况之一者，为严重"三违"。

（107）不是炮工擅自放炮者；

（108）私自携带火工品上井者；

（109）随意拆开风筒或损坏通风设施者；

（110）放炮母线长度小于规定者；

（111）采掘工作面沼气浓度达到1.5%，未停止工作、撤出人员切断电源者；

（112）电动机或开关附近20 m范围内沼气浓度达1.5%，机电设备未停止运转、切断电源、撤出人员者，或不听瓦检员指挥者；

（113）局扇供风地点无计划停风者；

（114）主扇停风，未及时撤到安全地点者；

（115）排放瓦斯无措施者；

（116）局扇停风，不撤离现场而强行作业的主要责任者；

（117）放炮未执行"一炮三检"或"三人联锁放炮制"者；

（118）放炮后未检查工作面残炮、瞎炮及支护等情况开始生产的责任者；

（119）未按规定处理瞎炮者；

（120）炮眼内出现异常情况而装药放炮者；

（121）未及时下达贯通通知单者；

（122）贯通通知单填写距离与现场实际不符者；

（123）不通风的巷道，未及时设置警标、栏杆或密闭者；

（124）临时停风的巷道未设置警示或站岗者；

（125）局扇供风地点没有风电闭锁者；

（126）随意停开风机者；

（127）在排放瓦斯中，未按措施要求进行停、送电的责任者；

（128）不听劝阻强行进入炮区者；

（129）放炮和贯通未按规定派岗、站岗、撤岗者；

（130）在井下放炮时，使用电源直接放炮者；

（131）发现火灾未及时向调度室汇报，未及时采取措施的责任者；

（132）在井口、井下、煤仓及其他地点进行电焊、气焊、喷灯焊未制定专门措施的责任者；

（133）非防爆的照相机、摄像机，在井下录像、照相未制定专门措施的责任者；

（134）多人装药放炮者；

（135）药装好后未及时放炮而从事其他工作者；

（136）一次装药分次放炮者；

（137）用残眼装药放炮者；

（138）其他认为性质严重的"三违"者。

运输

凡属下列情况之一者，为轻微"三违"。

（139）开小绞车不关闭侧护绳板者；

（140）井下不戴安全帽者；

（141）运行中人车门链不挂者；

（142）乘坐猴车、卡轨车不符合规定者；

（143）其他认为性质轻微的"三违"者。

凡属下列情况者，为一般"三违"。

（144）小绞车运输中，使用不合格的链接装置者；

（145）在小绞车运行中，一手开车、一手拔绳者；

（146）小绞车运输中，兜屁股运行者；

（147）小绞车钢丝绳不合格而进行运输者；

（148）小绞车钢丝绳绳头绳卡松动残缺或失效继续作业者；

（149）不打信号开绞车、皮带、溜子等，未发信号开机动车者；

（150）绞车地锚松动、压柱松动继续使用者；

（151）绞车滚筒绳未压紧或缠绳小于三圈者；

（152）绞车底座固定不牢固继续使用者；

（153）钢丝绳磨损断丝断股超过规定者；

（154）操作小绞车，不使用远方按钮或信号和按钮未在信号牌上固定者；

（155）机车运行发现前方有人或机车接近岔道口和弯道时，没有减速和鸣号示警者；

（156）无信号或信号不清而开车者；

（157）两机车同方向、同轨道运行时，距离小于100 m的追机者；

（158）电机车司机在大巷停车关闭车灯者；

（159）大巷运输中，顶矿车运行者；

（160）车场顶车不站岗或不挂尾灯或车辆未联者；

（161）电机车运行中，不使用控制手把调速而用拉、放集电弓调速者；

（162）齿轨车运输过风门不按规定停车，开关风门者；

（163）齿轨车运行中，非紧急情况下使用紧急制动者；

（164）齿轨车驾驶室超员乘坐者；

（165）乘坐罐笼人数超过规定的责任者；

（166）矸井罐笼运送人员时不进行检身工作的责任者；

（167）罐笼运送人员时不放好罐笼帘的责任者；

(168) 罐笼运送物料时不放好挡车器的责任者;

(169) 随意拆除和损坏轨道绝缘者;

(170) 处理矿车掉道时,没有按规定或措施操作者;

(171) 斜井、斜巷或平巷运输超重、超高、超长、超宽"四超件",没有安全措施或不按措施强行运输者;

(172) 运输过程中,车辆通过后,未按规定及时闭合阻车设施者;

(173) 在运输系统中,声光信号失灵或未安装而继续作业者;

(174) 人车超坐者;

(175) 人车无跟车工司机开车运行者;

(176) 司机和乘坐人车、卡轨车、齿轨车人员在运行中把头或身体探出车外者;

(177) 人力同方向同轨道推车,两车距离小于 10 m 者;

(178) 在能自动滑行的坡巷上停放车辆,没有设置合格的阻车设施者;

(179) 在行人井筒运送易滚动物件没有措施或不按措施执行者;

(180) 在运输线路上作业未挂警戒牌作业者;

(181) 综采工作面撤架或调架时,没有躲开牵引钢丝绳的波动范围者;

(182) 无措施用溜子、皮带运送材料、备件者;

(183) 用木料、铁器处理皮带跑偏者;

(184) 坐在减速器上开皮带、溜子者;

(185) 紧接溜子大链没有用紧链器者;无紧链装置的溜子未按规程作业者;

(186) 乘坐猴车、人车时,携带物件超规定者;

(187) 斜井猴车乘坐间距不符合规定者;

(188) 其他认为性质一般的"三违"者。

凡属下列情况之一者,为严重"三违"。

(189) 运输警戒人员不负责,把人放过警戒线或不听警戒人员阻拦强行进入警戒范围内者;

(190) 小井提升不挂保险绳者;

（191）小绞车不带电放车者（包括对拉绞车），或在按有小绞车又可能造成跑车的地方，不挂绞车绳而下放空重车者（水平车场不受此限）；

（192）运输超挂车者；

（193）电机车司机离开座位时，没有切断机车电源或没有取下控制手把、没有刹紧车闸者；

（194）电机车前无照明，后无红灯（牌）运行者；

（195）电机车司机在车外操作者；

（196）停车未摘老钩绳，而绞车司机离岗者；

（197）运输大巷私自扳道岔或扳错道岔者；

（198）信号工发错信号或不按信号规定开车者；

（199）放飞车者；

（200）人与运行中的车辆抢道者；

（201）齿轨车无保护运行者；

（202）人员与物料同罐笼运行的责任者；

（203）溜子机头、机尾固定不牢而使用者；

（204）运输时车辆未提到位，站岗人员脱岗；

（205）运输大巷、盘区辅运巷无证行走者；

（206）乘坐人车车未停稳提前上下车者；

（207）其他认为性质严重的"三违"者。

机电

凡属下列情况之一者，为轻微"三违"。

（208）馈电开关无内外接地者；

（209）井下电气设备的接地装置不符合要求的责任者；

（210）电工作业时，个人劳保防护不齐全、不符合规定者；

（211）井下、井上当班记录填写缺项、漏项的责任者；

（212）进入要害场所未登记或值班不负责任者；

（213）检修完毕未清理现场或清点工具就联系送电操作者；

（214）各种仪表指示不正常，设备仍在运行的责任者；

（215）红灯作业者；

（216）井下溜子、皮带司机坐着、躺着操作设备者；

（217）其他认为性质轻微的"三违"者。

凡属下列情况之一者，为一般"三违"。

（218）导线接头出现变形的责任者；

（219）处理电器设备出现一般性失爆的责任者；

（220）私自甩掉某种保护、随意改动整定值者；

（221）液压联轴节防爆片易熔塞材料不符合规定者；

（222）高、低压保险用其他材料代替者；

（223）停电后不验电就触及电气设备者；

（224）电工所用工具不符合检修设备电压等级使用者；

（225）各类司机离开岗位，不摘开离合器，开关手把未置于零位；

（226）用煤电钻、麻花钻杆打眼戴手套领钻者；

（227）井下进行机电设备检修、安装无措施作业者；

（228）掘进机、液压钻车、侧装车没有照明作业者；

（229）井下起吊重物时，人员站在重物坠落下方或没有专人指挥，不用信号进行联系起吊作业者；

（230）井下机电硐室采用灯泡取暖者；

（231）乳化液、加压泵吸空，设备仍继续运行的责任者；

（232）架空线附近（1 m内）作业不使用接地装置者；

（233）扒煤机、扒矸机等使用钢丝绳磨损超过规定（断丝10%、断股、挽疙瘩）作业者；

（234）启动综掘机、转载机未按规定撤净人员或在机器运转中在转载机两边作业者；

（235）不使用信号联络，而用敲打、喊话、晃灯联系开动设备者；

（236）各类司机操作位置不当者；

（237）处理溜子漂链时，用脚蹬、手搬、撬棍别运行中的刮板链者；

（238）岗位操作机械设备人员看书者；

（239）其他认为性质一般的"三违"者。

凡属下列情况之一者，为严重"三违"。

（240）井下电气设备出现失爆的责任者；

（241）未按《电业安全工作规程》两票制度进行作业者；

（242）带负荷拉隔离闸的作业者；

（243）井上下无计划随意停电者；

（244）有故障的设备未解除、强行送电、操作者；

（245）带电搬迁电器设备者；带电移动高压电缆者；操作时使用的安全用具不符合要求者；

（246）未摘开离合器、未闭锁液压钻车而站在机身上作业者；

（247）私自打开闭锁送电、液者；

（248）不是机电工而随便操作机电设备者；

（249）甩掉三大保护或保护失灵设备仍继续使用者；

（250）井下不检查瓦斯打开设备检修者；

（251）设备转动部件未加防护罩操作运行作业者；

（252）机电设备未经防爆认可入井者；

（253）在运转设备、运行皮带上行走或跨越者；

（254）未闭锁溜子进入机道作业者；

（255）处理机组未切断电源和取下手柄或机组运行范围内有人起动机组者；

（256）采掘机组未闭锁，在机组范围内作业者；

（257）其他认为性质严重的"三违"者。

地测

凡属下列情况之一者，为轻微"三违"。

（258）在上山斜孔打钻时，无防止钻机下滑装置者；

（259）其他认为性质轻微的"三违"者。

凡属下列情况之一者，为一般"三违"者。

（260）观测记录未在现场进行者；

（261）探煤厚电钻的外壳不完好，电缆线破损作业者；

（262）钻探老空时，无瓦检员在场的作业者；

（263）在进行水平或斜孔钻探时，操作人员站在与孔内钻具成一直线的位置者；

（264）未给生产队组提供水文预报（月报）者；

（265）对 3000 m 以下的贯通工程，无措施作业者；

（266）其他认为性质一般的"三违"者。

凡属下列情况之一者，为严重"三违"。

（267）钻探工程无设计，无审核者；

（268）钻探放水时，钻孔中水压突然增大、顶钻，拔出钻杆，造成透水事故者；

（269）3000 m 以上大型贯通工程或两井间的井巷贯通工程测量，无设计或设计未经局审批的责任者；

（270）掘进工作面进入积水警戒线后，未进行边探边掘，打钻放水的责任者；

（271）掘进工作面进入实际积水边界 20 m 处未停掘打钻放水者；

（272）开口放线没有设计图的责任者；

（273）探钻时遇有煤壁松软或膨胀等现象，未在煤壁打防水冲垮煤壁的木垛或木桩的责任者；

（274）井下探放水时未确定放水路线，未做好观测和放水准备工作盲目放水者；

（275）下发的贯通通知单、提供的测量资料、下发的探放水通知单内容有误造成不良影响者；

（276）地质人员未收集小煤窑资料、调查井上下地质情况造成与小煤窑无计划贯通或发生透水事故；

（277）未及时下发贯通通知书、交底资料造成无计划贯通或巷道报废者；

（278）其他认为性质严重的"三违"者。

地面及其他

凡属下列情况之一者，为轻微"三违"。

（279）井下摘掉安全帽或坐安全帽者；

（280）上班迟到、早退者；

（281）未携带安全资格证或安全资格证过期者；

（282）进入要害场所未进行登记者；

（283）井下躺着休息者；

（284）开工前未按规定进行安全检查开工者(开工护照未按规定挂牌者)；

（285）作业场所乱停放车辆者；

（286）安检员班中、班后未按规定及时汇报者；

（287）将大块矸、杂物拉入煤仓者；

（288）井口走廊吸烟者；

（289）其他认为性质轻微的"三违"者。

凡属下列情况之一者,为一般"三违"。

（290）入井穿化纤衣服者；

（291）班后不交矿灯、自救器、便携仪者；

（292）班中脱岗、睡觉、串岗、干私活者；

（293）入井未检身的责任者；

（294）乘坐人车、齿轨车、卡轨车、猴车等不服从管理人员指挥者；

（295）重要岗位未持证上岗者；

（296）地面挖筑各类地沟,深度超过1.5 m而未戴安全帽者；

（297）在禁火区内无措施使用电炉和电、氧焊者；

（298）拒绝查证者；

（299）未办理零星工程责任书；

（300）岗位人员无证操作设备或证件过期者；

（301）下井人员戴电子表者；

（302）其他认为性质一般的"三违"者。

凡属下列情况之一者,为严重"三违"。

（303）酒后下井、上岗者；

（304）在隐患未处理完或怀疑前方有古窑、老窑、小窑等时,不执行有关规定指挥工人作业的主要责任者；

（305）跟班干部未和工人同上同下井者；

（306）安检员、瓦检员井下睡觉者；

（307）干部违章指挥者；

（308）井下拆卸矿灯者；

（309）要害场所吸烟、串岗睡觉者；

（310）井口附近 20 m 范围内吸烟或用火炉无火炉证和专门措施的责任者；

（311）高空作业不系安全带者；

（312）供暖期间,未停气而进地沟检查者；

（313）强行通过起吊重物的危险区者；

（314）特殊工种人员未持证上岗或证件过期者；

（315）拒绝处理隐患或隐患未处理完生产者；

（316）跟班干部脱岗、睡觉者；

（317）井下工人打架者；

（318）殴打、辱骂、威胁安检员及其他管理人员者；

（319）安检员未现场交接班者；

（320）其他认为性质严重的"三违"者。

附　　录

附 1　中华人民共和国安全生产法

2002 年 11 月 15 日

目　录

第一章　总　　则

第一条　为了加强安全生产监督管理,防止和减少生产安全事故,保障人民群众生命和财产安全,促进经济发展,制定本法。

第二条　在中华人民共和国领域内从事生产经营活动的单位(以下统称生产经营单位)的安全生产,适用本法;有关法律、行政法规对消防安全和道路交通安全、铁路交通安全、水上交通安全、民用航空安全另有规定的,适用其规定。

第三条　安全生产管理,坚持安全第一、预防为主的方针。

第四条　生产经营单位必须遵守本法和其他有关安全生产的法律、法规,加强安全生产管理,建立、健全安全生产责任制度,完善安全生产条件,确保安全生产。

第五条　生产经营单位的主要负责人对本单位的安全生产工

作全面负责。

第六条 生产经营单位的从业人员有依法获得安全生产保障的权利,并应当依法履行安全生产方面的义务。

第七条 工会依法组织职工参加本单位安全生产工作的民主管理和民主监督,维护职工在安全生产方面的合法权益。

第八条 国务院和地方各级人民政府应当加强对安全生产工作的领导,支持、督促各有关部门依法履行安全生产监督管理职责。

县级以上人民政府对安全生产监督管理中存在的重大问题应当及时予以协调、解决。

第九条 国务院负责安全生产监督管理的部门依照本法,对全国安全生产工作实施综合监督管理;县级以上地方各级人民政府负责安全生产监督管理的部门依照本法,对本行政区域内安全生产工作实施综合监督管理。

国务院有关部门依照本法和其他有关法律、行政法规的规定,在各自的职责范围内对有关的安全生产工作实施监督管理;县级以上地方各级人民政府有关部门依照本法和其他有关法律、法规的规定,在各自的职责范围内对有关的安全生产工作实施监督管理。

第十条 国务院有关部门应当按照保障安全生产的要求,依法及时制定有关的国家标准或者行业标准,并根据科技进步和经济发展适时修订。

生产经营单位必须执行依法制定的保障安全生产的国家标准或者行业标准。

第十一条 各级人民政府及其有关部门应当采取多种形式,加强对有关安全生产的法律、法规和安全生产知识的宣传,提高职工的安全生产意识。

第十二条 依法设立的为安全生产提供技术服务的中介机构,依照法律、行政法规和执业准则,接受生产经营单位的委托为其安全生产工作提供技术服务。

第十三条 国家实行生产安全事故责任追究制度,依照本法和有关法律、法规的规定,追究生产安全事故责任人员的法律责任。

第十四条　国家鼓励和支持安全生产科学技术研究和安全生产先进技术的推广应用，提高安全生产水平。

第十五条　国家对在改善安全生产条件、防止生产安全事故、参加抢险救护等方面取得显著成绩的单位和个人，给予奖励。

第二章　生产经营单位的安全生产保障

第十六条　生产经营单位应当具备本法和有关法律、行政法规和国家标准或者行业标准规定的安全生产条件；不具备安全生产条件的，不得从事生产经营活动。

第十七条　生产经营单位的主要负责人对本单位安全生产工作负有下列职责：

（一）建立、健全本单位安全生产责任制；

（二）组织制定本单位安全生产规章制度和操作规程；

（三）保证本单位安全生产投入的有效实施；

（四）督促、检查本单位的安全生产工作，及时消除生产安全事故隐患；

（五）组织制定并实施本单位的生产安全事故应急救援预案；

（六）及时、如实报告生产安全事故。

第十八条　生产经营单位应当具备的安全生产条件所必需的资金投入，由生产经营单位的决策机构、主要负责人或者个人经营的投资人予以保证，并对由于安全生产所必需的资金投入不足导致的后果承担责任。

第十九条　矿山、建筑施工单位和危险物品的生产、经营、储存单位，应当设置安全生产管理机构或者配备专职安全生产管理人员。

前款规定以外的其他生产经营单位，从业人员超过三百人的，应当设置安全生产管理机构或者配备专职安全生产管理人员；从业人员在三百人以下的，应当配备专职或者兼职的安全生产管理人员，或者委托具有国家规定的相关专业技术资格的工程技术人员提供安全生产管理服务。

生产经营单位依照前款规定委托工程技术人员提供安全生产管理服务的,保证安全生产的责任仍由本单位负责。

第二十条 生产经营单位的主要负责人和安全生产管理人员必须具备与本单位所从事的生产经营活动相应的安全生产知识和管理能力。

危险物品的生产、经营、储存单位以及矿山、建筑施工单位的主要负责人和安全生产管理人员,应当由有关主管部门对其安全生产知识和管理能力考核合格后方可任职。考核不得收费。

第二十一条 生产经营单位应当对从业人员进行安全生产教育和培训,保证从业人员具备必要的安全生产知识,熟悉有关的安全生产规章制度和安全操作规程,掌握本岗位的安全操作技能。未经安全生产教育和培训合格的从业人员,不得上岗作业。

第二十二条 生产经营单位采用新工艺、新技术、新材料或者使用新设备,必须了解、掌握其安全技术特性,采取有效的安全防护措施,并对从业人员进行专门的安全生产教育和培训。

第二十三条 生产经营单位的特种作业人员必须按照国家有关规定经专门的安全作业培训,取得特种作业操作资格证书,方可上岗作业。

特种作业人员的范围由国务院负责安全生产监督管理的部门会同国务院有关部门确定。

第二十四条 生产经营单位新建、改建、扩建工程项目(以下统称建设项目)的安全设施,必须与主体工程同时设计、同时施工、同时投入生产和使用。安全设施投资应当纳入建设项目概算。

第二十五条 矿山建设项目和用于生产、储存危险物品的建设项目,应当分别按照国家有关规定进行安全条件论证和安全评价。

第二十六条 建设项目安全设施的设计人、设计单位应当对安全设施设计负责。

矿山建设项目和用于生产、储存危险物品的建设项目的安全设施设计应当按照国家有关规定报经有关部门审查,审查部门及其负责审查的人员对审查结果负责。

第二十七条 矿山建设项目和用于生产、储存危险物品的建设项目的施工单位必须按照批准的安全设施设计施工,并对安全设施的工程质量负责。

矿山建设项目和用于生产、储存危险物品的建设项目竣工投入生产或者使用前,必须依照有关法律、行政法规的规定对安全设施进行验收;验收合格后,方可投入生产和使用。验收部门及其验收人员对验收结果负责。

第二十八条 生产经营单位应当在有较大危险因素的生产经营场所和有关设施、设备上,设置明显的安全警示标志。

第二十九条 安全设备的设计、制造、安装、使用、检测、维修、改造和报废,应当符合国家标准或者行业标准。

生产经营单位必须对安全设备进行经常性维护、保养,并定期检测,保证正常运转。维护、保养、检测应当作好记录,并由有关人员签字。

第三十条 生产经营单位使用的涉及生命安全、危险性较大的特种设备,以及危险物品的容器、运输工具,必须按照国家有关规定,由专业生产单位生产,并经取得专业资质的检测、检验机构检测、检验合格,取得安全使用证或者安全标志,方可投入使用。检测、检验机构对检测、检验结果负责。

涉及生命安全、危险性较大的特种设备的目录由国务院负责特种设备安全监督管理的部门制定,报国务院批准后执行。

第三十一条 国家对严重危及生产安全的工艺、设备实行淘汰制度。

生产经营单位不得使用国家明令淘汰、禁止使用的危及生产安全的工艺、设备。

第三十二条 生产、经营、运输、储存、使用危险物品或者处置废弃危险物品的,由有关主管部门依照有关法律、法规的规定和国家标准或者行业标准审批并实施监督管理。

生产经营单位生产、经营、运输、储存、使用危险物品或者处置废弃危险物品,必须执行有关法律、法规和国家标准或者行业标准,建立专门的安全管理制度,采取可靠的安全措施,接受有关主管部门依法实施的监督管理。

第三十三条　生产经营单位对重大危险源应当登记建档,进行定期检测、评估、监控,并制定应急预案,告知从业人员和相关人员在紧急情况下应当采取的应急措施。

生产经营单位应当按照国家有关规定将本单位重大危险源及有关安全措施、应急措施报有关地方人民政府负责安全生产监督管理的部门和有关部门备案。

第三十四条　生产、经营、储存、使用危险物品的车间、商店、仓库不得与员工宿舍在同一座建筑物内,并应当与员工宿舍保持安全距离。

生产经营场所和员工宿舍应当设有符合紧急疏散要求、标志明显、保持畅通的出口。禁止封闭、堵塞生产经营场所或者员工宿舍的出口。

第三十五条　生产经营单位进行爆破、吊装等危险作业,应当安排专门人员进行现场安全管理,确保操作规程的遵守和安全措施的落实。

第三十六条　生产经营单位应当教育和督促从业人员严格执行本单位的安全生产规章制度和安全操作规程;并向从业人员如实告知作业场所和工作岗位存在的危险因素、防范措施以及事故应急措施。

第三十七条　生产经营单位必须为从业人员提供符合国家标准或者行业标准的劳动防护用品,并监督、教育从业人员按照使用规则佩戴、使用。

第三十八条　生产经营单位的安全生产管理人员应当根据本单位的生产经营特点,对安全生产状况进行经常性检查;对检查中发现的安全问题,应当立即处理;不能处理的,应当及时报告本单位有关负责人。检查及处理情况应当记录在案。

第三十九条　生产经营单位应当安排用于配备劳动防护用品、进行安全生产培训的经费。

第四十条　两个以上生产经营单位在同一作业区域内进行生产经营活动,可能危及对方生产安全的,应当签订安全生产管理协议,明确各自的安全生产管理职责和应当采取的安全措施,并指定专职安全生产管理人员进行安全检查与协调。

第四十一条　生产经营单位不得将生产经营项目、场所、设备发包或者出租给不具备安全生产条件或者相应资质的单位或者个人。

生产经营项目、场所有多个承包单位、承租单位的,生产经营单位应当与承包单位、承租单位签订专门的安全生产管理协议,或者在承包合同、租赁合同中约定各自的安全生产管理职责;生产经营单位对承包单位、承租单位的安全生产工作统一协调、管理。

第四十二条　生产经营单位发生重大生产安全事故时,单位的主要负责人应当立即组织抢救,并不得在事故调查处理期间擅离职守。

第四十三条　生产经营单位必须依法参加工伤社会保险,为从业人员缴纳保险费。

第三章　从业人员的权利和义务

第四十四条　生产经营单位与从业人员订立的劳动合同,应当载明有关保障从业人员劳动安全、防止职业危害的事项,以及依法为从业人员办理工伤社会保险的事项。

生产经营单位不得以任何形式与从业人员订立协议,免除或者减轻其对从业人员因生产安全事故伤亡依法应承担的责任。

第四十五条　生产经营单位的从业人员有权了解其作业场所和工作岗位存在的危险因素、防范措施及事故应急措施,有权对本单位的安全生产工作提出建议。

第四十六条　从业人员有权对本单位安全生产工作中存在的问题提出批评、检举、控告;有权拒绝违章指挥和强令冒险作业。

生产经营单位不得因从业人员对本单位安全生产工作提出批评、检举、控告或者拒绝违章指挥、强令冒险作业而降低其工资、福利等待遇或者解除与其订立的劳动合同。

第四十七条　从业人员发现直接危及人身安全的紧急情况时,有权停止作业或者在采取可能的应急措施后撤离作业场所。

生产经营单位不得因从业人员在前款紧急情况下停止作业或者采取紧急撤离措施而降低其工资、福利等待遇或者解除与其订立的劳动合同。

第四十八条　因生产安全事故受到损害的从业人员,除依法享有工伤社会保险外,依照有关民事法律尚有获得赔偿的权利的,有权向本单位提出赔偿要求。

第四十九条　从业人员在作业过程中,应当严格遵守本单位的安全生产规章制度和操作规程,服从管理,正确佩戴和使用劳动防护用品。

第五十条　从业人员应当接受安全生产教育和培训,掌握本职工作所需的安全生产知识,提高安全生产技能,增强事故预防和应急处理能力。

第五十一条　从业人员发现事故隐患或者其他不安全因素,应当立即向现场安全生产管理人员或者本单位负责人报告;接到报告的人员应当及时予以处理。

第五十二条　工会有权对建设项目的安全设施与主体工程同时设计、同时施工、同时投入生产和使用进行监督,提出意见。

工会对生产经营单位违反安全生产法律、法规,侵犯从业人员合法权益的行为,有权要求纠正;发现生产经营单位违章指挥、强令冒险作业或者发现事故隐患时,有权提出解决的建议,生产经营单位应当及时研究答复;发现危及从业人员生命安全的情况时,有权向生产经营单位建议组织从业人员撤离危险场所,生产经营单位必须立即作出处理。

工会有权依法参加事故调查,向有关部门提出处理意见,并要求追究有关人员的责任。

第四章　安全生产的监督管理

第五十三条　县级以上地方各级人民政府应当根据本行政区

域内的安全生产状况,组织有关部门按照职责分工,对本行政区域内容易发生重大生产安全事故的生产经营单位进行严格检查;发现事故隐患,应当及时处理。

第五十四条 依照本法第九条规定对安全生产负有监督管理职责的部门(以下统称负有安全生产监督管理职责的部门)依照有关法律、法规的规定,对涉及安全生产的事项需要审查批准(包括批准、核准、许可、注册、认证、颁发证照等,下同)或者验收的,必须严格依照有关法律、法规和国家标准或者行业标准规定的安全生产条件和程序进行审查;不符合有关法律、法规和国家标准或者行业标准规定的安全生产条件的,不得批准或者验收通过。对未依法取得批准或者验收合格的单位擅自从事有关活动的,负责行政审批的部门发现或者接到举报后应当立即予以取缔,并依法予以处理。对已经依法取得批准的单位,负责行政审批的部门发现其不再具备安全生产条件的,应当撤销原批准。

第五十五条 负有安全生产监督管理职责的部门对涉及安全生产的事项进行审查、验收,不得收取费用;不得要求接受审查、验收的单位购买其指定品牌或者指定生产、销售单位的安全设备、器材或者其他产品。

第五十六条 负有安全生产监督管理职责的部门依法对生产经营单位执行有关安全生产的法律、法规和国家标准或者行业标准的情况进行监督检查,行使以下职权:

(一)进入生产经营单位进行检查,调阅有关资料,向有关单位和人员了解情况。

(二)对检查中发现的安全生产违法行为,当场予以纠正或者要求限期改正;对依法应当给予行政处罚的行为,依照本法和其他有关法律、行政法规的规定作出行政处罚决定。

(三)对检查中发现的事故隐患,应当责令立即排除;重大事故隐患排除前或者排除过程中无法保证安全的,应当责令从危险区域内撤出作业人员,责令暂时停产停业或者停止使用;重大事故隐患排除后,经审查同意,方可恢复生产经营和使用。

（四）对有根据认为不符合保障安全生产的国家标准或者行业标准的设施、设备、器材予以查封或者扣押，并应当在十五日内依法作出处理决定。

监督检查不得影响被检查单位的正常生产经营活动。

第五十七条　生产经营单位对负有安全生产监督管理职责的部门的监督检查人员（以下统称安全生产监督检查人员）依法履行监督检查职责，应当予以配合，不得拒绝、阻挠。

第五十八条　安全生产监督检查人员应当忠于职守，坚持原则，秉公执法。安全生产监督检查人员执行监督检查任务时，必须出示有效的监督执法证件；对涉及被检查单位的技术秘密和业务秘密，应当为其保密。

第五十九条　安全生产监督检查人员应当将检查的时间、地点、内容、发现的问题及其处理情况，作出书面记录，并由检查人员和被检查单位的负责人签字；被检查单位的负责人拒绝签字的，检查人员应当将情况记录在案，并向负有安全生产监督管理职责的部门报告。

第六十条　负有安全生产监督管理职责的部门在监督检查中，应当互相配合，实行联合检查；确需分别进行检查的，应当互通情况，发现存在的安全问题应当由其他有关部门进行处理的，应当及时移送其他有关部门并形成记录备查，接受移送的部门应当及时进行处理。

第六十一条　监察机关依照行政监察法的规定，对负有安全生产监督管理职责的部门及其工作人员履行安全生产监督管理职责实施监察。

第六十二条　承担安全评价、认证、检测、检验的机构应当具备国家规定的资质条件，并对其作出的安全评价、认证、检测、检验的结果负责。

第六十三条　负有安全生产监督管理职责的部门应当建立举报制度，公开举报电话、信箱或者电子邮件地址，受理有关安全生产的举报；受理的举报事项经调查核实后，应当形成书面材料；需要落实整改措施的,报经有关负责人签字并督促落实。

第六十四条 任何单位或者个人对事故隐患或者安全生产违法行为,均有权向负有安全生产监督管理职责的部门报告或者举报。

第六十五条 居民委员会、村民委员会发现其所在区域内的生产经营单位存在事故隐患或者安全生产违法行为时,应当向当地人民政府或者有关部门报告。

第六十六条 县级以上各级人民政府及其有关部门对报告重大事故隐患或者举报安全生产违法行为的有功人员,给予奖励。具体奖励办法由国务院负责安全生产监督管理的部门会同国务院财政部门制定。

第六十七条 新闻、出版、广播、电影、电视等单位有进行安全生产宣传教育的义务,有对违反安全生产法律、法规的行为进行舆论监督的权利。

第五章 生产安全事故的应急救援与调查处理

第六十八条 县级以上地方各级人民政府应当组织有关部门制定本行政区域内特大生产安全事故应急救援预案,建立应急救援体系。

第六十九条 危险物品的生产、经营、储存单位以及矿山、建筑施工单位应当建立应急救援组织;生产经营规模较小,可以不建立应急救援组织的,应当指定兼职的应急救援人员。

危险物品的生产、经营、储存单位以及矿山、建筑施工单位应当配备必要的应急救援器材、设备,并进行经常性维护、保养,保证正常运转。

第七十条 生产经营单位发生生产安全事故后,事故现场有关人员应当立即报告本单位负责人。

单位负责人接到事故报告后,应当迅速采取有效措施,组织抢救,防止事故扩大,减少人员伤亡和财产损失,并按照国家有关规定立即如实报告当地负有安全生产监督管理职责的部门,不得隐瞒不报、谎报或者拖延不报,不得故意破坏事故现场、毁灭有关证据。

第七十一条　负有安全生产监督管理职责的部门接到事故报告后,应当立即按照国家有关规定上报事故情况。负有安全生产监督管理职责的部门和有关地方人民政府对事故情况不得隐瞒不报、谎报或者拖延不报。

第七十二条　有关地方人民政府和负有安全生产监督管理职责的部门的负责人接到重大生产安全事故报告后,应当立即赶到事故现场,组织事故抢救。

任何单位和个人都应当支持、配合事故抢救,并提供一切便利条件。

第七十三条　事故调查处理应当按照实事求是、尊重科学的原则,及时、准确地查清事故原因,查明事故性质和责任,总结事故教训,提出整改措施,并对事故责任者提出处理意见。事故调查和处理的具体办法由国务院制定。

第七十四条　生产经营单位发生生产安全事故,经调查确定为责任事故的,除了应当查明事故单位的责任并依法予以追究外,还应当查明对安全生产的有关事项负有审查批准和监督职责的行政部门的责任,对有失职、渎职行为的,依照本法第七十七条的规定追究法律责任。

第七十五条　任何单位和个人不得阻挠和干涉对事故的依法调查处理。

第七十六条　县级以上地方各级人民政府负责安全生产监督管理的部门应当定期统计分析本行政区域内发生生产安全事故的情况,并定期向社会公布。

第六章　法　律　责　任

第七十七条　负有安全生产监督管理职责的部门的工作人员,有下列行为之一的,给予降级或者撤职的行政处分;构成犯罪的,依照刑法有关规定追究刑事责任:

(一)对不符合法定安全生产条件的涉及安全生产的事项予以批准或者验收通过的;

（二）发现未依法取得批准、验收的单位擅自从事有关活动或者接到举报后不予取缔或者不依法予以处理的；

（三）对已经依法取得批准的单位不履行监督管理职责，发现其不再具备安全生产条件而不撤销原批准或者发现安全生产违法行为不予查处的。

第七十八条 负有安全生产监督管理职责的部门，要求被审查、验收的单位购买其指定的安全设备、器材或者其他产品的，在对安全生产事项的审查、验收中收取费用的，由其上级机关或者监察机关责令改正，责令退还收取的费用；情节严重的，对直接负责的主管人员和其他直接责任人员依法给予行政处分。

第七十九条 承担安全评价、认证、检测、检验工作的机构，出具虚假证明，构成犯罪的，依照刑法有关规定追究刑事责任；尚不够刑事处罚的，没收违法所得，违法所得在五千元以上的，并处违法所得二倍以上五倍以下的罚款，没有违法所得或者违法所得不足五千元的，单处或者并处五千元以上二万元以下的罚款，对其直接负责的主管人员和其他直接责任人员处五千元以上五万元以下的罚款；给他人造成损害的，与生产经营单位承担连带赔偿责任。

对有前款违法行为的机构，撤销其相应资格。

第八十条 生产经营单位的决策机构、主要负责人、个人经营的投资人不依照本法规定保证安全生产所必需的资金投入，致使生产经营单位不具备安全生产条件的，责令限期改正，提供必需的资金；逾期未改正的，责令生产经营单位停产停业整顿。

有前款违法行为，导致发生生产安全事故，构成犯罪的，依照刑法有关规定追究刑事责任；尚不够刑事处罚的，对生产经营单位的主要负责人给予撤职处分，对个人经营的投资人处二万元以上二十万元以下的罚款。

第八十一条 生产经营单位的主要负责人未履行本法规定的安全生产管理职责的，责令限期改正；逾期未改正的，责令生产经营单位停产停业整顿。

生产经营单位的主要负责人有前款违法行为，导致发生生产安全事故,构成犯罪的,依照刑法有关规定追究刑事责任;尚不够刑事处罚的,给予撤职处分或者处二万元以上二十万元以下的罚款。

生产经营单位的主要负责人依照前款规定受刑事处罚或者撤职处分的,自刑罚执行完毕或者受处分之日起,五年内不得担任任何生产经营单位的主要负责人。

第八十二条 生产经营单位有下列行为之一的,责令限期改正;逾期未改正的,责令停产停业整顿,可以并处二万元以下的罚款:

(一)未按照规定设立安全生产管理机构或者配备安全生产管理人员的;

(二)危险物品的生产、经营、储存单位以及矿山、建筑施工单位的主要负责人和安全生产管理人员未按照规定经考核合格的;

(三)未按照本法第二十一条、第二十二条的规定对从业人员进行安全生产教育和培训,或者未按照本法第三十六条的规定如实告知从业人员有关的安全生产事项的;

(四)特种作业人员未按照规定经专门的安全作业培训并取得特种作业操作资格证书,上岗作业的。

第八十三条 生产经营单位有下列行为之一的,责令限期改正;逾期未改正的,责令停止建设或者停产停业整顿,可以并处五万元以下的罚款;造成严重后果,构成犯罪的,依照刑法有关规定追究刑事责任:

(一)矿山建设项目或者用于生产、储存危险物品的建设项目没有安全设施设计或者安全设施设计未按照规定报经有关部门审查同意的;

(二)矿山建设项目或者用于生产、储存危险物品的建设项目的施工单位未按照批准的安全设施设计施工的;

(三)矿山建设项目或者用于生产、储存危险物品的建设项目竣工投入生产或者使用前,安全设施未经验收合格的;

(四)未在有较大危险因素的生产经营场所和有关设施、设备上设置明显的安全警示标志的;

（五）安全设备的安装、使用、检测、改造和报废不符合国家标准或者行业标准的；

（六）未对安全设备进行经常性维护、保养和定期检测的；

（七）未为从业人员提供符合国家标准或者行业标准的劳动防护用品的；

（八）特种设备以及危险物品的容器、运输工具未经取得专业资质的机构检测、检验合格，取得安全使用证或者安全标志，投入使用的；

（九）使用国家明令淘汰、禁止使用的危及生产安全的工艺、设备的。

第八十四条　未经依法批准，擅自生产、经营、储存危险物品的，责令停止违法行为或者予以关闭，没收违法所得，违法所得十万元以上的，并处违法所得一倍以上五倍以下的罚款，没有违法所得或者违法所得不足十万元的，单处或者并处二万元以上十万元以下的罚款；造成严重后果，构成犯罪的，依照刑法有关规定追究刑事责任。

第八十五条　生产经营单位有下列行为之一的，责令限期改正；逾期未改正的，责令停产停业整顿，可以并处二万元以上十万元以下的罚款；造成严重后果，构成犯罪的，依照刑法有关规定追究刑事责任：

（一）生产、经营、储存、使用危险物品，未建立专门安全管理制度、未采取可靠的安全措施或者不接受有关主管部门依法实施的监督管理的；

（二）对重大危险源未登记建档，或者未进行评估、监控，或者未制定应急预案的；

（三）进行爆破、吊装等危险作业，未安排专门管理人员进行现场安全管理的。

第八十六条　生产经营单位将生产经营项目、场所、设备发包或者出租给不具备安全生产条件或者相应资质的单位或者个人的，责令限期改正，没收违法所得；违法所得五万元以上的，并处违法所得一倍以上五倍以下的罚款；没有违法所得或者违法所得不足五万元的，单处或者并处一万元以上五万元以下的罚款；导致发生生产安全事故给他人造成损害的，与承包方、承租方承担连带赔偿责任。

生产经营单位未与承包单位、承租单位签订专门的安全生产管理协议或者未在承包合同、租赁合同中明确各自的安全生产管理职责，或者未对承包单位、承租单位的安全生产统一协调、管理的，责令限期改正；逾期未改正的，责令停产停业整顿。

第八十七条 两个以上生产经营单位在同一作业区域内进行可能危及对方安全生产的生产经营活动，未签订安全生产管理协议或者未指定专职安全生产管理人员进行安全检查与协调的，责令限期改正；逾期未改正的，责令停产停业。

第八十八条 生产经营单位有下列行为之一的，责令限期改正；逾期未改正的，责令停产停业整顿；造成严重后果，构成犯罪的，依照刑法有关规定追究刑事责任：

（一）生产、经营、储存、使用危险物品的车间、商店、仓库与员工宿舍在同一座建筑内，或者与员工宿舍的距离不符合安全要求的；

（二）生产经营场所和员工宿舍未设有符合紧急疏散需要、标志明显、保持畅通的出口，或者封闭、堵塞生产经营场所或者员工宿舍出口的。

第八十九条 生产经营单位与从业人员订立协议，免除或者减轻其对从业人员因生产安全事故伤亡依法应承担的责任的，该协议无效；对生产经营单位的主要负责人、个人经营的投资人处二万元以上十万元以下的罚款。

第九十条 生产经营单位的从业人员不服从管理，违反安全生产规章制度或者操作规程的，由生产经营单位给予批评教育，依照有关规章制度给予处分；造成重大事故，构成犯罪的，依照刑法有关规定追究刑事责任。

第九十一条 生产经营单位主要负责人在本单位发生重大生

产安全事故时,不立即组织抢救或者在事故调查处理期间擅离职守或者逃匿的,给予降职、撤职的处分,对逃匿的处十五日以下拘留;构成犯罪的,依照刑法有关规定追究刑事责任。

生产经营单位主要负责人对生产安全事故隐瞒不报、谎报或者拖延不报的,依照前款规定处罚。

第九十二条 有关地方人民政府、负有安全生产监督管理职责的部门,对生产安全事故隐瞒不报、谎报或者拖延不报的,对直接负责的主管人员和其他直接责任人员依法给予行政处分;构成犯罪的,依照刑法有关规定追究刑事责任。

第九十三条 生产经营单位不具备本法和其他有关法律、行政法规和国家标准或者行业标准规定的安全生产条件,经停产停业整顿仍不具备安全生产条件的,予以关闭;有关部门应当依法吊销其有关证照。

第九十四条 本法规定的行政处罚,由负责安全生产监督管理的部门决定;予以关闭的行政处罚由负责安全生产监督管理的部门报请县级以上人民政府按照国务院规定的权限决定;给予拘留的行政处罚由公安机关依照治安管理处罚条例的规定决定。有关法律、行政法规对行政处罚的决定机关另有规定的,依照其规定。

第九十五条 生产经营单位发生生产安全事故造成人员伤亡、他人财产损失的,应当依法承担赔偿责任;拒不承担或者其负责人逃匿的,由人民法院依法强制执行。

生产安全事故的责任人未依法承担赔偿责任,经人民法院依法采取执行措施后,仍不能对受害人给予足额赔偿的,应当继续履行赔偿义务;受害人发现责任人有其他财产的,可以随时请求人民法院执行。

第七章 附 则

第九十六条 本法下列用语的含义:

危险物品,是指易燃易爆物品、危险化学品、放射性物品等能够危及人身安全和财产安全的物品。

重大危险源,是指长期地或者临时地生产、搬运、使用或者储存危险物品,且危险物品的数量等于或者超过临界量的单元(包括场所和设施)。

第九十七条 本法自 2002 年 11 月 1 日起施行。

附2 中华人民共和国煤炭法

2002 年 11 月 15 日

目 录

第一章 总 则

第一条 为了合理开发利用和保护煤炭资源,规范煤炭生产、经营活动,促进和保障煤炭行业的发展,制定本法。

第二条 在中华人民共和国领域和中华人民共和国管辖的其他海域从事煤炭生产、经营活动,适用本法。

第三条 煤炭资源属于国家所有。地表或者地下的煤炭资源的国家所有权,不因其依附的土地的所有权或者使用权的不同而改变。

第四条 国家对煤炭开发实行统一规划、合理布局、综合利用的方针。

第五条 国家依法保护煤炭资源,禁止任何乱采、滥挖破坏煤炭资源的行为。

第六条 国家保护依法投资开发煤炭资源的投资者的合法权益。

国家保障国有煤矿的健康发展。

国家对乡镇煤矿采取扶持、改造、整顿、联合、提高的方针,实行正规合理开发和有序发展。

第七条 煤矿企业必须坚持安全第一、预防为主的安全生产方针,建立健全安全生产的责任制度和群防群治制度。

第八条 各级人民政府及其有关部门和煤矿企业必须采取措施加强劳动保护,保障煤矿职工的安全和健康。

国家对煤矿井下作业的职工采取特殊保护措施。

第九条 国家鼓励和支持在开发利用煤炭资源过程中采用先进的科学技术和管理方法。

煤矿企业应当加强和改善经营管理,提高劳动生产率和经济效益。

第十条 国家维护煤矿矿区的生产秩序、工作秩序,保护煤矿企业设施。

第十一条 开发利用煤炭资源,应当遵守有关环境保护的法律、法规,防治污染和其他公害,保护生态环境。

第十二条 国务院煤炭管理部门依法负责全国煤炭行业的监督管理。国务院有关部门在各自的职责范围内负责煤炭行业的监督管理。

县级以上地方人民政府煤炭管理部门和有关部门依法负责本行政区域内煤炭行业的监督管理。

第十三条 煤炭矿务局是国有煤矿企业,具有独立法人资格。

矿务局和其他具有独立法人资格的煤矿企业、煤炭经营企业依法实行自主经营、自负盈亏、自我约束、自我发展。

第二章 煤炭生产开发规划与煤矿建设

第十四条 国务院煤炭管理部门根据全国矿产资源勘查规划编制全国煤炭资源勘查规划。

第十五条 国务院煤炭管理部门根据全国矿产资源规划规定的煤炭资源,组织编制和实施煤炭生产开发规划。

省、自治区、直辖市人民政府煤炭管理部门根据全国矿产资源规划规定的煤炭资源,组织编制和实施本地区煤炭生产开发规划,并报国务院煤炭管理部门备案。

第十六条 煤炭生产开发规划应当根据国民经济和社会发展的需要制定,并纳入国民经济和社会发展计划。

第十七条 国家制定优惠政策,支持煤炭工业发展,促进煤矿建设。

煤矿建设项目应当符合煤炭生产开发规划和煤炭产业政策。

第十八条 开办煤矿企业,应当具备下列条件:

(一)有煤矿建设项目可行性研究报告或者开采方案;

(二)有计划开采的矿区范围、开采范围和资源综合利用方案;

(三)有开采所需的地质、测量、水文资料和其他资料;

(四)有符合煤矿安全生产和环境保护要求的矿山设计;

(五)有合理的煤矿矿井生产规模和与其相适应的资金、设备和技术人员;

(六)法律、行政法规规定的其他条件。

第十九条 开办煤矿企业,必须依法向煤炭管理部门提出申请;依照本法规定的条件和国务院规定的分级管理的权限审查批准。

审查批准煤矿企业,须由地质矿产主管部门对其开采范围和资源综合利用方案进行复核并签署意见。

经批准开办的煤矿企业,凭批准文件由地质矿产主管部门颁发采矿许可证。

第二十条 煤矿建设使用土地,应当依照有关法律、行政法规的规定办理。征用土地的,应当依法支付土地补偿费和安置补偿费,做好迁移居民的安置工作。

煤矿建设应当贯彻保护耕地、合理利用土地的原则。

地方人民政府对煤矿建设依法使用土地和迁移居民,应当给予支持和协助。

第二十一条 煤矿建设应当坚持煤炭开发与环境治理同步进行。煤矿建设项目的环境保护设施必须与主体工程同时设计、同时施工、同时验收、同时投入使用。

第三章　煤炭生产与煤矿安全

第二十二条　煤矿投入生产前,煤矿企业应当依照本法规定向煤炭管理部门申请领取煤炭生产许可证,由煤炭管理部门对其实际生产条件和安全条件进行审查,符合本法规定条件的,发给煤炭生产许可证。

未取得煤炭生产许可证的,不得从事煤炭生产。

第二十三条　取得煤炭生产许可证,应当具备下列条件:

(一) 有依法取得的采矿许可证;

(二) 矿井生产系统符合国家规定的煤矿安全规程;

(三) 矿长经依法培训合格,取得矿长资格证书;

(四) 特种作业人员经依法培训合格,取得操作资格证书;

(五) 井上、井下、矿内、矿外调度通讯畅通;

(六) 有实测的井上、井下工程对照图、采掘工程平面图、通风系统图;

(七) 有竣工验收合格的保障煤矿生产安全的设施和环境保护设施;

(八) 法律、行政法规规定的其他条件。

第二十四条　国务院煤炭管理部门负责下列煤矿企业的煤炭生产许可证的颁发管理工作:

(一) 国务院和依法应当由国务院煤炭管理部门审查批准开办的煤矿企业;

(二) 跨省、自治区、直辖市行政区域的煤矿企业。

省、自治区、直辖市人民政府煤炭管理部门负责前款规定以外的其他煤矿企业的煤炭生产许可证的颁发管理工作。

省、自治区、直辖市人民政府煤炭管理部门可以授权设区的市、自治州人民政府煤炭管理部门负责煤炭生产许可证的颁发管理工作。

第二十五条　煤炭生产许可证的颁发管理机关,负责对煤炭生产许可证的监督管理。

依法取得煤炭生产许可证的煤矿企业不得将其煤炭生产许可证转让或者出租给他人。

第二十六条　在同一开采范围内不得重复颁发煤炭生产许可证。

煤炭生产许可证的有效期限届满或者经批准开采范围内的煤炭资源已经枯竭的,其煤炭生产许可证由发证机关予以注销并公告。

煤矿企业的生产条件和安全条件发生变化,经核查不符合本法规定条件的,其煤炭生产许可证由发证机关予以吊销并公告。

第二十七条　煤炭生产许可证管理办法,由国务院依照本法制定。

省、自治区、直辖市人民代表大会常务委员会可以根据本法和国务院的规定制定本地区煤炭生产许可证管理办法。

第二十八条　对国民经济具有重要价值的特殊煤种或者稀缺煤种,国家实行保护性开采。

第二十九条　开采煤炭资源必须符合煤矿开采规程,遵守合理的开采顺序,达到规定的煤炭资源回采率。

煤炭资源回采率由国务院煤炭管理部门根据不同的资源和开采条件确定。

国家鼓励煤矿企业进行复采或者开采边角残煤和极薄煤。

第三十条　煤矿企业应当加强煤炭产品质量的监督检查和管理。煤炭产品质量应当按照国家标准或者行业标准分等论级。

第三十一条　煤炭生产应当依法在批准的开采范围内进行,不得超越批准的开采范围越界、越层开采。

采矿作业不得擅自开采保安煤柱,不得采用可能危及相邻煤矿生产安全的决水、爆破、贯通巷道等危险方法。

第三十二条　因开采煤炭压占土地或者造成地表土地塌陷、挖损,由采矿者负责进行复垦,恢复到可供利用的状态;造成他人损失的,应当依法给予补偿。

第三十三条　关闭煤矿和报废矿井,应当依照有关法律、法规和国务院煤炭管理部门的规定办理。

第三十四条 国家建立煤矿企业积累煤矿衰老期转产资金的制度。

国家鼓励和扶持煤矿企业发展多种经营。

第三十五条 国家提倡和支持煤矿企业和其他企业发展煤电联产、炼焦、煤化工、煤建材等,进行煤炭的深加工和精加工。

国家鼓励煤矿企业发展煤炭洗选加工,综合开发利用煤层气、煤矸石、煤泥、石煤和泥炭。

第三十六条 国家发展和推广洁净煤技术。

国家采取措施取缔土法炼焦。禁止新建土法炼焦窑炉;现有的土法炼焦限期改造。

第三十七条 县级以上各级人民政府及其煤炭管理部门和其他有关部门,应当加强对煤矿安全生产工作的监督管理。

第三十八条 煤矿企业的安全生产管理,实行矿务局长、矿长负责制。

第三十九条 矿务局长、矿长及煤矿企业的其他主要负责人必须遵守有关矿山安全的法律、法规和煤炭行业安全规章、规程,加强对煤矿安全生产工作的管理,执行安全生产责任制度,采取有效措施,防止伤亡和其他安全生产事故的发生。

第四十条 煤矿企业应当对职工进行安全生产教育、培训;未经安全生产教育、培训的,不得上岗作业。

煤矿企业职工必须遵守有关安全生产的法律、法规、煤炭行业规章、规程和企业规章制度。

第四十一条 在煤矿井下作业中,出现危及职工生命安全并无法排除的紧急情况时,作业现场负责人或者安全管理人员应当立即组织职工撤离危险现场,并及时报告有关方面负责人。

第四十二条 煤矿企业工会发现企业行政方面违章指挥、强令职工冒险作业或者生产过程中发现明显重大事故隐患,可能危及职工生命安全的情况,有权提出解决问题的建议,煤矿企业行政方面必须及时作出处理决定。企业行政方面拒不处理的,工会有权提出批评、检举和控告。

第四十三条 煤矿企业必须为职工提供保障安全生产所需的劳动保护用品。

第四十四条 煤矿企业必须为煤矿井下作业职工办理意外伤害保险,支付保险费。

第四十五条 煤矿企业使用的设备、器材、火工产品和安全仪器,必须符合国家标准或者行业标准。

第四章 煤 炭 经 营

第四十六条 依法取得煤炭生产许可证的煤矿企业,有权销售本企业生产的煤炭。

第四十七条 设立煤炭经营企业,应当具备下列条件:

(一)有与其经营规模相适应的注册资金;

(二)有固定的经营场所;

(三)有必要的设施和储存煤炭的场地;

(四)有符合标准的计量和质量检验设备;

(五)符合国家对煤炭经营企业合理布局的要求;

(六)法律、行政法规规定的其他条件。

第四十八条 设立煤炭经营企业,须向国务院指定的部门或者省、自治区、直辖市人民政府指定的部门提出申请;由国务院指定的部门或省、自治区、直辖市人民政府指定的部门依照本法第四十七条规定的条件和国务院规定的分级管理的权限进行资格审查;符合条件的,予以批准。申请人凭批准文件向工商行政管理部门申请领取营业执照后,方可从事煤炭经营。

第四十九条 煤炭经营企业从事煤炭经营,应当遵守有关法律、法规的规定,改善服务,保障供应。禁止一切非法经营活动。

第五十条 煤炭经营应当减少中间环节和取消不合理的中间环节,提倡有条件的煤矿企业直销。

煤炭用户和煤炭销区的煤炭经营企业有权直接从煤矿企业购进煤炭。在煤炭产区可以组成煤炭销售、运输服务机构,为中小煤矿办理经销、运输业务。

禁止行政机关违反国家规定擅自设立煤炭供应的中间环节和额外加收费用。

第五十一条　从事煤炭运输的车站、港口及其他运输企业不得利用其掌握的运力作为参与煤炭经营、牟取不正当利益的手段。

第五十二条　国务院物价行政主管部门会同国务院煤炭管理部门和有关部门对煤炭的销售价格进行监督管理。

第五十三条　煤矿企业和煤炭经营企业供应用户的煤炭质量应当符合国家标准或者行业标准,质级相符,质价相符。用户对煤炭质量有特殊要求的,由供需双方在煤炭购销合同中约定。

煤矿企业和煤炭经营企业不得在煤炭中掺杂、掺假,以次充好。

第五十四条　煤矿企业和煤炭经营企业供应用户的煤炭质量不符合国家标准或者行业标准,或者不符合合同约定,或者质级不符、质价不符,给用户造成损失的,应当依法给予赔偿。

第五十五条　煤矿企业、煤炭经营企业、运输企业和煤炭用户应当依照法律、国务院有关规定或者合同约定供应、运输和接卸煤炭。

运输企业应当将承运的不同质量的煤炭分装、分堆。

第五十六条　煤炭的进出口依照国务院的规定,实行统一管理。

具备条件的大型煤矿企业经国务院对外经济贸易主管部门依法许可,有权从事煤炭出口经营。

第五十七条　煤炭经营管理办法,由国务院依照本法制定。

第五章　煤矿矿区保护

第五十八条　任何单位或者个人不得危害煤矿矿区的电力、通讯、水源、交通及其他生产设施。

禁止任何单位和个人扰乱煤矿矿区的生产秩序和工作秩序。

第五十九条　对盗窃或者破坏煤矿矿区设施、器材及其他危及煤矿矿区安全的行为,一切单位和个人都有权检举、控告。

第六十条　未经煤矿企业同意,任何单位或者个人不得在煤矿企业依法取得土地使用权的有效期间内在该土地上种植、养殖、取土或者修建建筑物、构筑物。

第六十一条　未经煤矿企业同意,任何单位或者个人不得占用煤矿企业的铁路专用线、专用道路、专用航道、专用码头、电力专用线、专用供水管路。

第六十二条　任何单位或者个人需要在煤矿采区范围内进行可能危及煤矿安全的作业时,应当经煤矿企业同意,报煤炭管理部门批准,并采取安全措施后,方可进行作业。

在煤矿矿区范围内需要建设公用工程或者其他工程的,有关单位应当事先与煤矿企业协商并达成协议后,方可施工。

第六章　监督检查

第六十三条　煤炭管理部门和有关部门依法对煤矿企业和煤炭经营企业执行煤炭法律、法规的情况进行监督检查。

第六十四条　煤炭管理部门和有关部门的监督检查人员应当熟悉煤炭法律、法规,掌握有关煤炭专业技术,公正廉洁,秉公执法。

第六十五条　煤炭管理部门和有关部门的监督检查人员进行监督检查时,有权向煤矿企业、煤炭经营企业或者用户了解有关执行煤炭法律、法规的情况,查阅有关资料,并有权进入现场进行检查。

煤矿企业、煤炭经营企业和用户对依法执行监督检查任务的煤炭管理部门和有关部门的监督检查人员应当提供方便。

第六十六条　煤炭管理部门和有关部门的监督检查人员对煤矿企业和煤炭经营企业违反煤炭法律、法规的行为,有权要求其依法改正。

煤炭管理部门和有关部门的监督检查人员进行监督检查时,应当出示证件。

第七章　法律责任

第六十七条　违反本法第二十二条的规定,未取得煤炭生产许可证,擅自从事煤炭生产的,由煤炭管理部门责令停止生产,没收违法所得,可以并处违法所得一倍以上五倍以下的罚款;拒不停止生产的,由县级以上地方人民政府强制停产。

第六十八条 违反本法第二十五条的规定,转让或者出租煤炭生产许可证的,由煤炭管理部门吊销煤炭生产许可证,没收违法所得,并处违法所得一倍以上五倍以下的罚款。

第六十九条 违反本法第二十九条的规定,开采煤炭资源未达到国务院煤炭管理部门规定的煤炭资源回采率的,由煤炭管理部门责令限期改正;逾期仍达不到规定的回采率的,吊销其煤炭生产许可证。

第七十条 违反本法第三十一条的规定,擅自开采保安煤柱或者采用危及相邻煤矿生产安全的危险方法进行采矿作业的,由劳动行政主管部门会同煤炭管理部门责令停止作业;由煤炭管理部门没收违法所得,并处违法所得一倍以上五倍以下的罚款,吊销其煤炭生产许可证;构成犯罪的,由司法机关依法追究刑事责任;造成损失的,依法承担赔偿责任。

第七十一条 违反本法第四十八条的规定,未经审查批准,擅自从事煤炭经营活动的,由负责审批的部门责令停止经营,没收违法所得,可以并处违法所得一倍以上五倍以下的罚款。

第七十二条 违反本法第五十三条的规定,在煤炭产品中掺杂、掺假,以次充好的,责令停止销售,没收违法所得,并处违法所得一倍以上五倍以下的罚款,可以依法吊销煤炭生产许可证或者取消煤炭经营资格;构成犯罪的,由司法机关依法追究刑事责任。

第七十三条 违反本法第六十条的规定,未经煤矿企业同意,在煤矿企业依法取得土地使用权的有效期间内在该土地上修建建筑物、构筑物的,由当地人民政府动员拆除;拒不拆除的,责令拆除。

第七十四条 违反本法第六十一条的规定,未经煤矿企业同意,占用煤矿企业的铁路专用线、专用道路、专用航道、专用码头、电力专用线、专用供水管路的,由县级以上地方人民政府责令限期改正;逾期不改正的,强制清除,可以并处五万元以下的罚款;造成损失的,依法承担赔偿责任。

第七十五条 违反本法第六十二条的规定,未经批准或者未采取安全措施,在煤矿采区范围内进行危及煤矿安全作业的,由煤炭管理部门责令停止作业,可以并处五万元以下的罚款;造成损失的,依法承担赔偿责任。

第七十六条 有下列行为之一的,由公安机关依照治安管理处罚条例的有关规定处罚;构成犯罪的,由司法机关依法追究刑事责任:

(一) 阻碍煤矿建设,致使煤矿建设不能正常进行的;

(二) 故意损坏煤矿矿区的电力、通讯、水源、交通及其他生产设施的;

(三) 扰乱煤矿矿区秩序,致使生产、工作不能正常进行的;

(四) 拒绝、阻碍监督检查人员依法执行职务的。

第七十七条 对不符合本法规定条件的煤矿企业颁发煤炭生产许可证或者对不符合本法规定条件设立煤炭经营企业予以批准的,由其上级主管机关或者监察机关责令改正,并给予直接负责的主管人员和其他直接责任人员行政处分;构成犯罪的,由司法机关依法追究刑事责任。

第七十八条 煤矿企业的管理人员违章指挥、强令职工冒险作业,发生重大伤亡事故的,依照刑法第一百一十四条的规定追究刑事责任。

第七十九条 煤矿企业的管理人员对煤矿事故隐患不采取措施予以消除,发生重大伤亡事故的,比照刑法第一百八十七条的规定追究刑事责任。

第八十条 煤炭管理部门和有关部门的工作人员玩忽职守、徇私舞弊、滥用职权的,依法给予行政处分;构成犯罪的,由司法机关依法追究刑事责任。

第八章 附 则

第八十一条 本法自 1996 年 12 月 1 日起施行。

附:刑法有关条款

第一百一十四条 工厂、矿山、林场、建筑企业或者其他企业、事业单位的职工,由于不服管理、违反规章制度,或者强令工人违章冒险作业,因而发生重大伤亡事故,造成严重后果的,处三年以下有期徒刑或者拘役;情节特别恶劣的,处三年以上七年以下有期徒刑。

第一百八十七条　国家工作人员由于玩忽职守,致使公共财产、国家和人民利益遭受重大损失的,处五年以下有期徒刑或者拘役。

附3 煤矿安全监察条例

第一章 总 则

第一条 为了保障煤矿安全,规范煤矿安全监察工作,保护煤矿职工人身安全和身体健康,根据煤炭法、矿山安全法、第九届全国人民代表大会第一次会议通过的国务院机构改革方案和国务院关于煤矿安全监察体制的决定,制定本条例。

第二条 国家对煤矿安全实行监察制度。国务院决定设立的煤矿安全监察机构按照国务院规定的职责,依照本条例的规定对煤矿实施安全监察。

第三条 煤矿安全监察机构依法行使职权,不受任何组织和个人的非法干涉。

煤矿及其有关人员必须接受并配合煤矿安全监察机构依法实施的安全监察,不得拒绝、阻挠。

第四条 地方各级人民政府应当加强煤矿安全管理工作,支持和协助煤矿安全监察机构依法对煤矿实施安全监察。

煤矿安全监察机构应当及时向有关地方人民政府通报煤矿安全监察的有关情况,并可以提出加强和改善煤矿安全管理的建议。

第五条 煤矿安全监察应当以预防为主,及时发现和消除事故隐患,有效纠正影响煤矿安全的违法行为,实行安全监察与促进安全管理相结合、教育与惩处相结合。

第六条 煤矿安全监察应当依靠煤矿职工和工会组织。

煤矿职工对事故隐患或者影响煤矿安全的违法行为有权向煤矿安全监察机构报告或者举报。煤矿安全监察机构对报告或者举报有功人员给予奖励。

第七条 煤矿安全监察机构及其煤矿安全监察人员应当依法履行安全监察职责。任何单位和个人对煤矿安全监察机构及其煤矿安全监察人员的违法违纪行为,有权向上级煤矿安全监察机构或者有关机关检举和控告。

第二章 煤矿安全监察机构及其职责

第八条 本条例所称煤矿安全监察机构,是指国家煤矿安全监察机构和在省、自治区、直辖市设立的煤矿安全监察机构(以下简称地区煤矿安全监察机构)及其在大中型矿区设立的煤矿安全监察办事处。

第九条 地区煤矿安全监察机构及其煤矿安全监察办事处负责对划定区域内的煤矿实施安全监察;煤矿安全监察办事处在国家煤矿安全监察机构规定的权限范围内,可以对违法行为实施行政处罚。

第十条 煤矿安全监察机构设煤矿安全监察员。煤矿安全监察员应当公道、正派,熟悉煤矿安全法律、法规和规章,具有相应的专业知识和相关的工作经验,并经考试录用。

煤矿安全监察员的具体管理办法由国家煤矿安全监察机构商国务院有关部门制定。

第十一条 地区煤矿安全监察机构、煤矿安全监察办事处应当对煤矿实施经常性安全检查;对事故多发地区的煤矿,应当实施重点安全检查。国家煤矿安全监察机构根据煤矿安全工作的实际情况,组织对全国煤矿的全面安全检查或者重点安全抽查。

第十二条 地区煤矿安全监察机构、煤矿安全监察办事处应当对每个煤矿建立煤矿安全监察档案。煤矿安全监察人员对每次安全检查的内容、发现的问题及其处理情况,应当作详细记录,并由参加检查的煤矿安全监察人员签名后归档。

第十三条 地区煤矿安全监察机构、煤矿安全监察办事处应当每 15 日分别向国家煤矿安全监察机构、地区煤矿安全监察机构报告一次煤矿安全监察情况;有重大煤矿安全问题的,应当及时采取措施并随时报告。

国家煤矿安全监察机构应当定期公布煤矿安全监察情况。

第十四条 煤矿安全监察人员履行安全监察职责,有权随时进入煤矿作业场所进行检查,调阅有关资料,参加煤矿安全生产会议,向有关单位或者人员了解情况。

第十五条　煤矿安全监察人员在检查中发现影响煤矿安全的违法行为,有权当场予以纠正或者要求限期改正;对依法应当给予行政处罚的行为,由煤矿安全监察机构依照行政处罚法和本条例规定的程序作出决定。

第十六条　煤矿安全监察人员进行现场检查时,发现存在事故隐患的,有权要求煤矿立即消除或者限期解决;发现威胁职工生命安全的紧急情况时,有权要求立即停止作业,下达立即从危险区内撤出作业人员的命令,并立即将紧急情况和处理措施报告煤矿安全监察机构。

第十七条　煤矿安全监察机构在实施安全监察过程中,发现煤矿存在的安全问题涉及有关地方人民政府或其有关部门的,应当向有关地方人民政府或其有关部门提出建议,并向上级人民政府或其有关部门报告。

第十八条　煤矿发生伤亡事故的,由煤矿安全监察机构负责组织调查处理。

煤矿安全监察机构组织调查处理事故,应当依照国家规定的事故调查程序和处理办法进行。

第十九条　煤矿安全监察机构及其煤矿安全监察人员不得接受煤矿的任何馈赠、报酬、福利待遇,不得在煤矿报销任何费用,不得参加煤矿安排、组织或者支付费用的宴请、娱乐、旅游、出访等活动,不得借煤矿安全监察工作在煤矿为自己、亲友或者他人牟取利益。

第三章　煤矿安全监察内容

第二十条　煤矿安全监察机构对煤矿执行煤炭法、矿山安全法和其他有关煤矿安全的法律、法规以及国家安全标准、行业安全标准、煤矿安全规程和行业技术规范的情况实施监察。

第二十一条　煤矿建设工程设计必须符合煤矿安全规程和行业技术规范的要求。煤矿建设工程安全设施设计必须经煤矿安监察机构审查同意;未经审查同意的,不得施工。

煤矿安全监察机构审查煤矿建设工程安全设施设计,应当自收到申请审查的设计资料之日起30日内审查完毕,签署同意或者不同意的意见,并书面答复。

第二十二条 煤矿建设工程竣工后或者投产前,应当经煤矿安全监察机构对其安全设施和条件进行验收;未经验收或者验收不合格的,不得投入生产。

煤矿安全监察机构对煤矿建设工程安全设施和条件进行验收,应当自收到申请验收文件之日起30日内验收完毕,签署合格或者不合格的意见,并书面答复。

第二十三条 煤矿安全监察机构应当监督煤矿制定事故预防和应急计划,并检查煤矿制定的发现和消除事故隐患的措施及其落实情况。

第二十四条 煤矿安全监察机构发现煤矿矿井通风、防火、防水、防瓦斯、防毒、防尘等安全设施和条件不符合国家安全标准、行业安全标准、煤矿安全规程和行业技术规范要求的,应当责令立即停止作业或者责令限期达到要求。

第二十五条 煤矿安全监察机构发现煤矿进行独眼井开采的,应当责令关闭。

第二十六条 煤矿安全监察机构发现煤矿作业场所有下列情形之一的,应当责令立即停止作业,限期改正;有关煤矿或其作业场所经复查合格的,方可恢复作业:

(一)未使用专用防爆电器设备的;

(二)未使用专用放炮器的;

(三)未使用人员专用升降容器的;

(四)使用明火明电照明的。

第二十七条 煤矿安全监察机构对煤矿安全技术措施专项费用的提取和使用情况进行监督,对未依法提取或者使用的,应当责令限期改正。

第二十八条 煤矿安全监察机构发现煤矿矿井使用的设备、

器材、仪器、仪表、防护用品不符合国家安全标准或者行业安全标准的,应当责令立即停止使用。

第二十九条 煤矿安全监察机构发现煤矿有下列情形之一的,应当责令限期改正:

（一）未依法建立安全生产责任制的;

（二）未设置安全生产机构或者配备安全生产人员的;

（三）矿长不具备安全专业知识的;

（四）特种作业人员未取得资格证书上岗作业的;

（五）分配职工上岗作业前,未进行安全教育、培训的;

（六）未向职工发放保障安全生产所需的劳动防护用品的。

第三十条 煤矿安全监察人员发现煤矿作业场所的瓦斯、粉尘或者其他有毒有害气体的浓度超过国家安全标准或者行业安全标准的,煤矿擅自开采保安煤柱的,或者采用危及相邻煤矿生产安全的决水、爆破、贯通巷道等危险方法进行采矿作业的,应当责令立即停止作业,并将有关情况报告煤矿安全监察机构。

第三十一条 煤矿安全监察人员发现煤矿矿长或者其他主管人员违章指挥工人或者强令工人违章、冒险作业,或者发现工人违章作业的,应当立即纠正或者责令立即停止作业。

第三十二条 煤矿安全监察机构及其煤矿安全监察人员履行安全监察职责,向煤矿有关人员了解情况时,有关人员应当如实反映情况,不得提供虚假情况,不得隐瞒本煤矿存在的事故隐患以及其他安全问题。

第三十三条 煤矿安全监察机构依照本条例的规定责令煤矿限期解决事故隐患、限期改正影响煤矿安全的违法行为或者限期使安全设施和条件达到要求的,应当在限期届满时及时对煤矿的执行情况进行复查并签署复查意见;经有关煤矿申请,也可以在限期内进行复查并签署复查意见。

煤矿安全监察机构及其煤矿安全监察人员依照本条例的规定责令煤矿立即停止作业,责令立即停止使用不符合国家安全标准或者行业安全标准的设备、器材、仪器、仪表、防护用品,或者责令关闭矿井的,应当对煤矿的执行情况随时进行检查。

　　第三十四条　煤矿安全监察机构及其煤矿安全监察人员履行安全监察职责,应当出示安全监察证件。发出安全监察指令,应当采用书面通知形式;紧急情况下需要采取紧急处置措施,来不及书面通知的,应当随后补充书面通知。

第四章　罚　　则

　　第三十五条　煤矿建设工程安全设施设计未经煤矿安全监察机构审查同意,擅自施工的,由煤矿安全监察机构责令停止施工;拒不执行的,由煤矿安全监察机构移送地质矿产主管部门依法吊销采矿许可证。

　　第三十六条　煤矿建设工程安全设施和条件未经验收或者验收不合格,擅自投入生产的,由煤矿安全监察机构责令停止生产,处5万元以上10万元以下的罚款;拒不停止生产的,由煤矿安全监察机构移送地质矿产主管部门依法吊销采矿许可证。

　　第三十七条　煤矿矿井通风、防火、防水、防瓦斯、防毒、防尘等安全设施和条件不符合国家安全标准、行业安全标准、煤矿安全规程和行业技术规范的要求,经煤矿安全监察机构责令限期达到要求,逾期仍达不到要求的,由煤矿安全监察机构责令停产整顿;经停产整顿仍不具备安全生产条件的,由煤矿安全监察机构决定吊销煤炭生产许可证,并移送地质矿产主管部门依法吊销采矿许可证。

　　第三十八条　煤矿作业场所未使用专用防爆电器设备、专用放炮器、人员专用升降容器或者使用明火明电照明,经煤矿安全监察机构责令限期改正,逾期不改正的,由煤矿安全监察机构责令停产整顿,可以处3万元以下的罚款。

　　第三十九条　未依法提取或者使用煤矿安全技术措施专项费用,或者使用不符合国家安全标准或者行业安全标准的设备、器材、仪器、仪表、防护用品,经煤矿安全监察机构责令限期改正或者责令立即停止使用,逾期不改正或者不立即停止使用的,由煤矿安全监察机构处5万元以下的罚款;情节严重的,由煤矿安全监察机构责令停产整顿;对直接负责的主管人员和其他直接责任人员,依法给予纪律处分。

第四十条 煤矿矿长不具备安全专业知识,或者特种作业人员未取得操作资格证书上岗作业,经煤矿安全监察机构责令限期改正,逾期不改正的,责令停产整顿;调整配备合格人员并经复查合格后,方可恢复生产。

第四十一条 分配职工上岗作业前未进行安全教育、培训,经煤矿安全监察机构责令限期改正,逾期不改正的,由煤矿安全监察机构处 4 万元以下的罚款;情节严重的,由煤矿安全监察机构责令停产整顿;对直接负责的主管人员和其他直接责任人员,依法给予纪律处分。

第四十二条 煤矿作业场所的瓦斯、粉尘或者其他有毒有害气体的浓度超过国家安全标准或者行业安全标准,经煤矿安全监察人员责令立即停止作业,拒不停止作业的,由煤矿安全监察机构责令停产整顿,可以处 10 万元以下的罚款。

第四十三条 擅自开采保安煤柱,或者采用危及相邻煤矿生产安全的决水、爆破、贯通巷道等危险方法进行采矿作业,经煤矿安全监察人员责令立即停止作业,拒不停止作业的,由煤矿安全监察机构决定吊销煤炭生产许可证,并移送地质矿产主管部门依法吊销采矿许可证;构成犯罪的,依法追究刑事责任;造成损失的,依法承担赔偿责任。

第四十四条 煤矿矿长或者其他主管人员有下列行为之一的,由煤矿安全监察机构给予警告;造成严重后果,构成犯罪的,依法追究刑事责任:

(一) 违章指挥工人或者强令工人违章、冒险作业的;

(二) 对工人屡次违章作业熟视无睹,不加制止的;

(三) 对重大事故预兆或者已发现的事故隐患不及时采取措施的;

(四) 拒不执行煤矿安全监察机构及其煤矿安全监察人员的安全监察指令的。

第四十五条　煤矿有关人员拒绝、阻碍煤矿安全监察机构及其煤矿安全监察人员现场检查，或者提供虚假情况，或者隐瞒存在的事故隐患以及其他安全问题的，由煤矿安全监察机构给予警告，可以并处 5 万元以上 10 万元以下的罚款；情节严重的，由煤矿安全监察机构责令停产整顿；对直接负责的主管人员和其他直接责任人员，依法给予撤职直至开除的纪律处分。

第四十六条　煤矿发生事故，有下列情形之一的，由煤矿安全监察机构给予警告，可以并处 3 万元以上 15 万元以下的罚款；情节严重的，由煤矿安全监察机构责令停产整顿；对直接负责的主管人员和其他直接责任人员，依法给予降级直至开除的纪律处分；构成犯罪的，依法追究刑事责任：

（一）不按照规定及时、如实报告煤矿事故的；

（二）伪造、故意破坏煤矿事故现场的；

（三）阻碍、干涉煤矿事故调查工作，拒绝接受调查取证、提供有关情况和资料的。

第四十七条　依照本条例规定被吊销采矿许可证、煤炭生产许可证的，由工商行政管理部门依法相应吊销营业执照。

第四十八条　煤矿安全监察人员滥用职权、玩忽职守、徇私舞弊，应当发现而没有发现煤矿事故隐患或者影响煤矿安全的违法行为，或者发现事故隐患或者影响煤矿安全的违法行为不及时处理或者报告，或者有违反本条例第十九条规定行为之一，构成犯罪的，依法追究刑事责任；尚不构成犯罪的，依法给予行政处分。

第五章　附　　则

第四十九条　未设立地区煤矿安全监察机构的省、自治区、直辖市，省、自治区、直辖市人民政府可以指定有关部门依照本条例的规定对本行政区域内的煤矿实施安全监察。

第五十条　本条例自 2000 年 12 月 1 日起施行

参 考 文 献

1 《煤矿安全规程》及相关法律.北京:中国言实出版社,2005

2 周心权,傅贵,方裕璋.煤矿主要负责人安全培训教材.徐州:中国矿业大学出版社,
   2004

3 张国枢,谭允桢,陈开岩等.通风安全学.徐州:中国矿业大学出版社,2000

4 吴中立.矿井通风与安全.徐州:中国矿业大学出版社,1989

5 孙继平主编.煤矿防治瓦斯事故培训教材.北京:煤炭工业出版社,2005

6 王红岩,刘洪林,赵庆波等.煤层气富集成藏规律.北京:石油工业出版社,2005

7 戴金星,戚厚发,王少昌等.我国煤系的气油地球化学特征、煤层气藏形成条件及资
   源评价.北京:石油工业出版社,2001

8 梁栋.通风过程瓦斯运移规律和数值模拟.北京:煤炭工业出版社

9 黄元平.矿井通风.徐州:中国矿业大学出版社,1990

10 俞启香.矿井瓦斯防治.徐州:中国矿业大学出版社,1992

11 钱汝鼎.工程流体力学.北京:北京航空航天大学出版社,1989

12 孙林岩.人因工程.北京:中国科学技术出版社,2001

13 张铁岗.矿井瓦斯综合治理技术.北京:煤炭工业出版社,2001

14 吴强,秦宪礼,张波.煤矿安全技术与事故处理.徐州:中国矿业大学出版社,2001

15 丁玉兰.人机工程学.北京:北京理工大学出版社,2005

冶金工业出版社部分图书推荐

书　　名	定　价
非金属矿加工技术与应用	119.00 元
金矿床成因、勘探与贵金属回收	32.00 元
矿床无废开采的规划与评价	14.50 元
矿业经济学	15.00 元
充填采矿技术与应用	55.00 元
矿物资源与西部大开发	38.00 元
当代胶结充填技术	45.00 元
矿石学基础	32.00 元
矿山生态复垦与露天地下联合开采	20.00 元
岩石动力学特性与爆破理论	20.00 元
有岩爆倾向硬岩矿床采矿理论	18.00 元
金银提取技术	34.50 元
中国非金属矿开发与利用	49.00 元
尾矿建材开发	20.00 元
选矿知识问答(第2版)	22.00 元
碎矿与磨矿	28.00 元
磁电选矿	35.00 元
选矿场设计	36.00 元
矿浆电解原理	22.00 元
地下装载机——结构、设计与使用	55.00 元
国外伴生金银矿山	45.00 元
选矿概论	12.00 元
矿业权估价理论与方法	19.00 元